江苏省典型入海河流
总氮溯源分析与治理管控

——以南通市入海河流为例

刘洋 ◎ 主编

河海大学出版社
HOHAI UNIVERSITY PRESS
·南京·

图书在版编目(CIP)数据

江苏省典型入海河流总氮溯源分析与治理管控：以南通市入海河流为例 / 刘洋主编. -- 南京：河海大学出版社，2024.12. -- ISBN 978-7-5630-9619-0

Ⅰ.X522

中国国家版本馆 CIP 数据核字第 2025HS2777 号

书　　名	江苏省典型入海河流总氮溯源分析与治理管控：以南通市入海河流为例 JIANGSUSHENG DIANXING RUHAI HELIU ZONGDAN SUYUAN FENXI YU ZHILI GUANKONG：YI NANTONGSHI RUHAI HELIU WEILI
书　　号	ISBN 978-7-5630-9619-0
责任编辑	吴　淼
特约校对	丁　甲
装帧设计	林云松风
出版发行	河海大学出版社
地　　址	南京市西康路1号(邮编：210098)
电　　话	(025)83737852(总编室) (025)83722833(营销部)
经　　销	江苏省新华发行集团有限公司
排　　版	南京布克文化发展有限公司
印　　刷	广东虎彩云印刷有限公司
开　　本	787毫米×1092毫米　1/16
印　　张	16.5
字　　数	381千字
版　　次	2024年12月第1版
印　　次	2024年12月第1次印刷
定　　价	98.00元

编写组

刘 洋　陈毅强　王 华

王 菲　许志华　张晶磊

任欣欣　蔡梓灿　李媛媛

前 言

我国近岸海域海水水质呈整体向好态势，海域水质优良面积比例持续提升、劣Ⅳ类海域面积比例持续下降，但部分河口海湾无机氮等指标超标问题仍十分突出，入海河流总氮污染溯源与治理管控成为近年来海洋污染防治的重要抓手。因此如何科学、有效地控制入海河流总氮污染，实现水体环境的可持续发展，已成为破解河口海湾水质改善难题的关键所在。

本书结合江苏省入海河流水污染防治实际，将污染负荷核算溯源、水环境模型溯源以及通量沿程溯源进行结合，研究并构建了入海河流总氮污染溯源分析的技术路线，提供了入海河流总氮污染溯源分析的思路，在梳理汇总了各项入海河流总氮治理与管控技术的基础上，结合当地实际，以南通市一条入海河流进行了实证研究，以便加深读者对总氮污染溯源技术的理解和运用，为江苏省后期的入海河流总氮溯源治理工作提供参考经验。

本书不仅服务于环境科学研究者，还能为地方政府、生态环境部门和相关工程技术人员提供实用的指导。同时，我们希望通过本书进一步促进公众对入海河流总氮污染问题以及近岸海域氮污染现状的理解和关注。

感谢所有为本书付出辛勤劳动的专家学者、技术人员及编辑，也感谢为开展溯源分析工作提供支持的南通市如东生态环境局唐宝清总工及徐天宇科长以及各级管理部门。希望本书的出版能够为江苏省及全国水环境治理提供借鉴与参考。

编者

2024 年 10 月

目 录

第一章	研究背景	001
1.1	问题的提出	001
1.2	研究背景与意义	001
1.3	国内外研究现状和发展趋势	002
1.3.1	入海河流总氮污染防治进展	002
1.3.2	陆域总氮来源对近岸海域无机氮的影响	005
1.3.3	入海河流总氮治理与管控分区	008
1.3.4	总氮污染溯源分析方法	009
1.4	入海河流总氮溯源与治理管控技术路线	012
1.4.1	问题识别	012
1.4.2	污染溯源	012
1.4.3	协同治理	013

第二章	入海河流总氮污染溯源分析方法	015
2.1	入海河流总氮污染溯源常用分析方法	015
2.1.1	河流断面水质和通量沿程溯源法	016
2.1.2	污染负荷统计核算法	018
2.1.3	流域面源模型法	023
2.1.4	氮氧同位素溯源法	032
2.1.5	微生物指纹法	040
2.1.6	水质指纹溯源法	042
2.1.7	机器学习法	045
2.2	入海河流总氮污染溯源分析技术路线	047
2.2.1	入海河流控制单元分区思路	047
2.2.2	入海河流控制单元分区方法	047
2.2.3	入海河流总氮污染负荷核算方法	051
2.2.4	入海河流总氮污染加密监测	052
2.2.5	入海河流水环境数学模型构建	054
2.3	小结	060

第三章　近岸海域总氮治理技术 ·· 061
3.1　污水处理厂总氮处理工艺 ·· 061
3.1.1　预处理工艺 ·· 061
3.1.2　A/O及A²/O工艺 ··· 062
3.1.3　氧化沟工艺 ·· 063
3.1.4　SBR工艺 ··· 063
3.1.5　生物膜工艺 ·· 064
3.1.6　主流脱氮工艺的优化 ·· 072
3.1.7　总氮深度削减工艺 ·· 074
3.1.8　新型生物脱氮处理工艺 ·· 077
3.1.9　常用污水总氮处理工艺的比较 ·· 081
3.2　农业面源污染氮负荷削减策略 ·· 082
3.2.1　生态净化技术 ·· 082
3.2.2　生活垃圾、农作物秸秆和畜禽养殖废弃物处理技术 ···················· 084
3.2.3　农业化学品减量化技术 ·· 087
3.2.4　污染物质的生态拦截技术 ·· 089
3.3　农村生活污水总氮治理技术 ·· 090
3.3.1　生物处理技术 ·· 091
3.3.2　生态处理技术 ·· 092
3.3.3　复合处理技术 ·· 094
3.4　水产养殖尾水总氮削减技术 ·· 096
3.4.1　物理处理技术 ·· 097
3.4.2　化学处理技术 ·· 097
3.4.3　生物生态处理技术 ·· 097
3.5　尾水湿地总氮深度削减技术 ·· 100
3.5.1　尾水水质特点 ·· 100
3.5.2　工艺类型 ·· 100
3.5.3　基质 ·· 103
3.5.4　固相碳源 ·· 103
3.5.5　水生植物 ·· 105
3.5.6　微生物 ·· 105
3.5.7　强化尾水人工湿地脱氮的途径 ·· 106
3.6　小结 ·· 108

第四章　江苏入海河流总氮污染问题识别 ·· 109
4.1　江苏沿海区域概况 ·· 109
4.1.1　自然地理概况 ·· 109
4.1.2　经济社会概况 ·· 114

4.2 江苏省近岸海域及入海河流水质变化趋势 ……………………………………… 115
4.2.1 近岸海域水质变化趋势 ………………………………………………… 115
4.2.2 入海河流水质优良情况 ………………………………………………… 132
4.2.3 主要入海河流总氮变化趋势 …………………………………………… 134
4.3 江苏省入海河流总氮污染问题识别 ……………………………………………… 148
4.3.1 沿海地区城市总氮控制的不足 ………………………………………… 148
4.3.2 沿海地区农业农村污染治理的不足 …………………………………… 149
4.3.3 其他总氮控制方面的不足 ……………………………………………… 152

第五章 江苏省典型入海河流总氮污染治理与管控实证研究 ……………………… 154
5.1 研究区概况 ………………………………………………………………………… 154
5.1.1 自然环境 ………………………………………………………………… 154
5.1.2 社会经济 ………………………………………………………………… 155
5.1.3 水系及水利工程 ………………………………………………………… 155
5.2 入海河流基本情况 ………………………………………………………………… 155
5.2.1 入海河流流域范围 ……………………………………………………… 155
5.2.2 入海河流国控断面与总氮监测情况 …………………………………… 159
5.2.3 入海河流闸坝调度情况 ………………………………………………… 164
5.2.4 入海河流径流量年度变化情况 ………………………………………… 166
5.3 入海河流环境整治成效与问题 …………………………………………………… 168
5.3.1 入海河流环境整治成效 ………………………………………………… 168
5.3.2 面临形势与问题 ………………………………………………………… 169
5.4 入海河流总氮污染输入及影响分析 ……………………………………………… 170
5.4.1 入海河流总氮污染特征分析 …………………………………………… 170
5.4.2 入海河流总氮排海通量分析 …………………………………………… 178
5.4.3 入海河流总氮排放对近岸海域水质影响分析 ………………………… 179
5.5 入海河流总氮污染溯源分析 ……………………………………………………… 183
5.5.1 入海河流总氮污染控制单元分区 ……………………………………… 183
5.5.2 入海河流加密监测分析 ………………………………………………… 186
5.5.3 入海河流总氮污染源污染负荷核算 …………………………………… 192
5.5.4 入海河流流域的总氮污染来源评估 …………………………………… 207
5.5.5 基于河网二维模型总氮污染源响应分析 ……………………………… 216
5.6 入海河流总氮污染成因分析 ……………………………………………………… 219
5.6.1 农业农村污染症结与成因分析 ………………………………………… 219
5.6.2 城镇生活污染症结与成因分析 ………………………………………… 223
5.6.3 工业污染症结与成因分析 ……………………………………………… 224
5.6.4 闸坝及水利工程调度影响分析 ………………………………………… 224

5.7 入海河流总氮污染治理与管控主要任务 ………………………………… 225
　　5.7.1 农业农村污染治理 ……………………………………………… 225
　　5.7.2 城镇生活污水收集处理 ………………………………………… 229
　　5.7.3 工业污染治理 …………………………………………………… 231
　　5.7.4 河流生态增容及内源污染治理 ………………………………… 232
　　5.7.5 总氮环境监管能力提升 ………………………………………… 233
5.8 重点工程及目标可达性分析 ……………………………………………… 234
　　5.8.1 重点工程 ………………………………………………………… 234
　　5.8.2 工程总氮削减目标可达性分析 ………………………………… 234

第六章　结论与展望 ………………………………………………………………… 236
　6.1 结论 ……………………………………………………………………… 236
　6.2 展望 ……………………………………………………………………… 237

参考文献 ……………………………………………………………………………… 238

第一章 研究背景

1.1 问题的提出

近年来,中国高度重视总氮治理和水环境保护,将总氮防控和水污染防治列为生态文明建设的重要内容。2015年国务院颁布的《水污染防治行动计划》中明确提出,要加强对重点流域和近岸海域的氮污染治理,逐步改善水环境质量;2017年,多部联合印发的《重点流域水污染防治规划(2016—2020年)》中强调了污染源控制和总氮控制的重要性;2018年,《中共中央 国务院关于全面加强生态环境保护 坚决打好污染防治攻坚战的意见》明确了对入海河流总氮的治理要求,并强调了流域综合治理;2019年,国务院颁布的《长江三角洲区域一体化发展规划纲要》强调,在发展的同时要确保近岸海域总氮的控制以及环境质量的稳步提升;2022年,《"十四五"海洋生态环境保护规划》中明确提出要加强入海河流污染物总量控制,实施对总氮、总磷等污染物的监测与治理;《中华人民共和国环境保护法》和《中华人民共和国水污染防治法》等法律法规则进一步细化了水污染治理的要求,特别强调了对氮、磷等营养物质的严格控制。过去数年的相关政策和法律法规旨在对总氮污染和水环境污染实施有效管控,推动地方政府制定区域性总量控制目标,落实各项治理与监测措施,确保水质改善和海洋生态系统保护。

江苏省作为中国经济最发达的地区之一,工业化和城市化进程迅猛,农业生产活动密集,大量含氮污染物通过河流排入近岸海域[1,2]。过量的总氮排放不仅加剧了江苏近岸水体的富营养化,导致藻类过度生长[3]、赤潮频发[4],也影响了海洋生态系统的健康,威胁水生生物的多样性和渔业资源的可持续发展。以南通市为例,作为江苏省沿海的重要城市,其境内多条河流直接汇入黄海和东海。近年来,南通市入海河流水质持续恶化,总氮含量长期处于高位,已成为影响当地和区域水环境质量的重要因素[5]。入海河流总氮的治理与管控已成为南通市乃至整个江苏省亟待解决的环保难题。

1.2 研究背景与意义

在全球范围内,氮污染已成为影响水体环境质量的重要问题[6-9]。随着工业化、城镇化的快速推进以及农业生产的强化,氮素的过量排放已成为河流、湖泊、海洋等水体富营养化的主要诱因之一[10]。大量的氮从河流入海,造成近海区域如河口、沿海等生态环境的恶化,引发赤潮和水华现象,严重影响了水生生态系统的平衡。中国作为世界上最大的氮肥使用国,氮素的流失问题尤为突出[11]。中国沿海地区水体氮污染问题加剧了生态系统的脆弱性,影响了海洋渔业资源及海洋生态服务功能的实现[12]。

长江作为中国第一大河,其流域内的氮污染问题较为突出[13,14]。江苏省位于长江下游,入海河流众多,河网密布,河流携带的氮素在流经江苏省时对长江口及近海水域产生了较为显著的影响[15]。有研究表明[16],江苏省入海河流中的总氮浓度较高,尤其是在沿海地区,氮污染较为严重,沿海沉积物总氮含量平均值高达 0.456 mg/L,其中南通沿海沉积物总氮含量为 0.493 mg/L。南通市作为江苏省的重点沿海城市,其入海河流所携带的氮素不仅影响长江口生态系统,也会对东海近海海域的水环境构成一定威胁[17]。2023 年 4 月,江苏省生态环境厅发布的《关于做好江苏省重点海域入海河流总氮等污染治理与管控的实施意见》中明确提出,南通等沿海城市须加强入海河流总氮等污染的治理与管控,促进江苏省近岸海域水质持续改善。

总氮溯源分析是研究水体氮污染来源及其时空分布特征的重要手段[18]。通过对南通市入海河流的总氮进行溯源分析,可以全面掌握河流中的氮污染来源及分布情况,为江苏省乃至整个长江口地区的水环境管理提供科学依据[19]。溯源分析不仅有助于解决河流氮污染问题,还能有效保护近海生态系统,维护江苏沿海渔业和水产养殖业的可持续发展[20]。

江苏省沿海地区是我国重要的经济发展区,同时也是生态脆弱区,入海河流的氮污染治理对保障地区经济发展与生态保护之间的平衡至关重要。因此,以南通市入海河流为例,开展江苏省入海河流总氮的溯源分析与治理管控,有助于解决区域水环境污染问题,保护沿海生态系统,推动绿色农业发展和流域综合治理。

1.3 国内外研究现状和发展趋势

1.3.1 入海河流总氮污染防治进展

1.3.1.1 以总量控制为目标的流域水污染防治

(1)以点源控制和浓度控制为重点

在工业化初期,尤其是 20 世纪 60 年代至 80 年代,水污染问题主要集中在点源污染上。工业生产、城市污水排放等活动导致水体中氮、磷等污染物浓度显著增加[21]。为此,政府和环保相关部门将点源控制和浓度控制作为水污染防治的重点。

1996 年,原国家环境保护总局颁布的《污水综合排放标准》(GB 8978—1996)中,规定了工业污水和生活污水的排放浓度限值,为使废水排放达标,企业需要投资建设污水处理设施,并定期进行污水处理效果的检测和评估;2002 年,原国家环境保护总局颁布的《地表水环境质量标准》(GB 3838—2002)明确了相关水体污染物浓度限值,并通过加强监测和监管,确保排放单位不超过规定的浓度限值。

在这一阶段,通过严格的点源控制和浓度控制,许多重点流域和城市的水质得到了显著改善。然而,随着城市化进程的加快,点源控制的效果逐渐显示出局限性,非点源污染问题逐渐显现。

(2) 浓度控制与总量控制并重

进入 21 世纪,随着污染物排放总量的增加和水体污染的复杂化,仅靠点源控制和浓度控制已难以全面解决水污染问题[22]。2015 年,国务院印发《水污染防治行动计划》(水十条),其中第七条"切实加强水环境管理"中明确提出深化污染物排放总量控制。该法规提出了水污染防治的总体要求和主要任务,标志着我国水污染防治进入了浓度控制与总量控制并重的阶段。

总量控制的核心在于控制流域内污染物的总排放量[23]。原环境保护部、国家发展改革委、水利部于 2017 年联合印发《重点流域水污染防治规划(2016—2020 年)》,第十二届全国人民代表大会常委委员会第二十八次会议通过了《关于修改〈中华人民共和国水污染防治法〉的决定》(第二次修正)。该阶段工作重心在于通过限制各类污染源的总排放量,控制污染物的总负荷,从源头减少对水体的压力[24]。浓度控制确保每个排放点的废水符合标准,而总量控制则确保流域内的总污染负荷在可接受范围内[25]。

浓度控制与总量控制并重的政策已初步降低了水体中的总氮和总磷排放量,改善了流域的水质。然而,如何精准控制污染物的总量和浓度,如何确保各地严格执行规定,仍然是一项挑战。部分地区的总量控制和浓度控制存在脱节现象,需要进一步协调和完善。

(3) 点源与非点源联合控制

随着污水处理设施的发展完善和对水体污染问题认识的深入,非点源污染的影响逐渐受到重视[26]。2022 年,《"十四五"海洋生态环境保护规划》明确提出了点源与非点源联合控制的策略。点源污染影响范围小,且鉴于水处理技术的发展,目前已得到有效控制[27];非点源污染影响范围广,且我国对其研究起步较晚,污染不易控制[28]。

因此,需要综合考虑点源和非点源污染,在总量控制的基础上,制订协调的管理计划,对点源和非点源污染实行联合控制。

1.3.1.2 以总量控制为目标的近岸海域污染防治

2018 年,国家海洋局印发《关于率先在渤海等重点海域建立实施排污总量控制制度的意见》(以下简称《意见》),配套印发《重点海域排污总量控制技术指南》,推动排污总量控制制度率先在渤海等污染问题突出、前期工作基础较好以及开展"湾长制"试点的重点海域实施,率先建立实施总量控制制度,逐步在全国沿海全面实施。

《意见》指出,要以着力解决突出环境问题为导向,充分发挥各级地方政府的主体责任和积极作用,按照质量改善、政府抓总、陆海统筹、分步实施的原则,依循"查底数、定目标、出方案、促落实"的推进思路和实施步骤,推动总量控制制度在部分重点海域率先建立实施,不断健全完善以保护生态系统、改善环境质量为目标的制度框架和标准规范,为在我国重点海域全面建立总量控制制度打下良好基础。

《意见》明确,2018 年,率先在大连湾、胶州湾、象山港、罗源湾、泉州湾、九龙江—厦门湾、大亚湾等重点海湾,以及天津市、秦皇岛市、连云港市、海口市、浙江全省等地区,全面建立实施总量控制制度;渤海其他沿海地市全面启动总量控制制度建设。2019 年,渤海沿海地市全面建立实施总量控制制度。全国其他沿海地市全面启动总量控制制度建设。

2020年,全国沿海地市全面建立实施重点海域排污总量控制制度。

1.3.1.3 国外入海河流、近岸海域污染防治

自1974年起,国际环境法领域见证了多项重要区域性公约的出台,这些公约聚焦于海洋环境的保护,特别是针对陆源污染问题。包括《波罗的海区域海洋环境保护公约》《保护地中海免受污染公约》以及《保护东北大西洋海洋环境公约》在内的这些法律文书,不仅确立了区域性的环境管理框架,还具体规定了针对陆源污染的控制措施。同时,一系列针对陆源污染控制的专门公约与议定书,如《防止陆源物质污染海洋公约》《保护地中海免受陆源污染议定书》等,进一步细化了陆源污染防控的国际合作机制与策略。这些法律文件的出台,为各国研究陆源污染问题提供了法律基础与指导方向,促进了相关学术研究的深入发展[1,2]。在地中海与黑海地区,沿岸国家签署了《巴塞罗那公约》与《布加勒斯特公约》,这不仅强化了区域环境合作,还分别启动了"地中海行动计划"与"黑海环境保护计划"。这些计划不仅关注污染源的识别与控制,还制定了长远的环境保护战略与行动方案。在《陆地基础资源战略行动计划》(LBS SAP)的框架下,地中海国家于2005年制定了国家层面的《陆地基础资源国家行动计划》(LBS NAP),该计划以科学评估为基础,识别了主要的陆源污染来源,如工业排放、农业活动、城市污水、港口作业及交通运输与旅游业等,并针对这些污染源制定了具体的控制措施。以土耳其为例,在其LBS NAP的实施过程中,研究人员对全国范围内的关键河流流域进行了详尽的调查与分析,通过结合其国家水利工程的数据,评估了不同流域的污染状况与环境风险。在此基础上,制定了具有针对性的环境保护与治理策略,不仅考虑了污染源的控制,还注重生态系统的恢复与可持续发展[29]。

20世纪70年代,西方经济的繁荣伴随着工业化加速与城市人口激增,导致海洋环境因大量工业与生活污水排放而急剧恶化。Michael Liffmann与Laura Boogaerts[30]指出,尽管海洋污染源于人类活动,但主要污染源并非仅限于海上活动,而是来源于陆地,特别是沿海地区的农业与工程活动产生的塑料及其他废弃物。他们强调半封闭沿海区域的污染现状,并提出陆源污染控制策略。Zaqoot H. A. 等人[31]针对加沙沿海地区,基于多方数据评估了陆地污染源,指出未处理废水是海洋污染的主要元凶,对生态系统及公众健康构成重大威胁。每日高达15 000 m³的未处理污水直接入海,导致富营养化问题严重,尤其是加沙地带中部海域。该研究为制订污染管理计划提供了数据支持。Elisabeth Schmid[32]强调,陆源污染物对全球海洋构成严重威胁,影响海水、沉积物及海洋生物质量,工业活动是主要因素。通过东北大西洋、波罗的海及地中海的案例,她提出加强工业活动污染控制是保护海洋免受陆源污染的关键。Stephan Koester[33]指出,海洋不仅承受沿岸及航运直接排放,还面临内陆水道运输的废水影响。废水处理厂虽能减轻污染,但若处理不当,则会加剧海洋富营养化。因此,有效废水管理对于保护海洋环境至关重要。

在应对陆源污染这一全球性挑战时,各国在管理体系、政策框架、制度构建及技术创新等方面展开了广泛而深入的探索与实践。尽管具体路径各异,但普遍趋向于构建更为综合与协同的管理机制。美国作为典型代表,其陆源污染防治管理体制融合了集权与分权的双重优势[34,35],展现了高效与灵活的治理特点。总量控制制度作为环境管理的重要

策略,在全球范围内引起了广泛关注与研究。以日本为例,该国在空气质量与水环境改善方面,通过实施严格的污染物总量控制制度取得了显著成效[30-36]。日本自 1970 年起,通过《水质污染防止法》确立了以浓度控制为核心的废水排放标准体系,标志着其陆源污染治理进入了新的阶段。与此同时,美国通过 TMDL(Total Maximum Daily Loads)计划的实施,为流域污染管理提供了新的思路与模式。该计划起源于《清洁水法》,旨在通过为各流域量身定制最佳管理方案,以更有效地控制污染物排放[37-39]。TMDL 计划不仅体现了美国在环境管理上的创新尝试,也为其他国家提供了宝贵的经验借鉴。在国际合作层面,各国纷纷认识到,陆源污染的跨境特性要求超越国界的协同治理。Daud Hassan 等[40]从政策法规的角度出发,梳理了日本在陆源污染治理方面的国际合作实践,强调了国际合作对于共同应对环境挑战的重要性。此外,海洋环境管理领域的专家学者如 Donna Christie 在《海岸与海洋管理法精要》一书中,对海洋环境陆源污染的政策法律框架进行了全面而深入的剖析,为学术界及政策制定者提供了丰富的理论支持与实践指导。这些研究不仅加深了我们对陆源污染问题的理解,也为全球范围内构建更加有效的治理体系提供了宝贵的启示。

1.3.2 陆域总氮来源对近岸海域无机氮的影响

1.3.2.1 河流污染物源识别

在探讨陆域总氮来源对近岸海域无机氮的影响时,河流污染物源的识别是一个关键环节。这些污染源主要包括工业源、生活源、畜禽养殖源以及水产养殖源。

(1) 工业源

工业源是指工业生产过程中排放的污染物,通常含有大量的氮元素。工业废水中的氮主要来源于生产过程中使用的原料、化学试剂以及生产过程中的副产物。不同行业的工业废水成分各异,但普遍含有氨氮、硝酸盐氮等无机氮形态。例如,食品、造纸、印染等行业的废水往往含有高浓度的氮元素。这些废水如果未经处理或处理不达标直接排入河流,将显著增加河流中的总氮含量,进而影响近岸海域的水质。

(2) 生活源

生活源是指人类日常生活中产生的污水,包括家庭洗涤废水、厨房废水、厕所污水等。这些污水中含有大量有机物和氮元素,其中氮元素主要以氨氮和有机氮的形式存在。随着城市化进程的加快,生活污水的排放量逐年增加,成为河流总氮的重要来源之一。如果城市污水处理设施不完善或运行管理不善,大量未经处理或处理不彻底的生活污水将直接排入河流,对河流水质造成严重影响。

(3) 畜禽养殖源

畜禽养殖源是指畜禽养殖过程中产生的粪便、尿液等废弃物。这些废弃物中含有大量的氮元素,如果处理不当,很容易通过雨水冲刷、渗漏等方式进入河流。畜禽养殖废水中的氮元素主要以氨氮和有机氮的形式存在,其浓度往往较高。因此,畜禽养殖是河流总氮的重要来源之一。为了减少畜禽养殖对河流的污染,需要加强对畜禽养殖废弃物的处理和管理,推广生态养殖模式,减少废弃物的排放。

(4) 水产养殖源

水产养殖源是指水产养殖过程中产生的废水、饵料残渣等污染物。水产养殖过程中,为了促进水生生物的生长和繁殖,往往需要投放大量的饵料和肥料。这些饵料和肥料中的氮元素在水体中经一系列的生物化学过程后,部分会转化为氨氮、硝酸盐氮等无机氮形态。如果水产养殖废水未经处理或处理不彻底直接排入河流,将增加河流中的总氮含量。此外,水产养殖过程中还可能发生鱼类逃逸、疾病暴发等情况,进一步加剧对河流生态系统的破坏。

1.3.2.2 河流氮的生物地球化学循环过程

氮循环是全球生态系统中极其重要的地球化学循环之一,控制着氮元素在大气、陆地和水体间的转移和转化。河流作为陆地与海洋系统之间的重要纽带,承载着大量的氮素输送,其氮循环过程涉及复杂的生物和化学反应,如图1-1所示。

(1) 河流氮的生物循环过程

①海洋固氮作用

海洋固氮作用,作为海洋氮循环的初始步骤,涉及将大气中惰性的氮气(N_2)转化为生物活性氮(如氨NH_3/氨盐NH_4^+)的过程。此过程由特定类型的海洋微生物——固氮微生物(包括蓝藻及某些异养细菌)驱动,通过固氮酶复合体的催化作用实现。海洋固氮不仅是海洋初级生产力的关键氮源之一,也是连接大气氮库与海洋氮库的重要桥梁,对全球氮循环及气候调节具有深远影响。

②反硝化作用

反硝化作用,作为海洋氮去除的主要途径之一,发生在厌氧或低氧环境中,由反硝化细菌介导完成。这些细菌利用硝酸盐(NO_3^-)或亚硝酸盐(NO_2^-)作为电子受体,将氮素逐步还原为氮气(N_2)或一氧化二氮(N_2O)等气态氮化物,进而将氮素从海洋系统中永久去除。反硝化作用不仅调控着海洋氮库的动态平衡,还可能通过产生温室气体(如N_2O)对全球气候系统产生间接影响。其活性受到多种环境因子的调控,包括溶解氧浓度、温度、pH及底物可用性等。

③厌氧氨氧化作用

厌氧氨氧化作用,作为一种新兴的氮转化途径,在海洋及污水处理系统中均展现出重要潜力。该过程由厌氧氨氧化菌(一种化能自养的古菌)催化,能够在厌氧条件下以亚硝酸盐为电子受体,直接将氨氮氧化为氮气。这一过程不仅实现了氨氮的高效去除,还避免了传统硝化-反硝化过程中温室气体(如N_2O、N_2)的排放。厌氧氨氧化作用的发现与研究,不仅丰富了我们对海洋氮循环的理解,也为污水处理工艺的优化提供了新思路。

(2) 河流氮的化学循环过程

①硝化作用

硝化作用是一个重要的氧化过程,将氨或铵根(NH_3/NH_4^+)氧化为硝酸盐(NO_3^-)。这一过程由自养微生物催化,包括氨氧化细菌(AOB)和亚硝酸氧化细菌(NOB)。硝化作用在含氧环境中进行,是生物氮转化的重要步骤之一。硝化作用不仅为反硝化作用提供

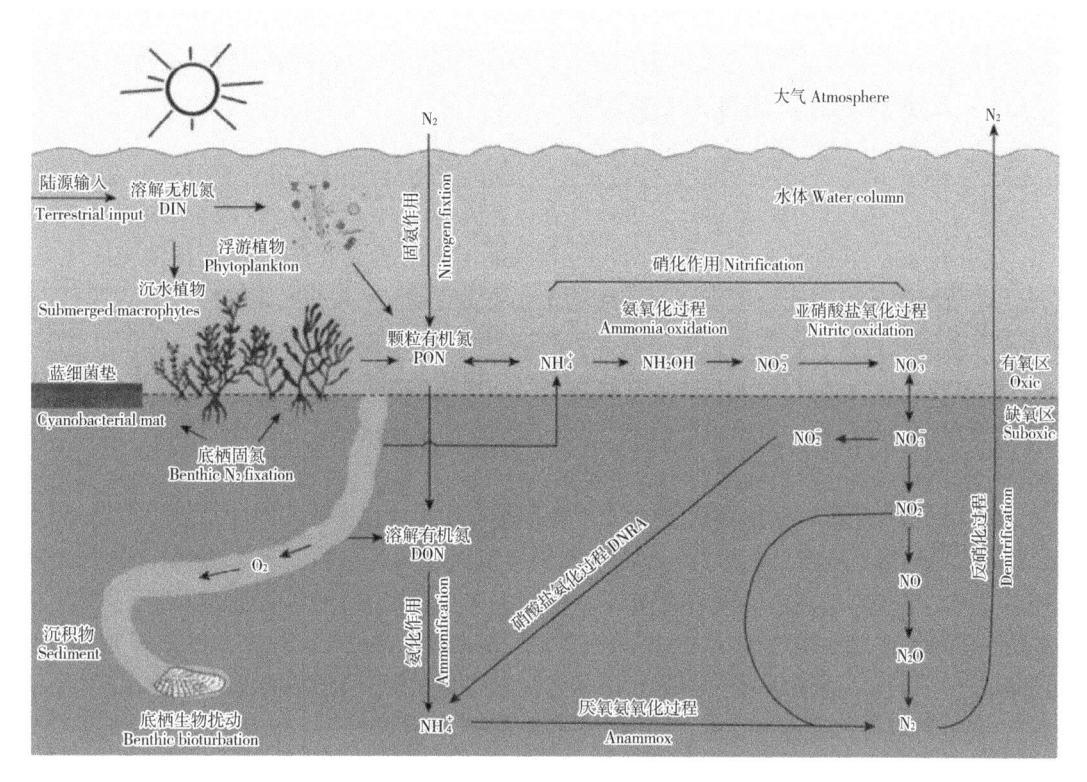

图 1-1 微生物驱动的河流氮生物循环关键过程示意图

了底物,还在控制河流及海洋氮素平衡中发挥着关键作用。它是氮从有机物矿化到无机形态转换的核心环节,也是化学过程与生物作用协同进行的典型例子。

②氮的吸附与解吸

河流中的氮素还会通过物理-化学过程吸附在沉积物颗粒表面,特别是铵离子(NH_4^+)和硝酸盐(NO_3^-)。这种吸附作用可以在一定程度上调控水体中氮素的浓度和生物可利用性。当环境条件发生变化时,如 pH 的变化或水体流动性增加,吸附的氮素可能重新解吸,进入水体。吸附与解吸过程是氮素在沉积物和水体之间交换的重要机制,对局部氮素的分布产生显著影响。它们通过影响生物可利用的氮量,间接调控了生物过程中的氮转化效率。

③氨的挥发

在高 pH 条件下,氨气(NH_3)会从水体中挥发,进入大气。氨挥发是河流与大气之间氮交换的一个重要途径,特别是在富营养化和碱性环境下,这一过程更加显著。氨的挥发不仅影响水体中的氮平衡,还通过大气沉降影响陆地和海洋生态系统。此外,挥发的氨可能参与大气中的酸雨形成,对环境和气候产生进一步的影响。

④化学反硝化作用

化学反硝化作用是指在缺氧条件下,某些还原性化学物质(如亚铁离子 Fe^{2+} 或硫化物)与硝酸盐或亚硝酸盐反应,将其还原为氮气(N_2)或一氧化二氮(N_2O)。这一过程不需要微生物参与,完全由化学反应驱动。化学反硝化作用是氮去除的补充途径,特别是在厌氧环境下,它与生物反硝化共同作用,调控氮气体的排放量和氮素循环的效率。

1.3.3 入海河流总氮治理与管控分区

1.3.3.1 分区方法

我国近年来,在陆域和淡水系统分区方面开展了全国陆域生态分区、全国河流水生态分区、全国河流生态水文分区和辽河流域的水生态分区等,但入海河流管控分区方法鲜有研究,入海河流流域分区方法主要有聚类分析法、地图叠置法等。

层次聚类分析是聚类分析中应用最为广泛的探索性方法,其实质是根据观察值或变量之间的亲疏程度,以逐次聚合的方法,将最相似的对象结合在一起,直到聚成一类,主要使用的计算方法是欧氏距离离差平方和法。

地图叠置法是地理信息系统中的一种重要技术方法。它通过将同一区域的多种不同要素或不同时期的地图进行叠置,从而发现类型结构上相互联系和地区差异以及动态变化等特征。流域地图叠置分析是将同一流域内不同要素或不同时期的地图进行叠置,通过数学运算和地理空间分析,将多个地图图层上的地理数据进行空间位置的对齐和匹配,从而形成一个统一的流域地图视图。这种方法能够同时展示流域内的地形、气候、水文、生态、土地利用等多种地理要素,便于研究人员进行综合分析。

1.3.3.2 分区表示方法

基于水文单元的分区首先将水质监测点的名称、经纬度、水质监测数据导入 ArcGIS,并对数据进行矢量化,然后按预定水质参数的优先级别进行掩膜提取,使生成的数据在 ArcMAP 中的地图上显示出来。通过对预设水质参数对应数据的插值分析,将数据相同或接近的站点标注相同或接近颜色,将位于相邻站点但数据有明显差异的监测井标注不同颜色,并对点与点之间渐变过程通过颜色差异表示出来,进而划分出不同的区域。

基于行政区的分区就是在尊重自然流域特征的基础上,结合行政区划的实际情况进行的划分,以武汉市为例,其流域分区就是基于行政区进行的。根据长江水利委员会和湖北省水资源分区,武汉市被分为 3 个水资源三级流域区,长江以南地区包括武昌、洪山、青山和江夏,为长江城陵矶至湖口右岸三级区,面积为 2 636 km^2;长江以北地区以汉江为界,包括汉阳、蔡甸、汉南,为汉江丹江口以下干流三级区,面积为 1 451 km^2;汉口城区及周边区域包括汉口城区及东西湖、黄陂区和新洲区,为长江武汉至湖口左岸三级区,面积为 4 381 km^2。

基于水生态区的分区则是根据水生态系统的完整性保护要求、水生生态系统服务功能驱动因素和服务功能特征区域分异规律,在不同尺度上划定的具有特定水生态系统功能特征的区域单元。在"十一五"期间,太湖流域的三级分区方案被提出。一级分区以河网密度及地面高程作为指标,将太湖流域分为西部丘陵河流生态区和东部平原河流湖泊水生态区 2 个分区,体现太湖流域水生态系统中的生物群落及生物种群的差异性。二级分区将建设用地面积比、耕地面积比、土壤类型及坡度作为指标,在一级分区的基础上将太湖流域分为5个生境水生态亚区,目的在于体现太湖流域水生态系统的生物多样性及完整性的空间差异,突出湖体的重要性原则。三级分区以底栖动物、叶绿素、水体流速、特征指示物种比例、水生生物生境等为分区指标,将二级分区进一步分为21个功能区,体现太湖流域水生态系统支持和调节等维持功能的差异性。为太湖流域制定总量控制目标、污染控制措施、环保准入条件、产业结构调整、生态修复与保护等流域水环境分类管理提供了新的模式和基本单元。在"十二五"期间,江苏省结合太湖流域三级分区研究成果,以流域水文、水质、水生态健康状态、物种分布等流域水生态系统空间特征差异为基础,在保证小流域完整性的同时,兼顾行政区域的完整性,研究划定了49个(陆域43个,水域6个)分区,并明确了各分区的生态与服务功能,设定了生态Ⅰ级区—Ⅳ级区4个等级,并分别制定了差异化的生态环境、空间管控、物种保护三大类管理目标,最终形成的《江苏省太湖流域水生态环境功能区划(试行)》获得江苏省政府批复。

1.3.4 总氮污染溯源分析方法

入海河流总氮溯源总体上可分三步走,第一步是确定溯源范围,第二步是开展总氮污染溯源,第三步是总氮污染负荷定量解析。

对于树枝状河流,溯源范围为河流入海断面至沿海城市入境断面范围内的河道及其流域汇水区范围。通常基于数字高程模型(DEM),采用 GIS 技术进行河网、子流域和汇水区提取,常用工具有 ArcGIS 的水文分析工具箱、MapGIS 的流域描绘工具、QGIS 的地域分析工具等。对于平原河网或感潮河网地区,水系多为"井"字形,汇水区为骨干河道围合的网状地块。汇水区划分主要根据水利控制片(也称为水利分片)的分布,并结合区域内的排水系统确定汇水范围,作为溯源的主要范围。此外,可结合沿海地市重点流域水生态环境保护"十四五"规划确定的汇水范围,确定溯源范围。在溯源范围内收集分析自然环境和社会经济相关资料,包括行政区划、土地利用方式、产业结构与布局、主要污染源类型等。

入海河流污染溯源方法主要分为以下几种:河流断面水质沿程溯源法、水质加密监测溯源法、河流断面通量沿程溯源法、氮氧同位素溯源法、微生物指纹法、水质指纹溯源法、流域面源模型法、污染负荷统计核算法。根据入海河流流域范围大小、水量大小,因地制宜地采用各类溯源方法。对于流域范围较大、水量较大的河流,根据河流干支流关系,采用河流断面污染物浓度和通量沿程溯源法、污染负荷统计核算法、流域面源模型法等,初步判断污染物来源关键源区。对于流域范围较小、水量较小的河流,以及大尺度流域的污染物关键源区,可采用水质加密监测溯源法等方法进一步锁定重污染区域和污染物输出负荷较大的区域,同时采用多元同位素溯源法、微生物指纹法、水质指纹溯源法等方法识别污染物来源类型、所属行业。各地可根据实际情况,在采用入海河流上下游断面总氮浓度和通量沿程分析法,识别诊断总氮浓度高值和极值断面的基础上,进一步定量化分析影响控制断面总氮浓度的污染源头。

河流断面水质沿程溯源法的原理是以入海河流流域为对象,梳理干支流汇水关系。充分利用近年来已有国控、省控、市控断面水质监测数据,按照先干流、后支流的顺序,逐条分析干流和支流总氮浓度沿程变化趋势及其空间分布特征,甄别对干流总氮浓度影响较大的支流,并结合下垫面情况,初步判定影响干流总氮污染问题的关键源区和污染源类型。以此类推,进一步判定影响各条支流的关键源区和污染源类型。在空间分布特征的基础上,进一步分析干支流关键断面总氮浓度年内变化特征,并结合降水、台风、水库调蓄、引调水、生态补水等基本情况,分析自然和人为活动对入海河流总氮浓度变化的影响。

水质加密监测溯源法是针对流域范围较小的入海河流或大尺度流域中识别出的关键源区,必要时可进一步通过人工、无人船走航或搭载无人机的方式进行河流水质加密监测。人工加密监测通常结合干支流关系及下垫面情况,初步确定潜在主要污染源分布,确定加密监测断面位置。可分别在丰枯季进行样品的采集和测试,进一步缩小污染物来源范围。无人船通常可同时搭载测定常规五项参数(pH、电导率、溶解氧、浊度、温度)和总氮、总磷、COD等的在线监测设备,对主要干支流开展沿程加密监测。加密监测结果的数据分析方法与河流断面水质沿程溯源法一致,通过水质加密监测,掌握关键时期、关键河段、关键支流水质沿程变化规律,在更小的时空尺度上锁定污染物关键源区。

河流断面污染物通量是指单位时间内通过河流某一断面流量与该断面污染物平均浓度的乘积。考虑到河流水文观测断面和水质监测断面在空间上不匹配,在两类站点数量均较多的情况下,或者进行污染物来源初步判定时,可筛选空间上匹配的水文和水质站点,进行通量计算。如果流域水文站点数量偏少,无法支撑河流污染物通量时空格局变化分析,可对关键断面布设浮标站,安装多普勒流速剖面仪(ADCP)和水质在线监测设备进行补充监测,获取关键断面污染物通量数据。河流断面通量监测结果的分析思路与河流断面水质沿程溯源法一致。通过分析流域内多个干支流断面的污染物通量及其时空变化规律,按照先干流、再支流的顺序,逐级追溯到污染物通量较高的支流、河段、区域,从而判断对入海断面总氮浓度贡献较大的关键源区和关键时段。对于跨地级市边界入海河流,或开展跨省界的入海河流污染溯源时,应开展入境断面通量观测,厘清上游入境污染负荷的影响。

氮氧同位素溯源法主要用于总氮溯源分析。由于不同来源的氮、氧元素具有不同的同位素特征值范围,基于特征值的差异可进行污染物溯源。氮氧多元同位素法通过测定样品的硝酸盐氮、氧同位素含量,进行氮、氧稳定同位素值与经验值的比对,判定氮元素污染是否来源于大气沉降、土壤有机氮、化学合成肥料、污水和粪便中的一种。基于多元同位素特征值,运用Mix SIAR模型对上述四种氮元素污染来源进行定量解析计算,得到不同污染源贡献率。

微生物指纹法基于DNA高通量测序(High-Throughput Sequencing,简称HTS)技术,构建不同污染源废水中的微生物组成或特征菌群图谱。由于不同宿主饮食结构和生存环境的差异,不同污染物的指示微生物的基因型存在一定差异,基于这种差异可进行污染物的微生物溯源。微生物指纹法通过采集污染区域和潜在来源点位的样品进行DNA序列测定,基于微生物数据库进行微生物比对分类,根据分类结果判断微生物溯源类型,借助SourceTracker判别入海河流中污染物的主要潜在来源。SourceTracker是一款追踪微生物来源的软件,可以基于工厂、农田、养殖场尾水的微生物特征来分析其对河流污染物的贡献和追溯其来源。目前,在2 km范围内,SourceTracker模型有比较好的适用性,对畜禽养殖场、水产养殖场、污水处理厂等敏感度强,适合于精准溯源过程。

水质指纹溯源法主要通过测定区域内污染源废水的水质特征,如水质的三维荧光光谱特征、基于气相色谱-质谱联用仪(GC-MS)的质谱指纹、基于多接收器电感耦合等离子体质谱(MC-ICP-MS)的水质指纹等,构建污染源水质指纹数据库。将水体水质指纹与数据库进行比对,根据水纹峰型、峰强度的变化初步推断污染入侵过程,并将水体水纹与污染源水纹进行比对,达到污染源分析和判别的目的。随着水质指纹数据库的不断完善,采用该方法可构建生活污水和印染、电子、石化等行业的水质指纹库,可将溯源精度提高至行业水平,精准到企业层级。

面源模型法是污染负荷定量化的常用手段。流域面源模型通过模拟污染物的径流、淋溶、挥发-沉降及向水体迁移的过程,揭示流域污染负荷时空分布特征和污染物输移规律,厘清各区域的污染负荷及其对流域出口断面水环境质量的影响,从而对污染物来源进行定量解析,准确识别各个污染源对入海负荷的贡献。目前,国内外常见的流域面源模型有新安江模型、Tank模型、SWAT模型和HSPF模型等。城市面源模型则模拟污染物累积、降雨径流对污染物的冲刷和污染物在城市排水系统或自然河渠中的迁移全过程,进而模拟城市面源污染负荷排放量和入河量。常用的城市面源模型主要有SWMM(Storm Water Management Model)、STORM(Storage Treatment Overflow Runoff Model)、MOUSE(Model for Urban Sewers)等。

污染负荷统计核算法考虑点源和面源,入海河流中的污染物来源包括点源和面源两部分。其中,点源污染主要包括工业源、城镇生活源和规模化畜禽养殖污染源;面源主要包括农村生活源、农业面源和分散畜禽养殖污染源以及城市面源。点源的入河和入海污染负荷量可采用统计法进行核算,即根据环境统计数据、第二次全国污染源普查或现场调查数据,统计直排工业企业、城镇污水处理厂以及规模化畜禽养殖场的污染物排放量;同时,根据污水排放口到入河排污口的距离、入河排污口到入海断面的距离以及入海河流平均流速,确定相应入河(入海)系数,核算点源污染负荷的入河量和入海量。面源污染负荷的入河量和入海量可采用输出系数模型进行估算。输出系数模型基于不同土地利用类型、分散畜禽养殖污染物排放系数、农村生活污染物排放系数,构建半分布式集总模型,计算入海污染负荷。污染物输出系数与土地利用类型密切相关,通常情况下农业用地可进一步划分为水田、菜地、旱地、坡地等;城镇用地可划分为居住区、工业区、商业区、娱乐区等。同时,大流域内的污染负荷估算还应考虑当地气候条件对输出系数的影响。面源污染物输出系数通常通过单一土地利用方式下小流域或田间小区的监测试验获得,在不具备监测条件的情况下可查阅第一次和第二次全国污染源普查的产排污系数手册或参考相似环境条件下的研究成果确定。入河系数的大小反映了总氮迁移到受纳水体过程中的损失,可通过现场监测试验、经验模型(如以流域范围内污染源产污量与污染物入河量之间的差值反推获取入河系数)。入海系数则在入河过程的基础上,进一步考虑总氮在河道中的自然净化过程。基于污染物入河量、入海量核算结果,对污染物的来源特征进行分析,揭示污染源及其排放量、入河量、入海量的空间分布特征,识别污染物关键源区。

1.4 入海河流总氮溯源与治理管控技术路线

已有的研究中,入海河流总氮治理与管控技术路线主要遵循"问题识别、污染溯源、协同治理"的思路,入海河流总氮治理与管控技术路线具体如图1-2所示。

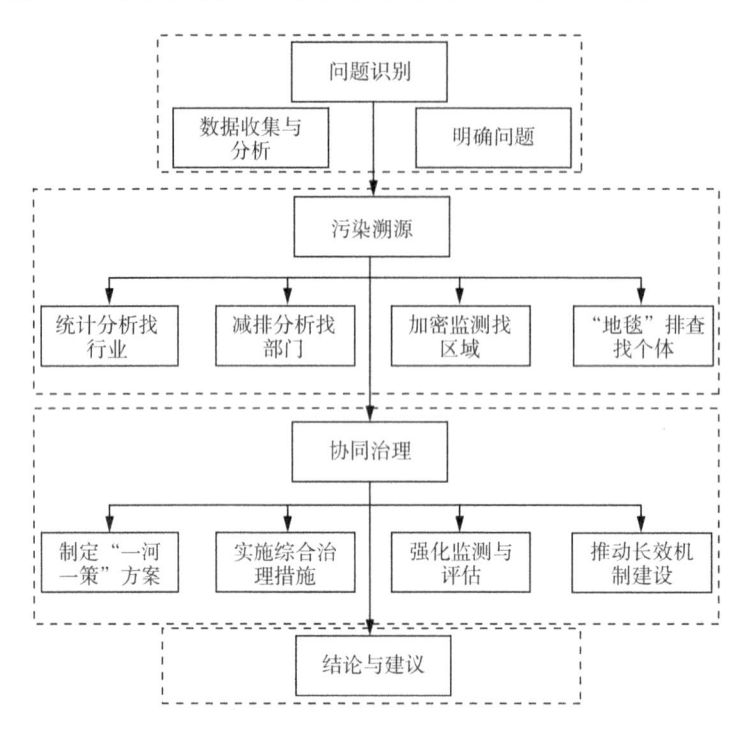

图1-2 入海河流总氮治理与管控技术路线图

1.4.1 问题识别

1.4.1.1 数据收集与分析

收集入海河流流域的环境统计年报、污染源普查、渔业统计公报、社会经济统计、土地利用等数据,分析入海河流总氮浓度的历史监测数据,识别总氮浓度超标的关键断面和区域。

1.4.1.2 明确问题

确定总氮污染的主要来源,包括养殖、种植、城镇生活、农村生活、工业,分析不同来源对总氮排放的贡献率,明确减排的重点行业和区域。

1.4.2 污染溯源

1.4.2.1 统计分析找行业

采用环境统计年报等数据进行行政区域总氮排放量分析。结合第二次污染源普查、渔业统计公报、社会经济统计、土地利用等数据,科学测算重点入海河流流域总氮排放量,明确养殖、种植、城镇生活、农村生活、工业等不同来源的总氮排放量。

1.4.2.2 减排分析找部门

开展行业减排潜力分析,研判发力方向,明确减排的主要部门责任,综合考虑城镇污水收集率和处理率、农村生活污水治理率、畜禽粪污综合利用率等数据,科学研判不同行业减排潜力。

1.4.2.3 加密监测找区域

在关键断面和区域设置加密监测点位,利用卫星遥感或其他溯源技术手段进行实时监测。通过监测数据,识别总氮浓度高值区或浓度反弹区域,将其作为重点排查区域。

1.4.2.4 "地毯"排查找个体

借鉴针对"散乱污"企业的治理经验,组织人员力量开展流域全覆盖现场排查。重点对总氮热点网格、重点行业实施地毯式排查,深挖各类污染问题,建立问题清单。

1.4.3 协同治理

1.4.3.1 制定"一河一策"方案

根据溯源结果和污染现状,为每条入海河流制定个性化的治理与管控方案。方案中应明确减排目标、治理措施、责任分工和时间节点。

1.4.3.2 实施综合治理措施

城镇地区:加强污水管网建设,推进雨污分流改造,提高污水收集效能。对于雨污水管网,要在汛前集中开展清掏和疏通,确保管网畅通;开展雨水调蓄池、排水设施建设和易涝点改造,降低污水溢流风险;在雨前要降低上游管网液位,为管网腾容。

农村地区:加强生活污水与生产生活垃圾治理,推进化肥农药减量增效,提高畜禽养殖污染防治水平。对于规模化畜禽养殖场,要确保粪污贮存点防雨防渗,养殖粪污收集处置设施正常运行;对于河湖岸边生活(建筑)垃圾、工业固废、秸秆、散养畜禽粪污等,要明确责任单位,及时组织清理整治。

工业企业和园区:加强排污许可管理,确保达标排放,明确是否落实初期雨水收集方案及其他汛期应急管控措施等。

1.4.3.3 强化监测与评估

建立完善的监测网络体系,对入海河流总氮浓度进行持续监测。定期对治理效果进行评估,根据评估结果调整治理措施和方案。

1.4.3.4　推动长效机制建设

加强跨部门、跨区域的协同合作,形成合力推进入海河流总氮治理。建立健全法律法规体系,加大执法力度,确保治理措施得到有效落实。鼓励公众参与和社会监督,提高全社会的环保意识和参与度。

第二章 入海河流总氮污染溯源分析方法

2.1 入海河流总氮污染溯源常用分析方法

根据国内外关于总氮溯源的研究,目前入海河流总氮溯源方法主要包括河流断面水质和通量沿程溯源法、污染负荷统计核算法、流域面源模型法、多元同位素法、微生物指纹法、水质指纹溯源法等常用方法,以及基于机器学习算法形成的 AI 溯源等先进技术方法。根据入海河流流域范围大小、水量大小,结合各溯源方法的适用性,可因地制宜采用各类溯源方法(表 2-1)。

表 2-1 入海河流总氮溯源常用方法

序号	溯源方法	适用性及特点	所需资料
1	河流断面水质和通量沿程溯源法	根据河流断面水质监测的时空精度,既可初步判定,也可以精准识别污染源主要区域和关键时段	河流断面水质、水量同步观测数据,必要时可加密监测
2	污染负荷统计核算法	方法简单、易操作,可定量评估已知的各类污染源排放量,及其对入海通量的贡献;面源污染的输出系数时空差异较大,溯源结果存在较大不确定性;无法识别未知源	研究区域各类点源污染物的排放量,各类面源污染物的输出系数
3	流域面源模型法	工作量大,成本较高;可定量评估已知的各类污染源排放量及其对入海通量的贡献,可结合气象预报进行污染物入海量预测;无法识别未知源	与模型精度相适应的流域地形、降水量、径流量、河流水下地形、土地利用方式、污染源排放量等
4	多元同位素法	可识别大气沉降、土壤有机氮、化学合成肥料、污水和粪便 4 种污染源,并计算其在入海河流污染物中的贡献率	采集污染源和河流水样,分析多元同位素含量
5	微生物指纹法	可较好识别 2 km 内畜禽养殖场、水产养殖场和污水处理厂	采集污染源和河流水样,进行 DNA 序列测定
6	水质指纹溯源法	根据水质指纹数据库的丰富程度,可识别污染源所属行业,甚至精准到企业层级	采集污染源和河流水样进行化学组成测定
7	AI 溯源	自动化处理,具有高效性;根据数据库数据,可识别具体污染源;对数据的质量和数量依赖性较强	采集污染源和河流水样,跟数据库进行比对

2.1.1 河流断面水质和通量沿程溯源法

2.1.1.1 分析方法简介

河流断面水质和通量沿程溯源法是指利用生态环境部门的地表水环境监测网络,在收集大量监测断面水质、水文数据的基础上,计算得到监测断面污染物通量,结合科学的分析,反复排查以寻找到最有可能产生污染事件的污染源。该方法通过确定污染物的质量平衡关系,从而推算出上游或下游的污染物输入或输出量,可用于初步识别影响河流水质的主要污染源及贡献率。

污染物进入河流后发生平流、稀释、扩散、沉降等作用,在此过程中污染物浓度发生变化,其对不同水质断面造成的影响不同。依据水质监测点位将河网划分为不同的计算单元,根据每个计算单元的污染物浓度和流量数据计算得到污染物通量,以通量变化率为基础计算得到各计算单元污染物削减系数,基于削减系数计算污染物排入河道后经过一系列复杂变化到达目标断面的剩余总量,剩余总量与目标断面总通量的比值即该污染源对目标断面污染物的贡献率。具体计算流程如图 2-1 所示。

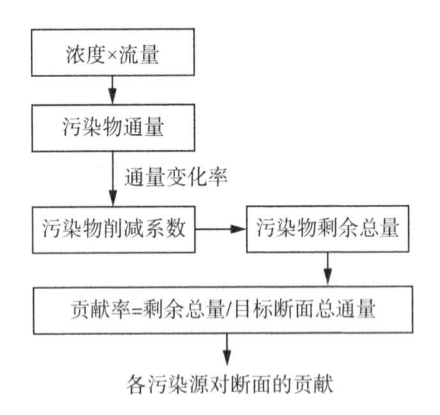

图 2-1 河流断面水质和通量沿程溯源法流程图

2.1.1.2 污染物沿程通量及贡献率计算

假定同一计算单元所有汇入的污染物经历相同的物理化学和生物变化过程,则计算单元存在通量平衡公式:

$$\Delta Q = Q_{up} + Q_{ps} + Q_{nps} - Q_{out} \quad (式2\text{-}1)$$

$$Q = c \cdot q \cdot T \quad (式2\text{-}2)$$

式中:ΔQ 为计算单元中损失的污染物通量,Q_{up} 为上一个计算单元汇入的污染物通量,Q_{out} 为出流的污染物通量,Q_{ps} 为直接汇入计算单元的点源污染物总量(工厂、污水处理厂和规模化畜禽养殖场的污染物之和),Q_{nps} 为所有汇入计算单元非点源污染物总量,c 为污染物浓度,q 为流量,T 为时长。

污染物经过计算单元后,因生物吸收、底泥作用、降解转化等而损失(或增加)一定的量。设定计算单元 i 的损失率为 K_i，则可以通过计算单元在不同时刻汇入和流出的污染物浓度、流量，计算得到计算单元 i 在不同时期的 K_i。

$$K_i = \frac{\Delta Q}{Q_{up} + Q_{ps} + Q_{nps}} \quad \text{(式 2-3)}$$

由此，可以计算得到 T 时期，排放量为 Q_{in} 的污染物经过 N 个计算单元到达控制断面后，其留存的污染物通量 Q。

$$Q = Q_{in} \prod_{i=1}^{N}(1 - K_i) \quad \text{(式 2-4)}$$

同理，可以得到控制断面上游所有污染源汇入的污染物到达该断面剩余的污染物余量及其所在断面污染物总通量的贡献，即污染源对控制断面的污染物贡献率，从而识别污染关键区域和时间段。

2.1.1.3 河流断面水质和通量沿程溯源法的应用

河流断面水质和通量沿程溯源法适用于流域范围大，水量较大的入海河流，可根据河流干支流关系，通过沿程断面水质监测值和通量计算结果快速判定污染关键区域以及时间段。

在欧美发达国家，一方面对污染源通过建立排放清单的方式采取监管，另一方面通过系统地布设水质自动监测站，构建了较为成熟的水质预警系统，当发生水污染事故时，污染源能通过在线监测数据快速查找分析得到。美国在全国范围的河流以及水源地管控区已设置近万个自动监测站，这些站点可进行 24 小时不间断的监测，并且监测信息都已纳入系统形成联网，可随时通过系统查询近 2 小时内的监测数据[41]。德国莱茵河流域各州均建立了相应的水质常规监测系统，以北威州为例，全州设有超过 3 000 个基础监测站，包含近 300 个强化监测站，90 个趋势分析站[42]。日本国家环境厅从 20 世纪 70 年代开始，在全国范围内广泛建立水质自动监测系统，如今在全国重要流域已布设超 300 个水质自动监测站。通过现代先进的电子技术，使得这些站点能够实现数据采集、分析和运算的自动化，当水污染事故发生时，可利用在线监测数据迅速开展溯源分析，同时能保证较高的准确性。

在我国实际工作实践中，水环境污染事故源的排查比较常用的还是传统的、基于大量监测数据的污染源排查法。该方法基于现有污染源基础资料，结合现场勘查分析综合判定主要污染物及其影响范围，主要通过沿河调查追溯疑似污染源，或采集下游水质样品进行分析确定污染源。丁雪连等[43]以湟水河流域为例，将污染源按点源和非点源分类量化，基于污染物通量贡献溯源方法，利用清单分析法、输出系数法对点源和非点源的氨氮、总磷入河量及其贡献率进行核算，根据贡献率识别主要点源类型及其位置，并结合行政区域识别非点源污染热点区、重点污染源种类。这一类传统溯源方法的劣势在于耗时较长，同时也需要消耗大量的人力、物力、财力。

因此，为弥补我国污染源排查法的短板，近年来，我国学者日益重视对污染源排查法的研究，在国内，基于在线监测系统的污染源排查法的应用也逐渐增多，应用前景极好。

黄洪勋[44]分析了环保污染源在线自动检测监控系统在生态环境部门日常管理中的优势。张艳博等[45]基于生态环境部门已经收集的断面水质监测数据和污染源自动监控数据,结合断面汇水区范围信息,设计并实现了地表水河流断面污染溯源分析系统,该系统主要包括超标断面综合分析、超标排放分析、总量预警、影响分析等,能够有效解决河流断面水质遭到污染后无法精准溯源的难题。基于在线监测系统的河流断面水质和通量沿程溯源方法相较于我国传统的污染源排查法,节省了大量人力、物力,方便快捷,且准确度高,反应迅速。

2.1.2 污染负荷统计核算法

2.1.2.1 污染负荷核算法简介

污染负荷又被称为"污染总量",是指排放到环境中的污染物质的数量,通常用排放量和污染物浓度的积来计算。

污染负荷统计核算法是一种综合性的方法,涉及到对不同来源的污染物量化,通过对污染来源识别和统计数据收集分析,计算工业排放、农业活动、居民生活等污染负荷,评估各类污染源的环境污染程度,从而为制定有效的污染防治措施提供科学依据。其主要包括3个步骤,首先根据断面位置、河流水系等确定核算范围,并划分管控单元;其次,基于划分的管控单元,收集分析污染源核算所需统计数据,核算一定时期内各污染源排放量;最后,通过权重分析等数学方法确定断面污染物来源。

2.1.2.2 污染源负荷计算及相关参数选取

控制单元是指影响受害水体的污染源空间范围,分区的目的是界定受害水体的陆域污染源空间范围,为水质目标管理提供基本的空间管理单元。污染源负荷计算是以控制单元划分结果为基础,分析核算区域污染源结构,参照《排放源统计调查产排污核算方法和系数手册》计算各污染源污染物排放量,量化区域污染物排放总量,具体计算公式如下:

(1) 工业污染源

$$W_\text{工} = (W_{\text{工p}} + \theta_1) \times \beta_1 \qquad (式2-5)$$

式中:$W_\text{工}$为工业污染物入河量;$W_{\text{工p}}$为工业污染物排放量;θ_1为被污水处理厂处理掉的工业污染物量;β_1为工业污染物入河系数(取值为0.8～1.0)。

工业污染物排放量$W_{\text{工p}}$主要来自直排工业企业资料。根据工业源的规模、排污特点和排污量,将工业源划分为重点污染源和一般污染源:对于重点污染源,采用现场监测和物料衡算与排污系数等方法,并按照规定程序核定污染源排放量;对于一般污染源,采用分类抽样监测的方式,核对物料衡算与排污系数计算的污染物排放量;对污染物排放量小、排放形式简单的,用排污系数法直接计算排污量。

(2) 城镇生活污染源

城镇生活污染源负荷计算基于城镇生活源产排污系数核算体系的研究成果以及污染源普查数据库。城镇生活源水污染物核算包括居民生活和第三产业两部分,形成了以城

镇常住人口为主要统计基量的污染物核算体系,其核算方法如下:

$$G = 365 \times N_c \times F \times 10 \qquad \text{(式 2-6)}$$

式中:G——城镇生活源水污染物年产生量,kg/a;

N_c——城镇常住人口,万人;

F——城镇生活源水污染物产生系数,反映了人均综合生活用水量、折污系数、城镇综合生活污水中的总氮浓度。其中折污系数取值范围为 0.8～0.9,当生活用水量≤150 L/人·d 时,折污系数取 0.8;当生活用水量≥250 L/人·d 时,折污系数取 0.9;当 150 L/人·d<生活用水量<250 L/人·d 时,采用插值法确定。城镇综合生活污水中的总氮浓度参考《生活污染源产排污系数手册》中江苏区域总氮排放浓度取值,为 44.8 mg/L,也可以参照区域城镇污水处理厂总氮进水浓度合理取值。

生活污染入河量按下式计算:

$$W_{生} = (G - \theta_1) \times \beta_1 \qquad \text{(式 2-7)}$$

式中:$W_{生}$——生活污染入河负荷,kg/a;

θ_1——被收集处理的污染负荷,kg/a;

β_1——入河系数(取值为 0.75～0.95)。

根据《生活污染源产排污系数手册(试用版)》[46],确认人均用水量、产污系数取值,结合区域管网布设情况以及污水收集率,计算得到城镇生活源污染负荷。

(3) 农村生活污染源

$$W_{生2} = W_{生2p} \times \beta_3 \qquad \text{(式 2-8)}$$

式中:$W_{生2}$ 为农村生活污染物入河量;$W_{生2p}$ 为农村生活污染物排放量;β_3 为农村生活入河系数(取值为 0.2～0.4)。

$$W_{生2p} = N_{农} \times \alpha_2 \qquad \text{(式 2-9)}$$

式中:$N_{农}$ 为农村人口数;α_2 为农村生活排污系数(见表 2-2)。

表 2-2　各类污染源排污系数表

类型	废水量 L/(人·d)	COD	NH$_3$-N	TP	TN
农村	140	35～50	4.5～5.0	0.3～0.8	5.0～12.0
农田	—	10～15	2.0～3.0	2.0～4.0	0.2～0.3

(4) 农业种植源

$$W_{农} = N_{农p} \times \beta_2 \times \gamma_1 \qquad \text{(式 2-10)}$$

式中:$W_{农}$——标准农田污染物入河量,kg/a;

$W_{农p}$——标准农田污染物排放量,kg/a;

β_2——标准农田入河系数(取值为 0.1～0.3);

γ_1——修正系数。

$$W_{农p} = M \times \alpha_3 \qquad (式2\text{-}11)$$

式中:M——标准农田面积,亩[①];

α_3——标准农田排污系数,kg/亩·a。

标准农田指的是地貌形态为平原、种植作物为小麦、土壤类型为壤土、化肥施用量为 25~35 kg/亩·a,降水量在 400~800 mm 的农田。标准农田源强系数 COD 取 10 kg/亩·a,$NH_3\text{-}N$ 取 2 kg/亩·a,TP 取 0.5 kg/亩·a。对于其他农田,对应的源强系数要进行修正:

①坡度修正

土地坡度在 25°以下,流失系数为 1.0~1.2;25°以上,流失系数为 1.2~1.5。

②农作物类型修正

以玉米、高粱、小麦、大麦、水稻、大豆、棉花、油料、糖料、经济林等主要作物作为研究对象,确定不同作物的污染物流失修正系数。此修正系数需通过科研实验或者经验数据进行验证。

③土壤类型修正

将农田土壤按质地进行分类,即根据土壤成分中的黏土和砂土比例进行分类,分为壤土、砂土和黏土。以壤土为 1.0;砂土修正系数为 1.0~0.8;黏土修正系数为 0.8~0.6。

④化肥施用量修正

化肥亩施用量在 25 kg 以下,修正系数取 0.8~1.0;在 25~35 kg,修正系数取 1.0~1.2;在 35 kg 以上,修正系数取 1.2~1.5。

⑤降水量修正

年降雨量在 400 mm 以下的地区取流失系数为 0.6~1.0;年降雨量在 400~800 mm 的地区取流失系数为 1.0~1.2;年降雨量在 800 mm 以上的地区取流失系数为 1.2~1.5。

(5) 养殖源

①畜禽养殖污染物入河量

$$W_{畜禽} = W_{畜禽p} \times \beta_5 \qquad (式2\text{-}12)$$

其中:$W_{畜禽}$ 为畜禽养殖污染物入河量;$W_{畜禽p}$ 为畜禽养殖污染物排放量;β_5 为畜禽养殖入河系数(取值为 0.1~0.5)。

$$W_{畜禽p} = \delta_1 \times t \times N_{畜禽} \times \alpha_4 + \delta_2 \times t \times N_{畜禽} \times \alpha_5 \qquad (式2\text{-}13)$$

其中:δ_1 为畜禽个体日产粪量;t 为饲养期;$N_{畜禽}$ 为饲养数量;α_4 为畜禽粪中污染物平均含量;δ_2 为畜禽个体日产尿量;α_5 为畜禽尿中污染物平均含量。上述参数取值见表 2-3 和表 2-4。

对畜禽废渣以回收等方式进行处理的污染源,按产生量的 12% 计算污染物流失量。

[①] 1 亩≈666.67 平方米。

表 2-3 畜禽粪尿排泄系数

种类	产污系数 (kg·头$^{-1}$)	畜禽养殖排污系数 (kg·头$^{-1}$)	养殖天数(d)	来源
生猪	5.551	0.9487	180	《排放源统计调查产排污核算方法和系数手册》(2021年)
蛋鸡	0.613	0.0647	365	
肉鸡	0.100	0.0097	90	
羊	17.337	2.1671	365	

表 2-4 畜禽粪便中污染物平均含量   单位:kg/t

项目	COD	BOD	氨氮	TP	TN
牛粪	31.0	24.5	1.7	1.2	4.4
牛尿	6.0	4.0	3.5	0.4	8.0
猪粪	52.0	57.0	3.1	3.4	5.9
猪尿	9.0	5.0	1.4	0.5	3.3
鸡粪	45.0	47.9	4.8	5.4	9.8

注:畜禽量按照如下关系换算:3头羊=1头猪

②水产养殖污染源

$$W_{水产} = W_{水产p} \times \beta_6 \quad (式2\text{-}14)$$

式中:$W_{水产}$为水产养殖污染物入河量;$W_{水产p}$为水产养殖污染物排放量;β_6为水产养殖入河系数(取值为0.1~0.5)。

水产养殖污染物排放量$W_{水产p}$需根据水产养殖模式确定。水产规模化养殖主要有两大类养殖模式,第一大类是池塘养殖/工厂化养殖,第二大类是网箱养殖/围栏养殖/浅海养殖/滩涂养殖。

$$W_{水产p} = M \times P \quad (式2\text{-}15)$$

式中:$W_{水产p}$为养殖排入水体污染物量;M为产量;P为排污强度(表2-5)。

表 2-5 水产养殖污染源污染物排放强度

污染物种类	COD	氨氮	TN
排污强度(g/kg)	15	2	3

(6)底泥内源污染

随着时间的积累,底泥中沉积了大量污染物,在水温变化或水体扰动的情况下,底泥中的污染物释放到水体中对水体造成污染。底泥内源污染负荷按照单位面积底泥污染负荷释放强度来计算:

$$W_{内} = 365 \times A \times \alpha_2 \times 10 \quad (式2\text{-}16)$$

式中:$W_{内}$——底泥释放到水体中的污染负荷,kg/a;

A——底泥面积,万 m^2;

$α_2$——污染物日释放强度,$g/m^2 \cdot d$。

底泥内源污染根据类似河道底泥相关研究成果取值,其中江苏区域 COD_{Cr}、NH_3-N、TP 日均释放强度分别取参考值 $0.3\ g/m^2 \cdot d$、$0.06\ g/m^2 \cdot d$、$0.01\ g/m^2 \cdot d$。

(7) 集中式污染治理设施

集中式污染治理设施主要包括城镇污水处理厂和工业污水处理厂等,主要采用实际监测的单位废水排放量、污染物排放浓度计算污染物排放量,监测数据需符合《水污染源在线监测系统(COD_{Cr}、NH_3-N 等)运行技术规范》(HJ 355—2019)、《污水监测技术规范》(HJ 91.1—2019)、《排污单位自行监测技术指南》等相关技术规范。

若无法获取监测数据,则利用污染治理设施运行情况等,根据产排污系数手册中对应的"影响因素"组合确定产污系数及污染物去除效率,核算污染物排放量。

2.1.2.3 污染负荷统计核算法的应用

污染负荷统计核算法适用于流域范围大,水量较大的入海河流,可通过污染源排放量监测或估算结果,从大尺度上识别影响入海河流断面总氮的主要污染源及污染区域,从而提出针对性管控措施。该方法的优点为简单、易操作,可定量评估已知的各类污染源排放量,及其对断面入海通量的贡献。但受面源污染输出系数时空差异较大影响,溯源结果存在不确定性;污染负荷统计核算法是对已知污染源的排放量展开核算和溯源,无法识别未知源(图 2-2)。

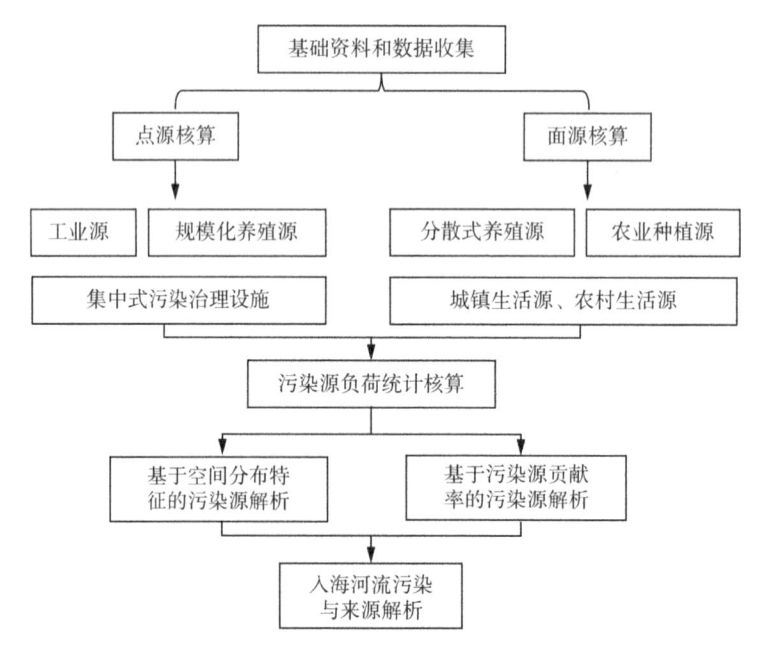

图 2-2 污染负荷统计核算法溯源流程图

根据控制单元污染源负荷计算结果,分析核算区域各类型污染源总氮排放量,利用加权平均法、因子分析法等数学分析方法初步分析各污染源对控制断面总氮负荷的权重比例。从各污染源对总氮负荷占比估算情况,识别主要污染来源,提出针对性的整治措施。

吴月龙等[46]以常州市武进区湟里镇生产河为研究对象,在对各类污染源调查解析的基础上进行污染负荷估算。计算结果显示,底泥内源污染是生产河最主要的污染源,其次是地表径流污染。吴月龙等结合污染负荷估算结果,针对性地提出了生产河的整治措施,为河道水环境整治工程设计思路和方案提供相应的经验和参考。张志敏[47]利用污染负荷统计法,结合输出系数法对曹娥江流域点源和非点源污染进行负荷估算,计算得到不同控制单元总氮入河量对曹娥江贡献率,进而筛选优先控制单元进行重点管控。尹庆[48]等采用污染负荷统计核算法估算流溪河从化段主要污染物的源头产生总量与各来源的贡献率,明确了主要的面源污染来源是农村生活源、城镇生活源等,并针对各类污染源的污染物排放强度提出了适当的面源污染源头控制措施。马啸[49]利用排污系数法估算三峡库区湖北段非点源污染负荷,并结合等标污染负荷评价方法识别研究区主要污染区域、主要污染源及主要污染物,明晰研究区域污染负荷比重。

2.1.3 流域面源模型法

流域面源模型法主要利用模型软件,通过模型分析污染源状况,然后通过数学统计分析方法进行污染源权重分析,进而得到各个污染源的贡献率。目前模型方法主要分为经验统计模型(如输出系数法)和机理模型两类。

2.1.3.1 经验统计模型

20世纪60—70年代发展出来了依据结果分析和统计分析方法的研究模型。受水文水质等数据限制,这些模型主要以经验模型为主,通过对导致非点源污染的降雨-径流过程以及非点源污染输移过程进行的实地监测统计,建立相关关系,进行非点源污染负荷计算。早期的简单经验统计模型中具有代表性的有输出系数模型(Export Coefficient Modeling Approach)、通用土壤流失方程(USLE,The Universal Soil Loss Equation)及其修正版(RUSLE,The Revised Universal Soil Loss Equation)、土壤保持服务-径流曲线数(SCS-CN,Soil Conservation Service Curve Number)模型等。

(1) 输出系数模型

输出系数法于1970年由美国和加拿大科学家提出,用于研究土地利用和湖泊营养物负荷之间的关系,为面源污染研究提供新的方法与思路。

1996年,英国科学家Johnes对原始的输出系数法进行了一定程度上的改进,在原来研究模型的基础上首次考虑了人类活动对环境的影响,将农村居民生活污染和养殖业污染加入到模型当中,同时对原有土地利用分类进行了更加详细的分化,使得输出系数模型克服了单纯只考虑土地利用类型的问题,极大程度上充实了输出系数模型的内在,使得研究结果更加科学可信。模型计算公式如下:

$$L = \sum_{i=1}^{n} E_i A_i (I_i) + p \quad \text{(式2-17)}$$

式中:L是面源污染总负荷;E_i是第i种污染源的输出系数;A_i是第i种土地利用类型的面积或第i种牲畜的数量或人口数;I_i是第i种污染源的输入量;p是由降雨输入的污

物量。

随后,Soranno 在 Johnes 的研究基础上对输出系数模型进行了进一步的改进,将污染物产生区和周边收纳水体之间的距离因素考虑进输出系数模型中,并结合 GIS 相关技术对面源污染空间负荷分布进行研究。改进后的模型计算公式如下:

$$L = \sum_{i=1}^{n} Z\left(\frac{CI}{RI}\right) \cdot E_i A_i (I_i) + \sum_{j=1}^{m} E_j A_j \quad (式 2-18)$$

式中:L 是面源污染总负荷;$Z\left(\frac{CI}{RI}\right)$ 是标准化的权重因子;E_i 是第 i 种土地利用类型的输出系数;A_i 是第 i 种土地利用类型的面积;I_i 是第 i 种土地利用类型的输入量;E_j 是第 j 种牲畜或农村生活的输出系数;A_j 是第 j 种牲畜的数量或人口数。

(2) 通用土壤流失方程及其修正版

通用土壤流失方程(USLE)是美国依据试验观测数据并结合统计分析和对土壤侵蚀影响因子概化,建立的一个定量预报农耕地或草地坡面年平均土壤流失量的经验性土壤流失预报方程。该模型在 70 年代和 90 年代进行了二次修订,形成了修正通用土壤流失方程(RUSLE),公式如下:

$$A = R \cdot K \cdot L \cdot S \cdot C \cdot P \quad (式 2-19)$$

式中:A 为平均土壤流失率,即单位面积上时间和空间平均的土壤流失量,$t/(hm^2 \cdot a)$;R 为降雨侵蚀力因子,反映了降雨对土壤侵蚀的潜在能力,单位为 $MJ \cdot mm/(hm^2 \cdot h \cdot a)$;$K$ 为土壤侵蚀因子,是指标准小区上单位降雨侵蚀力引起的土壤流失率,单位为 $t \cdot hm^2 \cdot h/(hm^2 \cdot MJ \cdot mm)$;$L$ 为考虑地形因素的坡长因子,无量纲;S 为考虑地形因素的坡度因子,无量纲;C 为植被覆盖与管理因子,无量纲;P 为水土保持措施因子,无量纲。

改进后的模型,大大提高了适应性,使模型能够预测农业生产、水土保持措施、采矿、人工建筑、林地等因素长期影响下的多年水蚀侵蚀量。

(3) 土壤保持服务-径流曲线数(SCS-CN)模型

SCS-CN 是美国农业部水土保持局基于美国水文气候条件和大量降雨径流数据所提出的径流曲线模型,用于计算地表径流,且已被国内外研究学者普遍采用。SCS-CN 模型具有诸多优点,如基本假设合理、计算简便、所需参数少且易获取以及预测结果准确度较高等,同时对研究区域的下垫面初始条件进行了综合考虑,因此适用性较强,尤其适用于资料较少或无资料地区。其计算公式如下:

$$Q = \frac{(P - 0.2S)^2}{P + 0.8S} \quad (式 2-20)$$

式中:Q 为径流深度,mm;P 为降雨深度,mm;S 为最大潜在滞留量,取值与 CN(曲线数,取值范围为 30~100)有关,mm。

SCS-CN 模型以降雨量作为输入条件,仅需确定初损系数 λ 和径流曲线数 CN 2 个参数值就能预测地表径流,参数取值可依据研究区域的实际情况进行优化调整,以便更科学准确地预测不同下垫面条件下的地表径流。目前国内外关于 SCS-CN 模型的研究主要集中在区域地表径流估算、模型优化及与地理遥感信息技术、土壤流失方程等的耦合研究上。

经验模型不依赖大量观察数据来率定模型参数，数据量需求更少且容易获得，对不同地形地貌区域适应能力强，可对区域污染负荷进行快速识别，因而在大流域面源污染研究方面运用性更强，被国内外众多学者广泛应用。Johnes[50]利用输出系数模型评估土地利用变化对输入到地表水的氮磷负荷的影响。Diaz[51]等将 USLE 模型应用于塞古拉河流域，建立了沉积物输送率和地貌参数之间的统计关系并量化了研究区域土壤流失量。Abu Hammad[52]等将修订的通用土壤流失方程应用于模拟地中海地区农田土壤侵蚀量，通过调整 RUSLE 因子来提高模型的精确度。Lyon[53]等基于地形指数使用 SCS-CN 模型来预测研究区域径流量。刘枫[54]等以于桥水库流域为研究对象，基于 USLE 模型分析其非点源污染时空分布特征及影响因子。焦荔[55]应用 SCS-CN 模型和 USLE 模型计算西湖流域非点源污染径流量和污染物负荷，并评估其对西湖水质的影响。这些早期研究为后续机理模型发展奠定了坚实的基础。

2.1.3.2 流域面源机理模型

由于经验模型仅直接建立非点源污染负荷与流域土地利用状况之间的关系，而对对营养物质迁移起决定性作用的水文路径问题和在水循环过程中营养物的迁移转化过程考虑较少[56]。因此，综合考虑了污染物迁移过程，并在模拟前对大量参数进行率定和验证的机理模型的模拟结果相对更具科学性和准确性。

机理模型法即采用数学手段，依据达西定律和连续原理建立对流-弥散方程，定量描述整个系统及其内部各种非点源在水文循环作用下发生的复杂转化运移过程，模拟非点源对水体造成的污染，并评估土地利用变化及不同的管理技术措施对污染负荷和水质的影响[57,58]。首先，机理模型能够完整地刻画非点源污染物迁移转化过程[59]。同时，机理模型依据空间数据集和属性数据集两大类基础数据资料[空间数据包括数字高程模型(DEM)、实际河网信息、土地利用类型数据、土壤空间数据以及气象站点分布等；属性数据包括不同土壤类型的理化性质、实测气象数据(降雨量、最高和最低气温、相对湿度以及风速等)和土地管理措施等方面]建立研究区域模型，利用多元化的实测以及遥感数据，丰富了模型输入数据，拓展了复杂模型的应用场景，是现有方法中普遍认为最重要的一种研究方式。

机理模型种类众多，主要包括 SWAT(Soil and Water Assessment Tool)模型、HSPF(Hydrological Simulation Program Fortran)模型、SWMM(Storm Water Management Model)模型、AnnAGNPS 模型(Annualized Agricultural Non-point Source Pollution Model)、L-THIA(Long-term Hydrological Impact Assessment)模型和农业管理系统中化学污染物径流负荷和流失(Chemicals, Runoff and Erosion from Agricultural Management Systems, CREAMS)模型等。

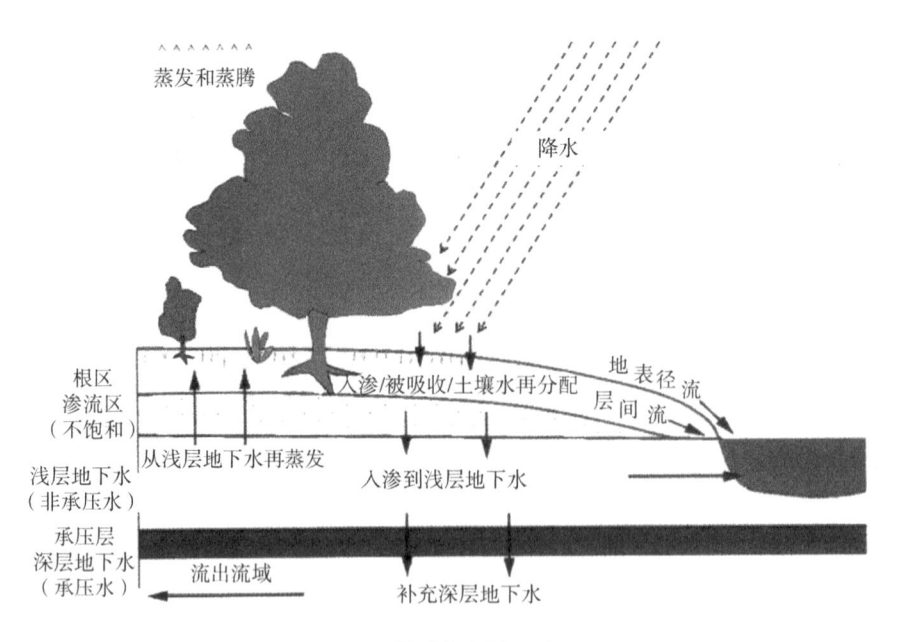

图 2-3　模型水文循环过程

(1) SWAT 模型

SWAT 模型是由美国农业部农业中心研发的一种基于 GIS 的分布式流域水文模型，主要用于预测复杂多变的土壤类型、土地利用方式以及气候条件下，土地管理对流域水分、泥沙和化学物质的影响。模型主要包括 3 个模块，分别为水文循环模块、土壤侵蚀模块以及污染负荷模块。SWAT 模型的水文过程模拟主要包括流域水文循环和陆地汇流过程，其中水文循环过程是以水平衡方程为基础，计算公式如下：

$$SW_t = SW_0 + \sum_{i=1}^{t}(R_i - Q_{surf,i} - E_i - W_{seep,i} - Q_{gw,i}) \quad (式 2-21)$$

式中：SW_t 为土壤最终含水量，mm；SW_0 为土壤前期含水量，mm；t 为时间步长，d；R_i 为第 i 天降水量，mm；$Q_{surf,i}$ 为第 i 天的地表径流，mm；E_i 为第 i 天的蒸发量，mm；$W_{seep,i}$ 为第 i 天土壤坡面地层的渗透量和侧向流，mm；$Q_{gw,i}$ 为第 i 天地下水含量，mm。

SWAT 模型根据修正后的通用土壤流失方程（RUSLE）对流域内泥沙流失过程进行模拟，公式如下：

$$m_s = 11.8 \times (Q_s \times q_{peak} \times A_{hru})^{0.56} \times K_{USLE} \times C_{USLE}$$
$$\times P_{USLE} \times LS_{USLE} \times CFRG \quad (式 2-22)$$

式中：m_s 为土壤侵蚀量，t；Q_s 为地表径流，mm/h；q_{peak} 为洪峰流量，m³/s；A_{hru} 为水文响应单元面积，ha；K_{USLE} 为土壤侵蚀因子；C_{USLE} 为植被覆盖和管理因子；P_{USLE} 为水土保持措施因子；LS_{USLE} 为地形因子；$CFRG$ 为粗碎屑因子。

SWAT 模型中对地表径流携带的污染物（包含有机氮、硝态氮、有机磷以及可溶性磷等）迁移转化过程模拟的计算公式如下：

$$\begin{cases} ER_i = 0.78(conc_{\text{sed,surq}})^{-0.2468} \\ ORG_i = 0.001 \times \dfrac{sed}{A_{\text{hru}}} \times Con_i \times ER_i \\ NO_{3,\text{surf}} = \beta_{NO_3} = conc_{NO_3,\text{mobile}} \times Q \\ P_{\text{surf}} = \dfrac{P_{\text{solution}} \times Q}{P_b \times H_0 \times K_d} \end{cases} \quad (式2\text{-}23)$$

式中：ER_i 表示有机养分 i（N 或 P）的富集率；$conc_{\text{sed,surq}}$ 表示径流中沉积物浓度；ORG_i 为有机养分 i 的流失量，kg/ha；sed 为土壤侵蚀量，t；A_{hru} 为水文响应单元的面积，ha；Con_i 为土壤原始养分 i 的浓度，g/mg；$NO_{3,\text{surf}}$ 和 P_{surf} 分别是迁移到径流中的硝酸盐和可溶性磷，kg/ha；$conc_{NO_3,\text{mobile}}$ 和 P_{solution} 分别表示表层（10 mm）土壤流动水中硝酸盐和磷的浓度，kg/mm；Q 为地表径流量，mm；β_{NO_3} 和 K_d 分别为硝酸盐渗透系数和磷土壤分配系数，m^3/mg；P_b 为干土容重，mg/m^3；H_0 为表层土壤深度（10 mm）。

SWAT 模型有很多描述水文响应单元属性的输入参数，模型中大部分参数具有明确的物理意义，可以根据实测数据进行确定，但仍然有许多起调整作用的参数尚待率定，如初始 SCS-CN（CN2）和土壤有效含水量（SOL_AWC）等，在产汇流过程中起到影响作用的相关参数需要进行参数敏感性分析及率定验证。水文模拟过程涉及的关键参数及初始取值范围如表 2-6 所示。

表 2-6　SWAT 模型关键参数及初始取值范围

参数名称	文件	物理意义	影响过程	初始取值范围
CN2	mgt	湿润条件Ⅱ下的初始 SCS-CN	地表径流	[35,98]
GW_DELAY	gw	地下水延迟系数/d	地下径流	[0,500]
GWQMN	gw	浅层地下水产生基流阈值深度/m	地下径流	[0,5 000]
GW_REVAP	gw	浅层地下水再蒸发系数	地下径流	[0.02,0.20]
RCHRG_DP	gw	深含水层渗透比	地下径流	[0,1]
ESCO	hru	土壤层蒸发补偿系数	蒸散发	[0,1]
CANMX	hru	植被冠层截留量/mm	植被	[0,100]
SOL_K	sol	土壤饱和导水系数/(mm·h)	土壤水分	[−0.8,0.8]
SOL_BD	sol	土壤的湿密度/(g·cm^{-3})	土壤水分	[−0.6,0.6]
SOL_AWC	sol	土壤有效含水量(持水量)/mm	土壤水分	[−0.5,0.5]
ALPHA_BK	rte	河岸调蓄的基流 α 因子	河道汇流	[0,1]
CH_K2	rte	河道有效水力传导系数(mm·h^{-1})	河道汇流	[5,130]
SFTMP	bsn	降雪温度/℃	降雪	[−5,5]
SMTMP	bsn	融雪温度阈值/℃	融雪	[−5,5]
SMFMX	bsn	6 月 21 日的融雪因子/[mm/(℃·d^{-1})]	融雪	[0,20]

续表

参数名称	文件	物理意义	影响过程	初始取值范围
SMFMN	bsn	12月21日的融雪因子/[mm/(℃·d^{-1})]	融雪	[0,20]
SNOCOVMX	bsn	与100%积雪覆盖率相对应的最低积雪含水量/mm	地表径流	[0,500]

(2) HSPF模型

HSPF模型是由美国环保局(EPA)于1980年开发来预测环境灾害的一款关于流域污染的数学模型。它集成了斯坦福流域模型、集水区农业径流管理模型和非点源模拟模型,水文水质模拟能力强大且精确度高。模型可实现砂粒、粉砂和黏粒等沉积物以及BOD、DO、氮磷、农药等多种污染物的地表径流、壤中流过程和蓄积、迁移、转化的综合模拟,是国际认可模拟流域非点源污染效果最好的模型之一。

HSPF模型的运行是从WinHSPF模型开始,在BASINS中对流域进行子流域划分结束后即会跳转到WinHSPF界面,其由3部分构成,即透水地段水文水质模块(PERLND)、不透水地段水文水质模拟模块(IMPLND)和河道、地表水体模拟模块(RCHRES)。

透水地段水文水质模块(PERLND)应用于子流域中透水部分,径流通过坡面流等方式进入河道,实现该单元内水、沉积物、污染物、有机物质的迁移转化。PERLND模块的子模块主要包括水文子模块、地表土壤侵蚀沉积物子模块以及一些农业化学子模块。模块结构如图2-4所示。

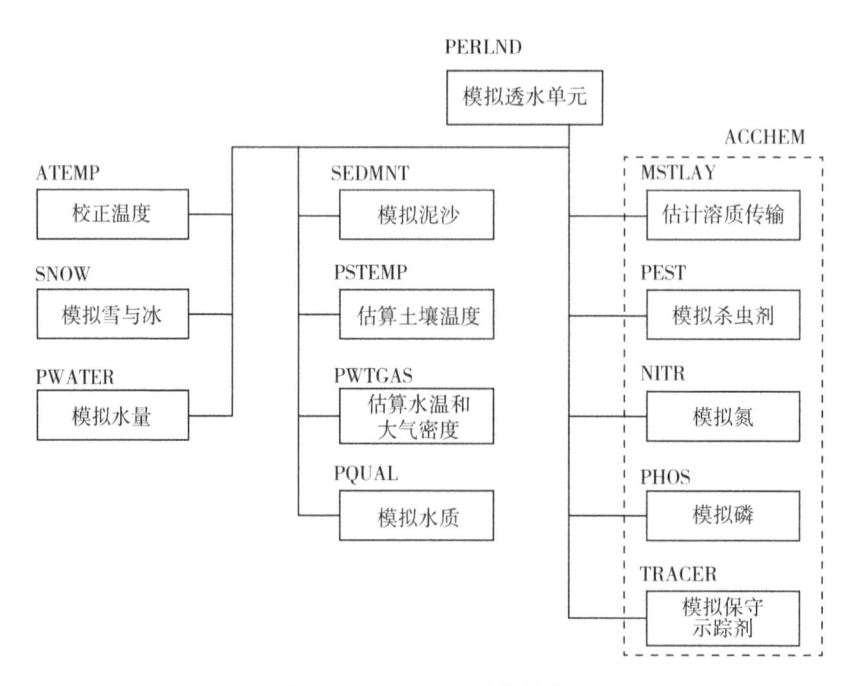

图2-4 PERLND模块结构

不透水地段水文水质模拟模块(IMPLND)在HSPF模型中使用于子流域不透水地段,主要用于模拟泥沙迁移、雪蓄积和消融过程、模拟温度、模拟水文和大气密度、模拟水质。模块结构如图 2-5 所示。

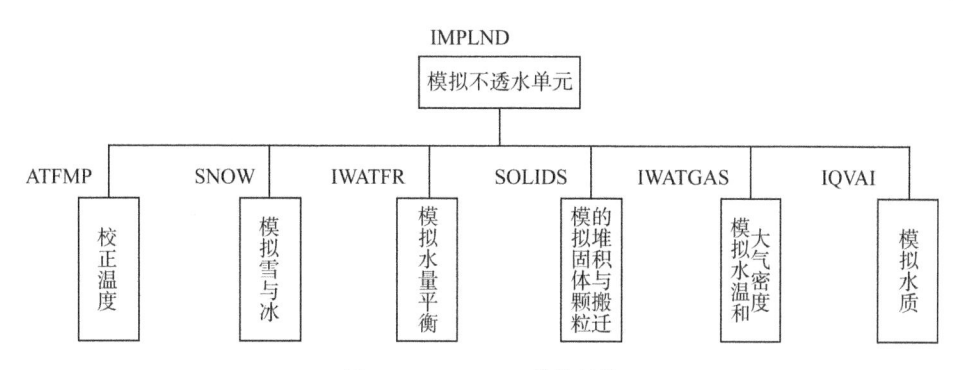

图 2-5 IMPLND 模块结构

IMPLND 模拟不透水单元
- ATFMP 校正温度
- SNOW 模拟雪与冰
- IWATFR 模拟水量平衡
- SOLIDS 模拟固体堆积与颗粒搬迁
- IWATGAS 模拟大气密度水温和
- IQVAI 模拟水质

河道、地表水体模拟模块（RCHRES）适用于模拟开放式单向流动河流、封闭式渠道或湖泊、水库等水体。RCHRES 中水体及杂质均呈单向流动，经过河道冲刷、溶解，部分物质滞留在河道，剩余物质输出至河段出口。各河段均重复此过程，首尾相连，表现出整个流域的特征。模块结构如图 2-6 所示。

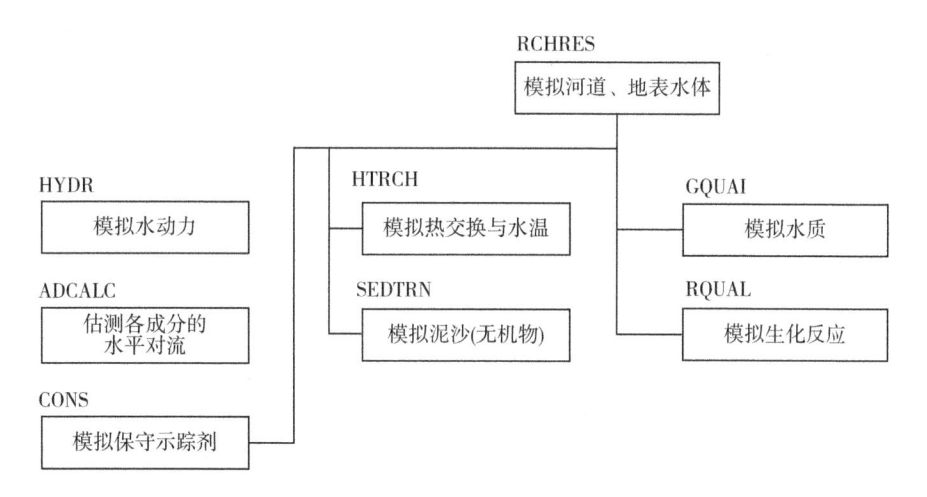

图 2-6 RCHRES 模块结构

RCHRES 模拟河道、地表水体
- HYDR 模拟水动力
- ADCALC 估测各成分的水平对流
- CONS 模拟保守示踪剂
- HTRCH 模拟热交换与水温
- SEDTRN 模拟泥沙(无机物)
- GQUAI 模拟水质
- RQUAL 模拟生化反应

(3) 不同面源模型的优势

不同的模型有着各自的应用特点。CREAMS 模型主要为模拟农业管理系统中径流量以及污染物流失量。L-THIA 模型是完全基于统计的概念模型，主要用于评估历史时期土地利用变化对非点源径流量和污染物的影响，比较适用于小流域的模拟[60,61]。SWMM 模型主要用于城市区域水文水利学模拟，是一个动态的降水-径流模拟模型，能够模拟某种单一降雨事件或长期降雨条件下城市的水量以及水质变化情况[62,63]。AnnAGNPS 模型是由 AGNPS 模型发展而来的分布式流域模型，主要用于模拟小流域土壤侵蚀、养分流失和预测农业非点源污染负荷，故多被用于农业非点源污染管理政策制定等，其与 GIS 系统紧密结合后可以模拟多尺度流域的水、沙输移与转化等水文过程[64,65]。Sarangi[52]、Polyakov[66] 和 Kliment[67] 等均基于 AGNPS 模型对研究区域的径流、沉积物负荷以及养分负荷进行预测和评估。

HSPF 模型属于半分布式模型,包括了流域径流量模拟、营养盐流失模拟以及泥沙模拟等,能模拟不同时间尺度下点源和非点源污染规律[68,69],主要用于水文预报和水文计算,在国外应用广泛而国内使用者很少。SWAT 模型同 HSPF 模型类似,研究方向主要为营养流失负荷估算、驱动因素影响探究、土地管理措施影响评价以及污染风险等级判定和优先管理区域识别,对于面源污染的模拟在国内外均取得广泛应用。Lam[70]等利用 SWAT 模型模拟了基尔斯托流域径流量和硝酸盐负荷,结果表明农业扩散源是流域硝酸盐负荷的主要贡献者,而森林覆盖面积与硝酸盐负荷呈负相关关系。Liu[71]等通过模型估算了长江流域入海氮磷总量,从空间上明确营养源分配以帮助减少营养物政策制定。向鑫[72]等利用 SWAT 模型模拟了清溪河流域非点源污染负荷时空分布规律,研究发现丰水期是非点源污染的关键时期且农业生产、农村生活是氮磷主要污染源。Mehan[73]等基于 SWAT 模型评估气候变化对印第安纳州东北部流域农业地表下排水区的水文气候和营养物负荷的影响。宋卓远[74]等以北运河流域为研究对象,利用 SWAT 模型定量模拟上游 TN、TP 流失负荷空间分布特征,并评估了关键源区布设不同最佳管理措施的总氮、总磷削减效果。Zuo[75]等基于 SWAT 模型,在中国东北某农业流域的水文响应单元(HRU)尺度上,通过情景分析法分析了养分产量对降水的敏感性,并进一步确定优先管理区。张皓天[76]等在蚂蚁河流域 SWAT 模型模拟结果基础上,分析了非点源污染时空规律并识别了关键污染源,结果表明单位面积流失负荷最大的为耕地。Shen[77]等结合 SWAT 模型,将水功能区概念应用到非点源污染优先管理区域识别中,提出了一个新的框架量化子流域对不同水功能区附近水体质量的扰动。

综上所述,机理模型可以较好地模拟流域面源污染输移过程,模拟结果能体现不同污染源入河负荷。

2.1.3.3 污染来源权重分析

以模型模拟结果为计算基础,通过数学统计方法,如主成分分析法(PCA)、正定矩阵因子分解法(PMF)和绝对主成分-多元线性回归模型(APCS-MLR)等,分析污染源对控制断面的贡献权重。

(1) 主成分分析法(PCA)是 Pearson 于 1901 年提出,再由 Hotelling 于 1933 年进一步发展的一种常用的多元统计方法,是一种研究变量相互间关系的多变量分析技术[78],其原理是将原有变量重新组合成一组新的相互无关的几个综合变量,同时根据实际需要从中可以取出几个较少的综合变量,尽可能多地反映原来变量的信息的统计方法[79]。主成分分析法的优势在于可以用少量变量有效表征整体特性,并且可以有效消除不同变量间信息叠加带来的影响。但该方法也有缺点,即评价指标选取要求高、主成分难以取舍、评价结果不符合实际[80]。

(2) 正定矩阵因子分解法(PMF)最早由 Paatero 和 Tapper 于 1993 年提出,其原理是利用权重计算出颗粒物中各化学组分的误差,然后通过最小二乘法来确定出颗粒物的主要污染源及其贡献率。李娇等[81]对拉林河流域土壤重金属污染进行溯源时,应用了 PMF 模型,发现该区域土壤重金属污染主要受自然源、农药化肥源和工业源三者共同影响。

PMF在大气气溶胶、水污染溯源中应用较广,且解析结果比较可靠,但该方法也有一定缺陷,即没有提供确定合理因子个数的方法,因子数的选择会对解析结果产生影响。

(3) 绝对主成分—多元线性回归模型的基本原理是将因子分析的主因子得分转化为绝对主因子得分(APCS),各污染物含量再分别对所有的APCS进行多元线性回归,回归系数用于计算各个主因子对应的污染源对水体中每个样本点位某污染物含量的贡献量。杜展鹏[82]使用基于汇到源的绝对主成分—多元线性回归模型,对牧羊河流域的污染源进行了解析,识别了流域主要污染物的来源以及各污染源权重,并同排查法溯源结果比对,发现结果基本一致,最后通过环境经济目标优化,给出了保障水质安全基础上的经济社会和污染控制策略。

2.1.3.4 流域面源模型的应用

流域面源模型是污染负荷定量化的常用手段,通过模拟污染物的径流、淋溶、挥发-沉降及向水体迁移的过程,揭示流域污染负荷时空分布特征和污染物输移规律,准确识别各个污染源对入海负荷的贡献(图2-7)。流域面源模型法同样适用于流域范围大、水量较大的入海河流,可定量评估已知的各类污染源排放量及其对入海通量的贡献,但利用面源模型进行溯源工作量大,成本较高,且仅能对流域范围内已知污染源,如农业面源、生活源、工业源等开展溯源,无法识别未知污染源。

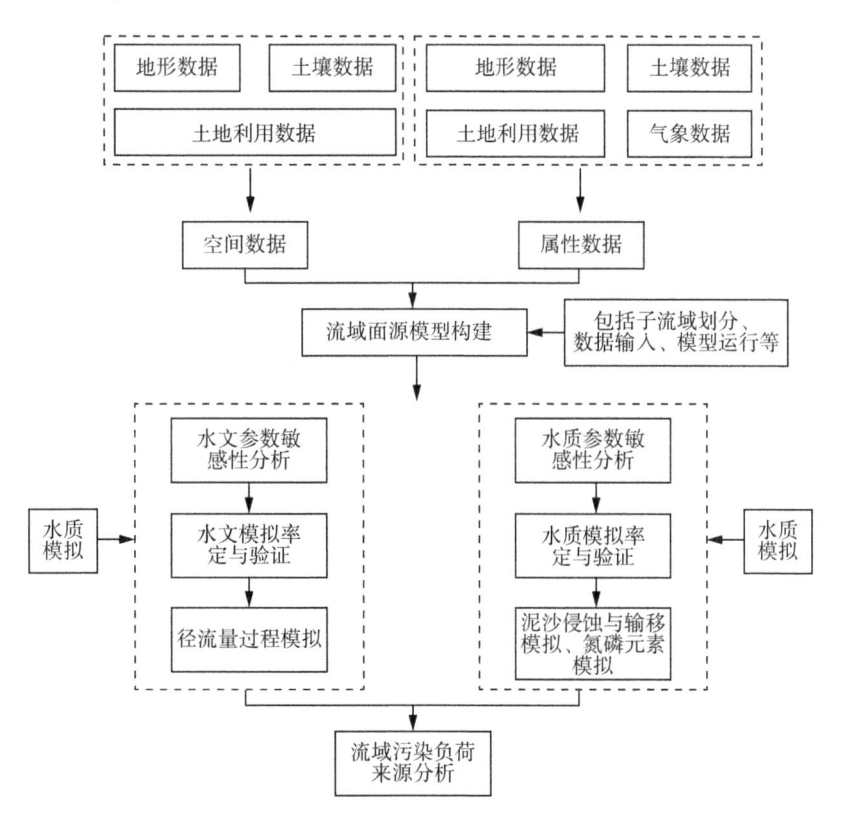

图 2-7 利用流域面源模型溯源流程图

国内对于利用流域面源机理模型来量化污染来源的方法使用较为广泛,韦雨婷[83]基于一维平原河网水量、水质数学模型,量化分析了苏南运河对主要入湖河流污染物通量的贡献率,结果表明苏南运河对湖西区主要入湖河流污染物通量的整体贡献率约为23%。其中,对太滆运河污染物通量的贡献率最大,约42%;漕桥河次之,约23%,对太滆南运河、社渎港、陈东港污染物通量的贡献率由北向南依次减小。张皓天[76]等利用SWAT模型结合GIS技术对黑龙江蚂蚁河流域进行研究,结果表明耕地的非点源污染单位面积负荷最高。李国光[84]等利用GWLF模型对新安江流域TN进行溯源,得到不同区县对流域污染权重:休宁县、屯溪区、歙县街口镇、国控断面的总氮污染物贡献比例分别为15.5%、41.4%、43.1%,为水环境分区控污提供支撑。陈亚男[85]通过建立望虞河西岸平原河网地区水量水质模型,确定张家港排污对望虞河污染治理影响最大。宋芳[86]等利用SWMM溢流模型得到雨季深圳河湾流域的主要污染源为漏排污水,COD、氨氮和TP占比都达45%及以上,区域亟需完善管网系统。曹淑钧[87]等人结合GIS和SWMM模型模拟2020年大清河流域面源污染负荷,并利用输出系数法进行污染物来源分析。孙卫红[88]等通过构建河网水环境数学模型模拟污染源与断面水质响应关系,计算高邮湖控制断面主要污染来源及权重:高邮湖湖心区断面TP主要贡献源除入湖河道占比73.6%外,依次为银涂镇等农业面源占比18.4%、塔集镇等农业面源占比7.4%;高邮湖近大汕退水闸断面TP主要贡献源除入湖河道占比77.2%外,依次为银涂镇等农业面源占比18.0%、塔集镇等农业面源占比3.6%,为制定断面达标方案提供依据。张皓[89]等在交界断面污染溯源研究中证明采用水质指数法进行污染物源解析也具有一定的可行性。谢蓉蓉[90]等通过建立一维水动力及水质模型,选取嘉善地区3个水环境敏感点进行水质影响权重分析,结果表明内源影响大于外源影响,COD内源平均影响权重为55.3%,氨氮为67.4%,TP为63.1%,面源影响大于点源影响,COD面源平均影响权重为53.7%,氨氮为65.9%,TP为57.8%。

2.1.4 氮氧同位素溯源法

2.1.4.1 氮氧同位素溯源简介

氮氧同位素溯源是一种利用氮和氧同位素分析物质来源和演化历史的方法。氮和氧同位素是自然界中广泛存在的同位素,在地球上的各种环境中都有独特的分布规律和变化趋势。通过测量样品中氮和氧同位素的相对丰度,可以揭示样品的地理来源、环境演化过程、生命活动等信息。

氮氧同位素溯源的应用范围非常广泛。在地质科学领域,它被广泛应用于石油勘探、岩石学研究等方面。在生物学领域,氮氧同位素溯源可以用于食物链研究、动植物迁徙研究等。在环境科学领域。氮氧同位素溯源常被用于水循环研究、大气污染物来源分析等方面。此外,氮氧同位素溯源还被广泛应用于考古学、气候变化研究等领域。

2.1.4.2 氮氧同位素溯源原理

氮氧同位素溯源的原理基于同位素地球化学和物质循环。不同来源的物质或不同的过程会导致同位素组成的差异。通过测量样品中氮和氧同位素的相对丰度，并与已知样品进行对比，可以确定样品的来源和演化历史。同时，氮和氧同位素在自然界中的分布规律也可以帮助解读地质、环境、生物等系统中的复杂过程。

由于不同来源的氮和氧元素具有不同的同位素特征值范围，基于特征值的差异可以进行污染物溯源。氮氧同位素法通过测定样品的硝酸盐氮、氧同位素含量，进行氮和氧稳定同位素值与经验值的比对，判定氮元素污染是否来源于大气氮沉降、土壤有机氮、化学合成肥料、污水和粪便中的某一种。

氮氧同位素分析在地表水总氮污染溯源中，依赖于不同污染源的同位素特征差异。了解各个氮源的同位素特征是溯源的基础。

(1) 大气氮沉降

①大气氮沉降来源

大气中的氮通常来自于硝酸盐的气态前体物质氮氧化物(NO_x)的转化。它和大气中最重要的氧化剂臭氧以及羟基自由基的产生和消耗有很大的关系。大气中 NO_x 活性高，是污染地区主要的大气污染物质，每年排放量达数百万吨。NO_x 可以在大气中通过二次反应形成硝酸盐气溶胶，是大气细颗粒物污染的主要来源，通过沉降还会造成水体的富营养化和土壤酸化。不仅如此，NO_x 在对流层光化学反应中起重要作用，可以促进光化学烟雾的形成；在平流层中可以消耗臭氧，对地球臭氧层的破坏作用不可忽视，对人类健康也有影响。NO_x 主要源自化石燃料燃烧、生物质燃烧和机动车燃油排放，少部分来自野火生物质燃烧、土壤微生物氮循环排放以及闪电排放。

②大气氮沉降迁移转化

大气硝酸盐形成的反应错综复杂，具有昼夜、季节的差异(图2-8)。NO_3 通常在夜间进行相关反应，因为其具有光敏感性，在见光条件下会被迅速分解[91]。在光化学强烈的季节和白天的时间段，羟基自由基活性较高，二氧化氮(NO_2)+羟基(OH)途径会对硝酸盐的形成作出较大的贡献。大气气溶胶中硝酸盐存在的主要形式是硝酸铵(NH_4NO_3)，主要来源于硝酸(HNO_3)和氨(NH_3)的中和作用。

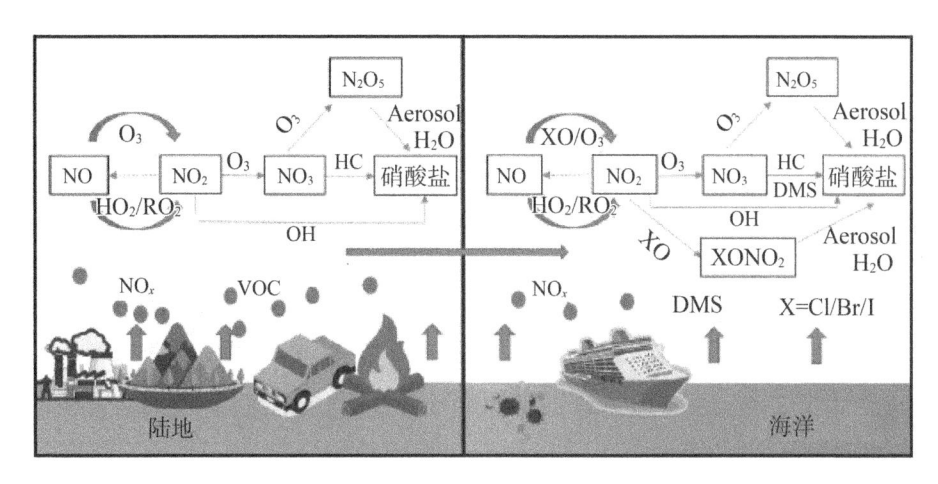

图 2-8 陆地和海洋大气硝酸盐的主要形成过程

③大气氮沉降氮氧同位素特征值

由于这些氮氧化物在大气中经过光化学反应后沉降,其氮同位素值通常较为中性,其典型值域范围是 $-13‰ \sim +13‰$[92],氧同位素值通常的值域范围为 $25‰ \sim 75‰$[93]。

与其他来源氮同位素特征进行对比,土壤有机氮 $δ^{15}N$ 相对较高,$δ^{18}O$ 相对较低。化学肥料 $δ^{15}N$ 相对较低,$δ^{18}O$ 根据肥料类型而定。污水和粪便 $δ^{15}N$ 相对较高,$δ^{18}O$ 受微生物活动影响较大。

(2) 土壤有机氮

①土壤有机氮来源

土壤中的氮素有多种形态,其中 80% 以上的土壤氮为有机态,是重要的氮源之一。土壤的无机氮一般只占土壤全氮量的 1%~2%,而且波动性大。蛋白质、多肽、氨基酸、氨基糖以及一些杂环化合物氨基酸属于可溶性有机氮(Soluble Organic Nitrogen, SON),其在可溶性有机氮库中的构成虽然不超过 5%,却是对植物和微生物有效性高的氮素。

②土壤有机氮迁移转化

土壤中有机氮是较为复杂的有机化合物,必须要经过各种矿化过程变为易溶的形态,才能发挥为作物提供营养的功能。所以,它的矿化量和矿化速率成为决定土壤供氮能力极其重要的因素。土壤有机氮的矿化过程是包括许多过程在内的复杂过程。有机氮通过土壤微生物矿化转化为铵态氮,再通过硝化作用转化为硝酸盐,农作物吸收和利用的硝酸盐不足一半,而剩余的有机氮和无机氮随着农业退耕水进入流域内参与氮的迁移转化过程(图2-9)。

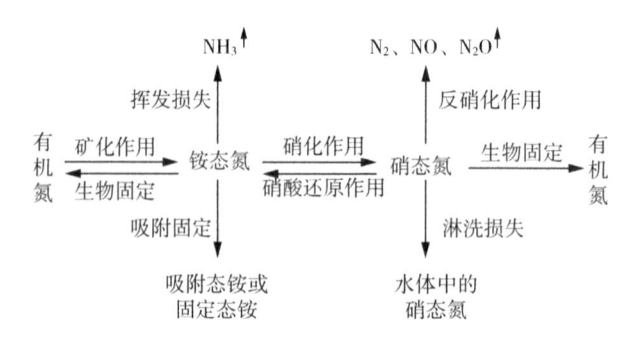

图2-9 土壤中氮素的转化过程

③土壤有机氮来源的氮氧同位素特征

土壤有机氮的同位素特征通常受制于土壤微生物活动、植被类型、气候条件以及土壤的历史遗留成分,因此在同位素分析中表现出特定的特征值。氮同位素值典型值域范围是 $0.0‰ \sim +8.0‰$[92],氧同位素值通常的值域范围为 $-10‰ \sim +10‰$[93]。

与其他来源氮同位素特征进行对比,大气氮沉降的 $δ^{15}N$ 值通常接近中性值,$δ^{18}O$ 值较高(+25‰~+75‰),与土壤有机氮的特征明显不同。化肥的 $δ^{15}N$ 值通常较低,而土壤有机氮的值较高,两者容易区分。此外,肥料的 $δ^{18}O$ 值可能与生产过程中使用的氧源有关,与土壤有机氮的氧同位素特征也存在差异。污水和粪便的 $δ^{15}N$ 值相对较高,$δ^{18}O$ 值受微生物活动影响较大。

(3) 化肥

①化肥中氮来源

化肥在农业生产中被广泛应用,其中最常用的肥料是氮肥。增施氮肥对植物生长有明显的促进作用,在提高农产品总生物量和经济产量的同时,还可提高农产品营养价值。农业种植中最常用的氮肥之一是"尿素","尿素"含氮量为46%且主要提供氮元素,施用氮肥会增加水体氮的输入,甚至造成水体富营养化。

②化肥中氮的迁移转化

肥料进入农业灌区后,一部分被作物吸收,另一部分随着农业退水进入到流域内参与氮的迁移转化过程。然而,大量使用氮肥也可能带来环境问题,尤其是对水体的影响。当尿素施用于农田时,首先在土壤中水解为氨(NH_3)和二氧化碳(CO_2)。随后,氨通过硝化作用被土壤中的微生物氧化为硝酸盐(NO_3^-),硝酸盐是氮肥最主要的迁移形态。硝酸盐易溶于水,在降雨或灌溉时随水分流失,进入地下水或地表水。

③化肥来源的氮氧同位素特征值

尿素作为化学合成氮肥,其$\delta^{15}N$值通常较低,约在$-4‰\sim+4‰$。这一低值与其他氮源(如土壤有机氮、污水)有明显区别。虽然尿素本身不含氧,但尿素在土壤中转化为硝酸盐时,硝酸盐的氧同位素值可反映其来源。氧同位素分析可以区分硝酸盐是通过自然过程生成的,还是由通过人工施肥产生的,转化后的硝酸盐氧同位素值通常在$+15‰\sim+25‰$。

与其他来源氮同位素特征进行对比,化肥来源的氮同位素特征值较低。化肥,尤其是硝酸盐类氮肥(如硝酸铵、硝酸钾)中的氧同位素值中等偏低。相比之下,大气氮沉降的氧同位素值较高,土壤有机氮的氮同位素值较高,而污水和粪便则表现出更高的氮同位素值。

(4) 污水和粪便

①污水和粪便中氮来源

污水和粪便中的氮主要以氨氮(NH_4^+)、有机氮和硝酸盐氮(NO_3^-)形式存在。它们的来源主要是生活污水、畜禽养殖排放、化粪池渗漏等。

②污水和粪便中氮的迁移转化

在进入环境后,污水和粪便中的氮会经历一系列的生物地球化学过程,如硝化作用、反硝化作用和氨挥发等,最终转化为可迁移的硝酸盐。这些过程导致污水和粪便中的氮素被释放到地表水和地下水中,成为水体富营养化的重要污染源。

③污水和粪便中氮的同位素特征值

污水和粪便的氮同位素值($\delta^{15}N$)通常较高,表现出以下特征:$\delta^{15}N$值范围为$+10‰\sim+20‰$。这一高值是由于污水和粪便中的氮经过微生物的硝化和反硝化作用,氮的同位素发生富集,导致其$\delta^{15}N$值显著高于化肥和土壤有机氮。具体而言,在污水处理和自然环境中,氨氮通过硝化作用被氧化为硝酸盐时,较轻的氮同位素(^{14}N)优先反应,较重的氮同位素(^{15}N)相对富集,导致氮同位素值增加。反硝化作用发生在厌氧环境下,硝酸盐被微生物还原为气态氮(N_2或N_2O)排放到大气中,这一过程同样会导致^{15}N的富集,使污水和粪便来源的氮同位素值更高。

污水和粪便中的硝酸盐氧同位素值($\delta^{18}O$)受微生物作用和水源影响,表现出较大的变异性,$\delta^{18}O$值范围为$+10‰\sim+30‰$。这一范围取决于硝酸盐的生成过程,氧同位素来源于水中的氧气(O_2)和水分子(H_2O)。与其他来源氮同位素特征进行对比,污水和粪便的氮同位素特征值较高(图2-10)。

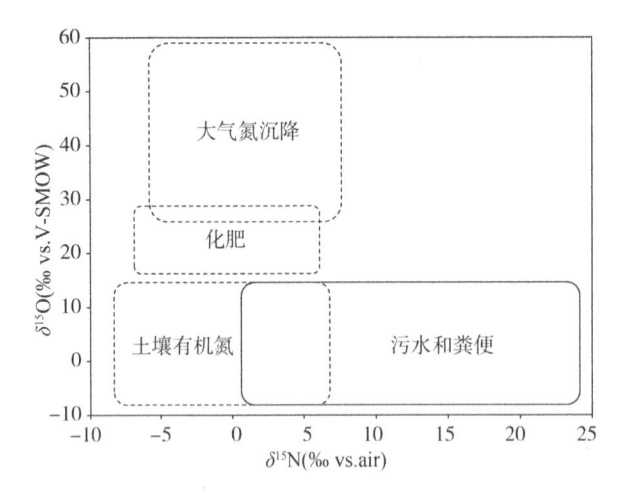

图 2-10 不同污染来源氮氧同位素特征值示意

2.1.4.3 氮氧同位素溯源的应用

化肥、粪肥、降水、土壤氮和固氮是流域河流中硝酸盐的主要来源,这些河流主要被农田覆盖。农田种植的作物种类、施肥方式以及土壤中微生物的活动在不同季节存在差异,因此这些因素对农田区地表水中硝酸盐的来源鉴定有很大影响。农田土壤中的硝酸盐来自多个源,并通过淋溶等过程转移到地表水中[94]。

在流域中大部分区域被林地覆盖的河流中,降水和土壤是硝酸盐的主要来源。土壤中的硝酸盐既包括土壤有机氮,也包括通过硝化作用从 NH_4^+(铵离子)转化而来的硝酸盐。虽然这些来源的氮同位素值($\delta^{15}N$)较为接近,但大气降水中富含的氧同位素值($\delta^{18}O$)使得硝酸盐的来源能够通过 $\delta^{18}O$ 值的差异进行识别[95]。

在降水量较低的情况下,土壤中的硝化作用成为导致林地覆盖流域内硝酸盐浓度增加的主要原因[96,97]。这是因为林地对降水中的氮具有一定的拦截作用,氮不会直接进入河流,而是通过生物吸收并合成有机氮。随后,硝酸盐通过土壤有机氮的矿化和硝化作用生成,最终经过淋溶、渗透等过程转移到地表水中[98]。

至于主要被城市混合用地覆盖的流域,地表水中的硝酸盐主要来自生活废水、工业污水、化肥、粪肥、土壤氮和大气降水。季节变化和人类活动是影响这一类型流域地表水硝酸盐来源的主要因素。城市中存在大量不透水的地表,这些地表只能拦截少量降水,因此大部分降水将进入地表河流。降水的季节变化对城市河流中的硝酸盐含量影响很大。在雨季,大气降水对城市地表河流硝酸盐的贡献率可达50%甚至67%[99]。

$\delta^{15}N$ 和 $\delta^{18}O$ 同位素已经广泛应用于上述小规模流域以及其他大尺度流域地表水中硝酸盐来源的鉴定。表2-7列出了世界各地大尺度流域地表水中硝酸盐来源的识别数据。数据表明,稳定同位素方法为分析硝酸盐的来源和归宿以及去除硝酸盐提供了有用的信息。地表水中的硝酸盐来源因时间和空间而异。此外,氮源在进入河流之前会经历若干生化反应(氨化、硝化和反硝化)。然而,这些生化反应容易受到土地利用类型、气候、水文条件和迁移方式的影响。目前,大多数研究仅通过比较地表水的 $\delta^{15}N$ 和 $\delta^{18}O$ 值与不同来源的 $\delta^{15}N$ 和 $\delta^{18}O$ 值来分析硝酸盐的来源,但忽略了氮源在迁移和转化过程中对同位素分馏的影响,未能计算分馏对结果的影响程度。由于河流系统的复杂性,简单的同位素地球化学研究不足以揭示河流硝酸盐的地球化学循环过程。因此,研究这些影响的程度对于确定硝酸盐污染源以及追踪氮的迁移和转化途径具有重要意义。此外,如果要对大尺度流域的硝酸盐来源和污染特征进行详细分析,还需要结合其他指标,如水文条件、水质和土地利用类型。

表 2-7 氮氧同位素在流域地表水硝酸盐来源和归趋溯源中的应用

流域	面积(km^2)	主要来源	参考文献
密西西比河流域,美国	2.90×10^6	河流氮同化作用	[100]
长江流域,中国	1.80×10^6	硝化作用(包括"改性肥料")和城市污水排放	[101]
黄河流域,中国	7.50×10^5	上游的污水/粪便排放;中下游的污水/粪便排放及含氨和尿素的肥料	[102]
松花江流域,中国	5.60×10^5	丰水期的土壤有机氮、氮肥和污水;枯水期的土壤有机氮和污水	[103]
伊利诺伊河流域,美国	7.80×10^4	相对未硝化的暗管排水、高度硝化的地下水和处理后的污水	[104]
老曼河流域,加拿大	3.00×10^4	西部支流中的土壤硝化作用;东部支流中的粪便和/或污水	[105]
温尼伯湖流域,加拿大	2.45×10^4	粪便和/或污水排放及无机农业肥料	[106]
瓜达尔霍塞河流域,西班牙	3.20×10^3	化肥和有机来源(粪便和污水)	[107]
太湖流域,中国	2.30×10^3	冬季的污水/粪便和土壤有机氮;夏季的大气降水及污水/粪便输入	[108]

2.1.4.4 氮氧同位素溯源数学模型

随着氮氧同位素技术在硝酸盐源追踪方面的进展,已经尝试建立定量数学模型来分析不同来源对地表水中硝酸盐的贡献比。这些模型被认为使硝酸盐污染源识别的研究从定性向定量转变。当前主要使用的数学模型如下:

(1)质量平衡混合模型

Phillips 等(2002)[80]开发了一种基于两个同位素和三个来源的替代混合模型,并考虑了浓度变化。该模型的计算公式如下:

$$\delta^{15}N = \sum_{i=1}^{3} f_i \times \delta^{15}N_i \qquad (式2-23)$$

$$\delta^{18}O = \sum_{i=1}^{3} f_i \times \delta^{18}O_i \qquad (式2-24)$$

$$\sum_{i=1}^{3} f_i = 1 \tag{式 2-25}$$

式中：i 代表硝酸盐的污染来源，$\delta^{15}N$ 代表混合水样中硝酸盐的 $\delta^{15}N$ 含量，$\delta^{18}O$ 代表混合水样中硝酸盐的 $\delta^{18}O$ 含量，$\delta^{15}N_i$ 代表污染源 i 中的 $\delta^{15}N$ 含量，$\delta^{18}O_i$ 代表污染源 i 中的 $\delta^{18}O$ 含量，f_i 是三个硝酸盐污染源的总贡献比。

质量平衡混合模型仅适用于计算不超过三个主要硝酸盐污染源的贡献比。此外，该模型未考虑氮和氧同位素的空间和时间变异性以及硝化过程中的同位素分馏等多种不确定因素。质量平衡模型适用于源较为简单的河流，也可以在污染源相似的情况下将其视为一个源。例如，将农村生活污水和粪肥视为农村污染，将土壤氮的硝化和化肥视为一个农业非点源污染。根据这些结果，可以采取针对性措施以防治污染。

(2) SIAR 模型

混合模型由 Parnell 等首次建立，基于 Dirichlet 分布的逻辑先验分布和贝叶斯框架[96]。它用于估计可能的源比例贡献，然后确定每个源对混合物的比例贡献的概率分布。通过定义来自 k 个来源的 j 种同位素，SIAR 模型可以表示为：

$$X_{ij} = \sum_{k=1}^{K} P_k (S_{jk} + c_{jk}) + \varepsilon_{ij} \tag{式 2-26}$$

$$S_{jk} \sim N(\mu_{jk}, \omega_{jk}^2) \tag{式 2-27}$$

$$c_{jk} \sim N(\lambda_{jk}, \tau_{jk}^2) \tag{式 2-28}$$

$$\varepsilon_{jk} \sim N(0, \sigma_{j\sigma}^2) \tag{式 2-29}$$

式中：X_{ij} 是混合物 i 中同位素 j 的值；P_k 是来源 k 的比例；S_{jk} 是来源 k 中同位素 j 的源值，符合均值为 μ 和方差为 ω 的正态分布；c_{jk} 是同位素 j 的分馏因子，符合均值为 λ 和方差为 τ 的正态分布。ε 是残差误差，代表其他不能量化的化合物的方差，通常均值和标准差为 0。

SIAR 模型在硝酸盐污染源分析中有成功应用，因为它考虑了超过 3 种潜在污染源的识别，并减少了质量平衡混合模型的偏差。尽管 SIAR 模型考虑了同位素分馏并能够评估多个（超过三个）污染源的贡献比，但任何轻微的同位素组成变化都会导致 SIAR 模型结果的显著变化。此外，SIAR 模型计算出的不同污染源的贡献比是一个范围而非确定值。Xue 等[109]使用 SIAR 模型成功量化了 5 种潜在硝酸盐源（降水、硝酸盐氮肥、铵氮肥、土壤氮、粪肥和污水）的贡献比。Zhang 等[95]发现黄河流域的灌溉水中的硝酸盐主要来自生活污水和粪肥（贡献比：61%～69%）以及化肥（贡献比：12%～16%）。河流中的硝酸盐污染主要由化肥（贡献比：21%～58%）、土壤氮（贡献比：16%～35%）和污水与粪肥（贡献比：4%～49%）造成。

(3) IsoSource 模型

IsoSource 模型基于多源线性混合模型（质量守恒模型），用于估计 $n+1$ 个来源对混合物的比例贡献。在设定源增量（1%～2%）和质量平衡容忍度参数（0.01%～0.05%）后，IsoSource 模型通过迭代方法计算水样中不同污染源的贡献比。通过下列公式可以得到污染源贡献率的可能组合：

$$Q = \frac{\frac{100}{i}+(s-1)}{s-1} = \frac{\left[\left(\frac{100}{i}\right)+(s-1)\right]!}{\left(\frac{100}{i}\right)!\,(s-1)!} \quad \text{（式 2-30）}$$

式中：Q 为组合数量，i 为源增量，s 为污染源数量。

IsoSource 模型可以验证每个源的潜在贡献比的所有可能组合。当不同源的 $\delta^{15}N$ 和 $\delta^{18}O$ 的加权平均值与测试水样的 $\delta^{15}N$ 和 $\delta^{18}O$ 组成的差异小于 0.1‰时，解决方案被认为是可能的。目前，IsoSource 模型主要应用于大气和植物水、食物链的研究。Lu 等[110]成功计算了桂林喀斯特地貌区表层水中化肥（23%～78%）、污水（6%～58%）和土壤有机氮（6%～38%）的变异范围。与需要编程的 SIAR 模型不同，IsoSource 模型操作界面简单而完善，易于使用。此外，它能够计算已知的和潜在的污染源贡献比。

尽管 SIAR 混合模型和 IsoSource 模型是基于质量平衡混合模型建立的，但 SIAR 模型结果中的不确定性还需进一步研究。此外，由于 IsoSource 模型在地表水硝酸盐源识别中的应用较少，因此其可靠性需要进一步验证。如果可能的话，可以将降水、河流、地下水和土壤水作为一个整体系统考虑，建立水文模型和地球化学反应路径模型。水循环和氮循环的研究可以为识别水环境中的硝酸盐源提供有力证据。

2.1.4.5 氮氧同位素溯源流程

氮氧同位素一般基于水质采样进行检测，结合上述溯源数学模型进行污染源比例计算。具体流程如下：

（1）河道采样点位布设

结合流域的土地利用方式、支流情况、溯源区域、溯源重点、溯源目的等布设河道采样点位。采样点位需要涵盖入海河流沿程的典型区域，以较为全面地反映区域的水环境及生态环境状况。

（2）样品采集

根据布设的点位开展样品的采集，水样的采集可参照《水质 采样技术指导》（HJ 494—2009）等相关标准规范进行，尽量选取河道中泓垂线处，若支流水量较小，则保证在水面下取样。水样采集装置（有机玻璃采水器）及容器使用前均用蒸馏水冲净。每次采样选用顺流采样方式，即按照从上游到下游的方式采取水样。采集的样品用移动低温冷冻保温箱储存，并在尽可能短的时间内运回实验室进行分析。此外，还需要采集特定污染源水样，包括养殖污染源、农田排水、生活污水以及区域内潜在污染源。

（3）样品分析

固体样品中的 $\delta^{15}N$ 采用燃烧法测定。水体硝酸盐 $\delta^{15}N$ 和 $\delta^{18}O$ 采用反硝化细菌法进行测定。测定的同位素值分别与国际标准物质相对应：

$$\delta_i(‰) = \left(\frac{R_i}{R_s}-1\right)1\,000 \quad \text{（式 2-31）}$$

式中：R_i 和 R_s 分别为样品和标准的 $^{15}N/^{14}N$ 或 $^{18}O/^{16}O$。

（4）数学模型计算

根据需求引入氮氧同位素溯源数学模型，求解各个氮污染源的贡献率。

（5）结果与分析

根据实地调研情况，氮氧同位素溯源分析情况，分析河流中主要污染来源。

2.1.5 微生物指纹法

2.1.5.1 微生物指纹法简介

微生物指纹法基于 DNA 高通量测序技术，构建不同污染源废水中的微生物组成或特征菌群图谱。由于不同宿主饮食结构和生存环境的差异，不同污染物的指示微生物的基因型存在一定差异，基于这种差异可进行污染物的微生物溯源。微生物指纹法通过采集污染区域和潜在来源点位的样品进行 DNA 序列测定，基于微生物数据库进行微生物比对分类，根据分类结果判断微生物溯源类型，借助 SourceTracker 判别入海河流中污染物的主要潜在来源。SourceTracker 模型是一款追踪微生物来源的软件，可以基于工厂、农田、养殖厂尾水的微生物特征来分析其对河流污染物的贡献和来源追溯。目前，在 2 km 范围内 SourceTraker 模型有比较好的适用性，对畜禽养殖场、水产养殖场、污水处理厂等敏感度强，适合于精准溯源过程。

微生物源追踪（Microbial Source Tracking，MST）方法的发展在某种程度上与追踪食品和人类疾病爆发中病原体的方法相似，同时也旨在解决传统粪便指示剂方法的局限性。与其他方法不同的是，MST 在水质研究中的使用侧重于识别代表特定宿主源动物的微生物群落，而不是枚举一般的指示生物，如粪便指示菌或非特异性大肠病毒。尽管所使用的技术随时间而变化，但它们均基于一定的假设，即动物胃肠道（GI）内的微生物群落是宿主相关微生物群落的来源[111]。由于直接采样胃肠道较为困难，因此粪便被用作代表肠道环境中微生物群落的替代物[112]。

许多早期的 MST 方法集中在确定特定的大肠杆菌或肠球菌是否以宿主特异的方式分组。这是通过使用几种传统的表型和分子方法完成的[113]。在这些方法中，通过从不同动物的粪便中培养获得一系列的大肠杆菌或肠球菌菌株，并将这些菌株用于宿主源库，从而与从环境中获得的类似特征（基因型或表型）的分离菌进行比较[114]。一些早期研究采用了表型分析，如抗生素抗性谱和碳源利用模式[115]。由于同一宿主源组中的大肠杆菌或肠球菌菌株在表型上的异质性和变化，以及因地点和饮食习惯引起的变化，这些方法逐渐被小分子的分析所取代[116]。

综合这些问题，旧方法迅速发展为更倾向独立于培养和库的新方法。其中最重要、最早使用的方法是宿主源和物种组特异性 PCR（后来为 qPCR），它针对可能与宿主具有进化关系的肠道细菌的 16S rRNA 基因，从而实现宿主源特异性[117]。最近的研究利用宏基因组学和基于 16S rRNA 基因的扩增子测序方法定义了新的宿主源特异性引物[118]。在许多方面，基于 qPCR 的 MST 方法已彻底改变了对水中潜在微生物源的确定，并且现在被广泛使用。

尽管如此，与大多数分子工具一样，基于 qPCR 的标记基因方法也存在一些局限性和问题。这些问题包括灵敏度较低、在动物源组间缺乏特异性和交叉反应、PCR 抑制以及无法区分近期和过去的污染事件[117]。此外，目前还缺乏针对所有动物粪便污染的标记基因。因此，如果在分析中需要考虑宿主源起源和时间变量，那么需要在操作上确定特定标记指标的衰变情况。然而，值得注意的是，上述提到的限制和问题并不仅限于基于 qPCR 的 MST 方法。

2.1.5.2 微生物指纹法的应用

近几年，NGS 技术在污水处理领域的应用也愈发普及。借助 NGS 技术，研究人员可以对单细胞和单个细菌进行测序，也可以分析水中的 DNA 信息，了解到污水中的微生物组成。这为水务部门提供了新的监测和管理工具。微生物指纹法主要用于评估污水处理厂来源溯源，更有学者利用微生物指纹法溯源污水中不同物种的贡献程度。

表 2-8 微生物指纹法溯源的应用

地区	类型	评估的来源	污染源（贡献百分比）
美国	污水处理厂	人、牛	粪便(4%～29%)
威斯康星州密尔沃基，美国	污水处理厂	人	人(≤10%)
布里斯班河，澳大利亚	河流	猫、牛、狗、马、袋鼠、污水处理厂废水	人(1%～13%)
维多利亚州，澳大利亚	海滩	河流、河口、灰水、雨水、未经处理的污水、处理过的污水、化粪池、饮用水、地下水、鸟类、沙子、沉积物、本地、家庭和农业牲畜	处理后的污水(主要)；特定地点：原始污水、雨水、河口
长江，中国	河流	绵羊、猪、人、鹅、鸭、牛、鸡、污水处理厂废水	污水处理厂废水(25%～52%)、奶牛(18%～49%)
雅拉河，澳大利亚	河口	雅拉河(淡水)、加德纳河(淡水)、霍索恩区主排水管道(雨水和旱季排放)、菲利普港湾(海水)	雅拉河(0.3%～88%)、加德纳河(0%～90%)、霍索恩区主排水管道(0%～14%)、菲利普港湾(0%～65%)
佛罗里达州，美国	珊瑚礁	海洋排放前处理过的污水处理厂污水、处理过的污水处理厂入海排污口、沿海排污口等	出水口(主要)、进水口(次要)
多个	污水处理厂	污水处理厂进水	污水处理厂进水(9%～61%)
明尼苏达州苏必利尔湖，美国	湖泊	鸡、牛、火鸡、猪、海狸、海鸥、加拿大鹅、兔子、鹿、猫、狗、处理过的污水处理厂废水	处理污水处理厂污水(主要)、鹅和海鸥(次要)
内布拉斯加州，美国	城市溪流	堤坝土壤、福尔摩斯湖、河床沉积物、雨水排放口、鸽子、燕子、鸭子、鹅、狗、马	第一个采样期：山地土壤(44%)、污水(20%)和废弃沉积物(18%)；第二个采样期：近岸水域(61%)、废弃沉积物(0.1%～42%)

2.1.5.3 微生物源追踪(MST)模型

最早利用高通量测序(HTS)数据的机器学习微生物源追踪(MST)工具之一是SourceTracker软件[119]。SourceTracker软件最初用于检测来自多个来源的小量污染,同时考虑到由于潜在未知来源导致的社区组成不确定性。用户可以输入一个分类单元计数表,并定义样本作为污染的潜在来源或污染的去处,软件会利用贝叶斯算法计算分类单元属于特定来源类别的先验概率,以进行区分。源对去处样本的贡献随后被计算为提供的源的混合物。计算结果显示,预测的源分配比随机森林机器学习方法更佳,甚至比朴素贝叶斯分类更为准确。此外,该软件能够确定每个源贡献的单个分类单元,可能允许推断与相对健康风险相关的信息。SourceTracker软件已被用于估算每个单独来源对地表水体的微生物污染贡献的比例。对水体污染区域总氮溯源的步骤可参照图2-11。

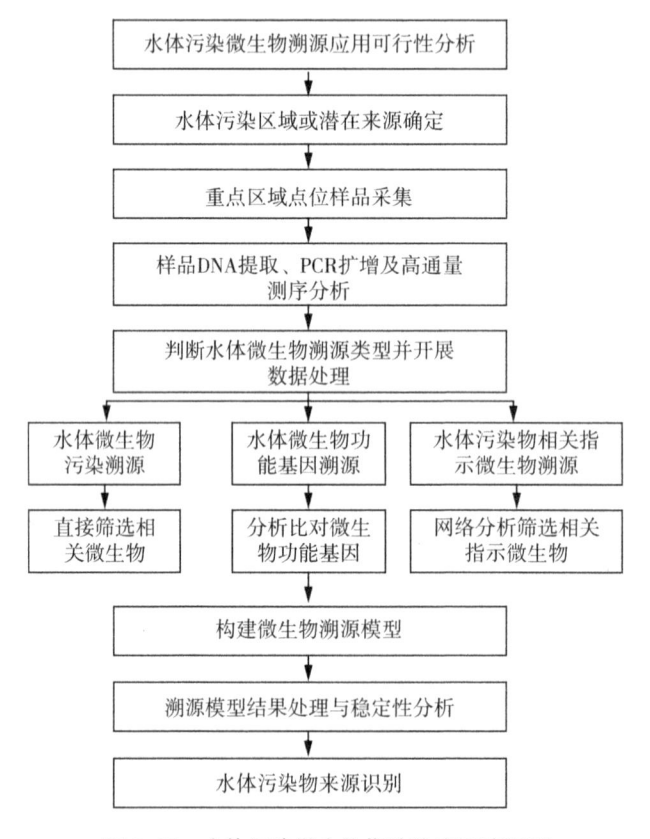

图2-11 水体污染微生物指纹法溯源流程图

2.1.6 水质指纹溯源法

2.1.6.1 水质指纹溯源法简介

水质指纹溯源法主要通过测定区域内污染源废水的水质特征,如水质的三维荧光光谱特征、基于气相色谱-质谱联用仪(GC-MS)的质谱指纹、基于多接收器电感耦合等离子体质谱(MC-ICP-MS)的水质指纹等,构建污染源水质指纹数据库。

2.1.6.2 水质指纹溯源法适用性

三维荧光指纹技术具有环境友好、测试简单、灵敏度高、样品量少以及不破坏样品等特点。水体中的溶解性有机物的性质决定了其荧光特征,因此不同水体的三维荧光指纹谱存在显著的差异。三维荧光指纹谱含有大量的信息,可以用于水体污染来源识别与解析,但是由于水体中溶解性有机物的荧光信号存在互相干扰和叠加等问题,使得其对水体的荧光物质识别产生不确定性,对进一步的来源识别与解析造成误差。应用三维荧光指纹谱进行水体污染源识别与解析时,首先要对图谱进行解析,从而准确识别出荧光物质。常见的分析方法主要包括直接识别、三维(二阶)校正以及模式识别等。目前,在进行三维荧光指纹谱解析时使用最广泛的方法为摘峰法、平行因子分析(Parallel Factor Analysis, PARAFAC)以及人工神经网络[120],如图 2-12 所示。

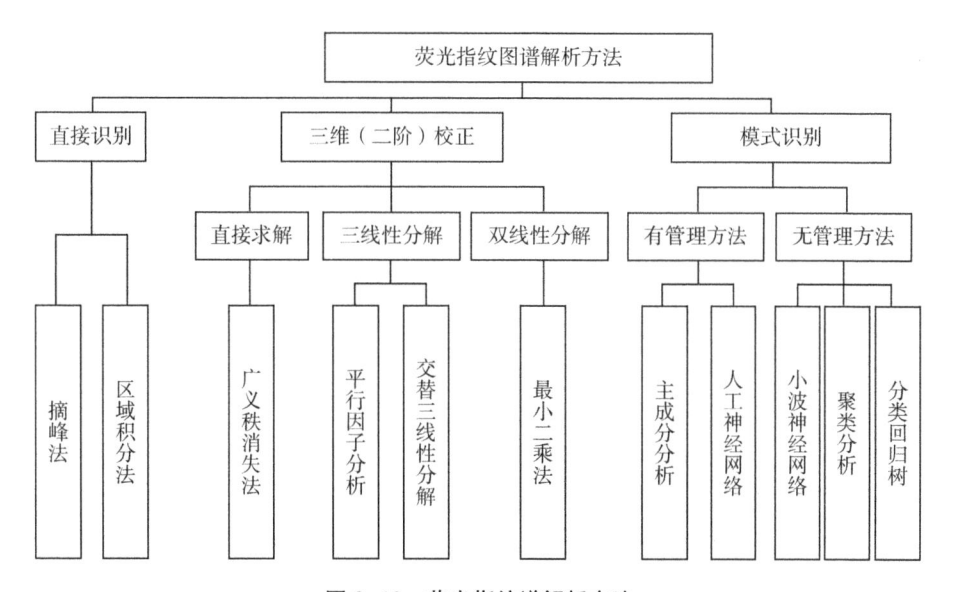

图 2-12 荧光指纹谱解析方法

(1) 摘峰法

摘峰法是指直接读出水体三维荧光指纹谱中的荧光峰(激发波长 E_x/发射波长 E_m),然后将其同目前已知的荧光物质的荧光峰比较,从而识别出荧光物质。我国学者运用摘峰法对印染废水、炼油废水、石化废水、制革废水、制药废水、金属加工废水、电子废水、化工(树脂)废水等工业废水的典型三维荧光指纹谱开展了研究。

尽管摘峰法使用简单,但存在人为影响较大且不能将重叠的荧光物质有效分离的问题,所以其一般被用于单一污废水水体的三维荧光指纹谱解析中。

(2) 平行因子分析法

为了将混合水体中相互干扰与叠加的溶解性有机物科学地识别出来,许多学者将数学模型运用到三维荧光指纹谱识别中。平行因子分析法(PARAFAC)是基于三线性分解理论,采用交替最小二乘算法实现的一种数学模型方法[121],近年来,被广泛应用于三维荧光指纹谱的解析中。

需要注意的是在使用平行因子分析法对三维荧光指纹谱进行分析前,不仅要保证样品量(一般大于20个),还要对三维荧光数据进行预处理,即消除拉曼和瑞利散射,使其适用于平行因子分析常用的方法,如扣除空白水样以及三角插值[122]。在进行平行因子分析的过程中,因子数 N 的合理选择是关键。可以使用核心阵对角元素分析、核一致函数分析、PARAFAC模型拟合谱图与原始谱图比对等方法对所选定的 N 进行检验[123],同时还要考虑每个因子的物理意义,最终选择出合适的因子数。

(3) 人工神经网络

人工神经网络中的自组织映射图法(Self-Organizing Map, SOM)是另一种常见的用于三维荧光指纹谱解析的数学模型,其可以有效地对荧光图谱数据进行模式分类、特征识别和数据降维[124]。Carstea 等[125]运用人工神经网络对河流中溶解性有机物(Dissolved Organic Matter, DOM)的三维荧光特征进行分析。值得注意的是,在使用 SOM 神经网络模型时,为了消除三维荧光数据的数量级差异,需要对三维荧光数据进行正态化处理。

2.1.6.3 水质指纹溯源法应用

对于不同类型的污废水,由于所含的荧光类溶解性有机物存在较大的差异,使得其三维荧光指纹谱的特征存在显著差别,主要体现在图谱形状、荧光峰位置、荧光峰强度及荧光峰个数等方面。同类型污染源的三维荧光指纹谱由于其生产工艺、产品类型、季节等影响也存在一定的差异。其中,荧光峰的位置是污废水三维荧光指纹谱用来表征有机物特征的最重要指标。污废水所表现出的三维荧光特征差异为其表征、区别与来源追溯提供了依据,可以用于污废水质量评价、污废水对自然水体的影响评价,以及水环境污染来源追溯等。为了更准确地识别水体中的污染来源,最重要的是研究不同类型污废水的典型三维荧光特征[30]。目前,国内外学者已经开展了一些污废水的典型三维荧光特征的研究。部分荧光溶解性有机物的荧光峰及其潜在来源如表2-9所示。

表 2-9 部分荧光溶解性有机物的荧光峰及其潜在来源[126]

物质	荧光峰(Ex/Em)/nm	潜在来源
色氨酸	270～290/320～370 225～240/320～370	垃圾渗滤液
荧光增白剂	250/344(442) 360～365/400～440	造纸、纺织印染、洗涤、塑料废水;城市生活污水; 人类排泄物;垃圾渗滤液
木质素	285/320(385)	造纸废水
染料	275/320;230/340	印染纺织
苯胺类	280/340;230/340	印染纺织
苯酚	220/340;270/300	炼油废水
石油醚	225/(350～360)	石化废水

续表

物质	荧光峰(Ex/Em)/nm	潜在来源
多环芳烃	220~300/370~430	电子行业废水

2.1.6.4 水质指纹溯源法的物理参数

水体三维荧光指纹谱除了直观的图谱形状、荧光峰位置、荧光峰强度、荧光峰个数等信息可以用于污染源追溯，一些研究还发现荧光参数也可以作为一个荧光特征被用于污染源追溯(表2-10)。目前常用的荧光参数包括荧光组分百分比(%)、荧光峰强度比值(Ratio of Fluorescence Peak Intensity,RFPI)、荧光指数(Fluorescence Index,FI)、腐殖化指数(Humification Index,HI)、生物指数(Biological Index,BI)[47]。

表 2-10 荧光参数表征潜在污染源

荧光参数	表达式	值	可能的来源
荧光峰比值	$RFPI(I280/340/I225/340)$	1.31	城市污水以工业污水为主
		1.60	城市污水以生活污水为主
	$RFPI(C/T)$	0.90~3.50	富营养化湖泊
		0.80~19.60	富营养化湖泊
	$RFPI(T/B)$	—	家禽养殖废水
	$RFPI(T/C)$	>1.20	屠宰场废水生物降解，生物降解
荧光指数	$FI=F(370/450)/F(370/500)$	1.40	陆源
		1.90	生活源
	$FI=F(370/470)/F(370/520)$	1.21	陆源
		1.55	生活源
腐殖化指数	$HI = \sum_{\lambda Em=435}^{480\,nm} F_{\lambda Em} / \sum_{\lambda Em=435}^{480\,nm} F_\lambda$	<4.00	生活源
		>16.00	陆源
生物指数	$BI=F(310/380)/F(310/430)$	>1.00	生活源
		<0.70	陆源

2.1.7 机器学习法

传统的水质预测模型由于控制水质的过程参数化以及地质和人为来源的特征化不确定性[127]，存在较大的误差和不确定性。机器学习方法因为其计算成本低、泛化能力强，能够系统地描述参数与污染物分布之间的关系，近年来在环境科学中得到应用[128]。与传统的预测模型相比，机器学习方法受源头误差和不规则采样的影响较小。然而，机器学习需要相对较大的数据量来推断因果关系。最近的水质建模研究表明，机器学习方法(如线性回归、RidgeCV、随机森林、XGBoost)在水质预测中得到广泛应用。

(1) 支持向量机(SVM)[129]

支持向量机(SVM)算法由 Vapnik(2013)开发,是一种监督学习算法,可用于回归和分类。支持向量回归(SVR)的理论与用于分类的 SVM 相似,只是做了些许改动。其主要目的是通过个性化超平面来最小化误差,从而增加容忍度的限度。与通常具有多个局部极小值的人工神经网络(ANN)模型相比,SVM 由于其最优性问题的凸性质,提供了唯一解。在 SVM 方法中,估计函数如下所示:

$$f(x)=\omega\varphi(x)+b \qquad (式 2-32)$$

式中,$\varphi(x)$指的是从输入向量 x 转换得到的高维特征空间。ω 和 b 分别对应权重向量和阈值,它们可以通过最小化以下正则化风险函数来确定:

$$R(C)=C\frac{1}{n}\sum_{i=1}^{n}L(d_i,y_i)+\frac{1}{2}\|\omega\|^2 \qquad (式 2-33)$$

式中,C 表示误差的惩罚系数,d_i 表示目标值,n 是观测的数量,属于经验误差,$1/2\|\omega\|^2$ 表示所谓的正则化项,ε 表示松弛变量的大小,函数 L 被定义为:

$$L_\varepsilon(d,y)=|d-y|-\varepsilon \quad |d-y|\geqslant \varepsilon\, or\, 0 \qquad (式 2-34)$$

利用拉格朗日乘子和最优约束条件,式 2-32 中的估计函数可显式表示为:

$$f(x,\alpha_i,\alpha_i^*)=\sum_{i=1}^{n}(\alpha_i-\alpha_i^*)K(x,x_i)+b \qquad (式 2-35)$$

(2) 岭回归[130]

岭回归的工作原理与线性回归相同,它通过对系数的大小施加惩罚来解决普通最小二乘法的一些问题。岭系数最小化的是待罚项的残差平方和。

$$\min J(\beta)=\sum_{i=1}^{n}(y_i-x_i^T\beta)+\lambda\sum_{j=1}^{p}\beta_j^2 \qquad (式 2-36)$$

式中,λ 是正则化参数,控制着惩罚的强度。

(3) 极端梯度提升[131]

极端梯度提升(XG Boost)是由 Chen 和 Guestrin 开发的一种基于回归树的梯度提升机器的独特实现方法。该方法基于"提升"(boosting)的概念,通过加法训练过程将一组"弱"学习器的预测组合在一起,以创建一个"强"学习器。XG Boost 减少了过拟合和欠拟合问题,并且可以降低计算成本。步骤 t 时的预测一般公式如下:

$$f_i^{(t)}=\sum_{k=1}^{t}f_k(x_i)=f_i^{(t-1)}+f_t(x_i) \qquad (式 2-37)$$

式中,$f_t(x_i)$ 表示每一步骤 t 的学习器,$f_i^{(t)}$ 和 $f_i^{(t-1)}$ 分别表示步骤 t 和 $t-1$ 时的预测,x_i 表示输入变量。为了在保持模型计算速度的同时防止过拟合问题,XG Boost 使用以下解析公式从原始函数评估模型的"好坏":

$$Obj^{(t)}=\sum_{k=1}^{n}l(\bar{y}_i,y_i)+\sum_{k=1}^{t}\Omega(f_i) \qquad (式 2-38)$$

式中，l 表示损失函数，n 表示观测数，Ω 表示正则化项，具体如下：

$$\Omega(f) = \Upsilon T + \frac{1}{2}\lambda ||\omega||^2 \qquad \text{(式 2-39)}$$

式中，ω 表示叶节点得分向量，λ 是正则化参数。

（4）随机森林[132]

随机森林（RF）模型由 Breiman（2001）创建，是一种受控变异的决策树集合，通常用于解决回归和分类问题。随机森林回归是自助法的一部分，涉及随机二叉树，这些树通过自助法使用一部分观测值，即从原始数据集中随机选择一部分训练数据集，用于创建模型。该研究详细说明了 RF 模型及其计算过程[133]。

2.2 入海河流总氮污染溯源分析技术路线

构建适合本地的污染溯源分析技术路线是入海河流总氮污染溯源的核心环节。合适的溯源技术路线，能够准确识别对入海断面水质影响较大的关键区域和关键时段。一方面通过适用的技术手段追溯水质较差、污染物排放强度高于类似区域、需要加大治理力度的区域及其发生时段；另一方面能够识别污染物排放量大、对河流入海污染物通量贡献较大的支流和区域。因此，需要从控制单元分区、总氮污染负荷定量以及污染溯源，构建入海河流总氮污染溯源分析技术路线（图 2-13）。对于流域范围较大、水量较大的河流，根据河流干支流关系，采用河流断面污染物浓度和通量沿程溯源法、污染负荷统计核算法、面源模型法等，初步判断污染物来源关键源区。

2.2.1 入海河流控制单元分区思路

流域控制单元划分是流域管理中的重要环节，旨在将复杂的流域水环境问题分解到各个控制单元内，通过逐级细化规划和任务，实现整个流域的水环境质量改善。这种划分不仅考虑了水环境质量，还兼顾了流域的生态背景和经济社会发展对水环境的影响。

入海河流控制单元的划分方法通常基于 SWAT 模型、压力-状态-响应（PSR）框架模型等，通过收集区域资料（如基础地理数据、控制断面数据、水质污染源数据以及水文水资源数据等），以入海河流控制断面位置为基础，结合流域自然汇水特征、污染源分布、生态红线划分、水功能区以及行政区划等因素，将流域划分为不同的控制单元。

2.2.2 入海河流控制单元分区方法

2.2.2.1 控制单元分区原则

控制单元分区过程中总体应遵循可持续发展、统筹兼顾、落地可行等原则。具体分区原则应遵循：

（1）流域和汇水区域边界隔离原则：该原则以流域或汇水区界作为控制单元之间的隔离边界，控制单元内污染排放等人类活动与其他控制单元没有交换，受纳水体中的污染

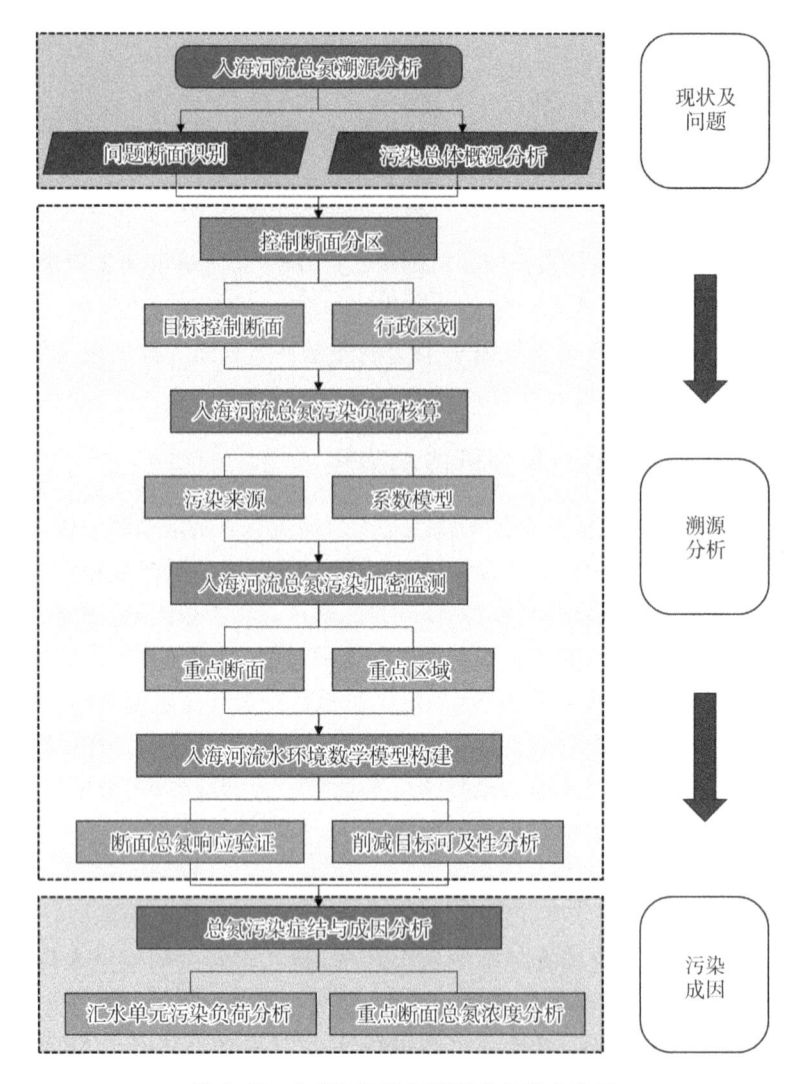

图 2-13 入海河流总氮溯源分析技术路线

物全部来自控制单元内。如果该原则失效,则存在非点源跨境,陆域控制单元的污染物通过管道或者其他途径被输送到其他区域,或者其他控制单元的污染物被输送到本区域的情况,在控制单元分区过程中应予以考虑。

(2)清洁边界隔离原则:清洁边界指根据流域水体功能(水生态功能、水功能区)特征,确定河流水体功能较高、水质保护目标较高的河段,如水要求为Ⅰ类的自然保护区、水质要求为Ⅱ类或Ⅲ类的饮用水源区等,这些河段的下边界即为清洁边界。以清洁边界为控制单元划分的水域边界,一方面可以根据该断面确定水质目标,高功能水体的功能;另一方面,因该断面水质目标较高,一般情况下可满足下游控制单元的来水水质要求,不会存在边界纠纷问题,便于各单元独立进行单元水质目标管理,各单元独立进行水污染控制规划。

(3)控制断面隔离原则:相邻控制单元以污染控制断面为衔接处。控制单元应确保本区域内产生的污染不输入到其他控制单元。通过在断面衔接处设立监测点考核。一个控制单元至少包含一个控制断面。

（4）水体类型隔离原则：将河流-河口的交界断面作为控制单元的边界，以便于不同类别水体水环境规划方案的衔接。

（5）区域边界隔离原则：该原则充分考虑到行政区边界。在优先考虑流域和汇水区隔离以及清洁边界隔离原则的同时，控制单元划分尽可能不打破行政区，即保证其完整性，并保证控制单元水环境规划的各项任务措施能最终落实于行政区内，有明确的行政责任主体，确保在任务分解落实、项目建设、监督管理、污染源核算、社会经济数据统计分析、公众参与等方面便于实现。原则上控制单元不跨省级行政区范围。

（6）其他隔离原则：有利于简化污染源管理，便于明确环境质量责任人的原则。如控制单元划分时，要考虑进行污染源管理的方便程度。河道管理中实施"河长制"或"片长制"的管理机制，将地方党政领导作为河道治理的第一责任人，最大限度整合各级政府的执行力，有效改善水体水质，结合这一管理机制，因地制宜地进行控制单元分区。

2.2.2.2 控制单元分区技术方法

（1）相关资料收集

收集研究区域大比例尺（矢量数据）和高分辨率（栅格数据）的基础地理信息数据，包括数字高程模型（DEM）数据、遥感影像、水系分布、行政区划、流域功能区划（如水功能区划、水生态功能区划）、水质控制断面及水文站分布信息等，基于对这些基本资料的分析，了解流域的范围、水文水系、水文情势、河流湖库水体功能设置等基本信息。

①数字高程模型（DEM）

数字高程模型（DEM）包括平面位置和高程数据两种信息，可通过 GPS、激光测距仪等测量获取，也可间接从航空或遥感影像和既有地图上获取。在条件许可的前提下，应尽量采用分辨率更大、精度更高的 DEM 数据。若没有大分辨率和高精度 DEM 数据，可从网络上获取 SRTM（航天飞机雷达地形测量任务）和 GDEM（全球数字高程模型）DEM 数据（在地理空间数据云 http://www.gscloud.cn/可以下载到江苏沿海地理区域分辨率为 90 m 或 30 m 的 DEM 数据）。

②水系资料

水系资料包括河流、渠道、湖泊、近海海域等，可向国家和地方权威部门及其他相关部门获取矢量资料。

若无现成资料，可利用 ArcSWAT 等模型工具根据 DEM 生成河网水系和流域。依据河流等级完成水系概化，对于管理部门重点关注的水污染防治河段（如流域干流、重点支流、重点污染支流或小流域等），应在水系概化后予以重点检查和补充。完成水系概化后，结合航片和卫星影像的信息，通过手工编辑方式，形成最终实际的水系和流域矢量资料。

③污染源资料

通过环境统计、第二次全国污染源普查、排污许可、环境影响评价、报告等资料和现场调查确认污染源类型（点源、非点源、自然背景）、结构、数量、排污量和空间位置、排放方式和规律、排放去向以及对水体的影响程度。分析污染源特征,结合流域水系特征,大致建立起流域点源、非点源分布及其与入河入海排污口、纳污河流之间的拓扑关系,明确研究区污染物产生、汇集、入海概况。

④控制断面资料

收集控制断面(国控断面、省控断面、市控断面等)资料,具体包括控制断面的经纬度、现状水质、目标水质数据。

⑤其他资料

按照控制单元划分指标体系的要求,除 DEM、水系、流域、污染源、控制断面资料外,还需水生态功能分区、水功能分区、水资源分区和行政区划等资料,用于控制单元空间确定。

(2) 控制单元分区

基于 ArcGIS 进行研究区域控制单元划分,确定控制断面的汇水区域后,细分行政区划、水功能区、水生态功能区,以控制断面汇水区域和行政区划为基础,初步划分控制单元,再依据污染源、水生态功能分区、水功能区进行调整,最后根据污染源确定控制单元,具体技术路线如图 2-14 所示。

①控制单元分级与尺度

控制单元分区的级别、尺度根据研究区域尺度、水质目标和污染源的数目等进行确定。从干流入手,沿着干流进行研究区分区,相应的控制单元作为一级控制单元;针对每个一级控制单元,参照一级控制单元划分方法进一步划分二级控制单元;针对各二级控制单元,还可以依此类推,进一步细化划分控制单元,形成嵌套型控制单元分区,从而将行政区—水文响应单元有机融合,建立"关键控制节点—控制河段—对应陆域"的水陆响应关系。此外,可依据干流上下游关系、敏感保护目标或是干流行政区边界将任意层级的控制单元划分为若干个子控制单元,值得注意的是,需兼顾各个功能区不同的水质目标。

控制单元分区的尺度并不是唯一的,可以根据污染源数量的多少、水系的复杂程度进行判断。适宜空间尺度的控制单元中,应能够明确或较容易建立污染源与水质之间的关系。如果控制单元内污染源数量太多,则会产生在进行控制单元污染负荷优化分配时模型变量太多,或者需要设计的情景方案数量太大的问题,因此污染源数量多时,控制单元划分尺度宜小;污染源数量较少时,控制单元划分尺度可以大一些。

②控制单元空间确定

控制单元空间范围包括水域和陆域两部分,具体确定方法如下。

水域:基于水体功能及水质目标分析,依据清洁边界隔离原则和水体类型隔离原则,尽量与水功能区和行政区边界衔接,将水域分为多个河段。

陆域:在水域划分基础上,参照研究区域 DEM 提取的控制断面汇水区范围、配准好的航片和卫星影像等基础地图信息和水资源分区、水功能分区等,以行政区划、断面、水系、污染源为主要依据,以区域边界隔离、清洁边界隔离、水体类型隔离为原则,通过手工编辑方式,得到相对合理的控制单元陆域范围。其中,对于河网地区,尤其是感潮河网和人工闸控河网,河道双向流动,河网环流变化复杂,流域和汇水区域边界隔离原则不便于实施时,可以以行政边界划分控制单元。对于污染源跨境问题,可将污染源划分到其中一

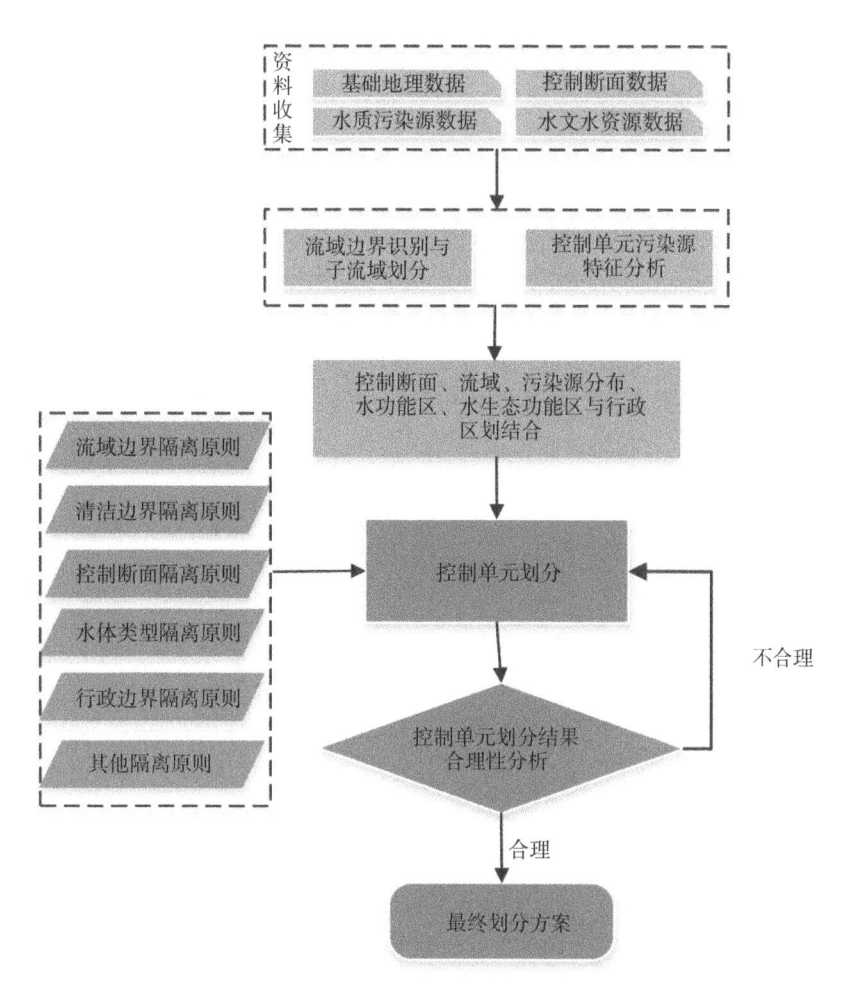

图 2-14 控制单元分区技术路线

处汇水区域,但用于接受污染物的控制单元需要重新计算排污量并评估影响。

2.2.2.3 合理性分析

控制单元的划分考虑了流域水系完整性、自然概况、水体污染程度以及控制方案可实施性等众多因素,对于控制单元划分合理性的验证,着重对划分出的每个控制单元水环境状况受其单元内污染源排污量的影响关系进行分析,根据该影响结果对控制单元边界进行适当调整,以保障控制单元内的污染源为该单元内水质的主要影响源,对其内部的污染源进行控制可有效地改善水质。

2.2.3 入海河流总氮污染负荷核算方法

入海河流中的污染物来源包括点源和面源两部分。其中,点源污染主要包括工业源、城镇生活源和规模化畜禽养殖污染源;面源主要包括农村生活源、农业面源和分散式畜禽养殖污染源以及城市面源。点源的入河和入海污染负荷量可采用统计法进行核算,即根据环境统计数据、第二次全国污染源普查或现场调查数据,统计直排工业企业、城镇污水处理厂以及规模化畜禽养殖厂的污染物排放量;同时,根据污水排放口到入河排污口的距离、入河排污口到入海断面的距离,以及入海河流平均流速,确定相应入河(入海)系数,核算点源污染负荷的入河量和入海量。

面源污染负荷的入河量和入海量可采用输出系数模型进行估算。输出系数模型基于不同土地利用类型、分散式畜禽养殖污染物排放系数、农村生活污染物排放系数,构建半总集半分布式集总模型计算入海污染负荷。污染物输出系数与土地利用类型密切相关,通常情况下农业用地可进一步划分为水田、菜地、旱地、坡地等;城镇用地可划分为居住区、工业区、商业区、娱乐区等。同时,大流域内的污染负荷估算还应考虑当地气候条件对输出系数的影响。污染负荷统计核算技术框架图如图 2-15 所示。

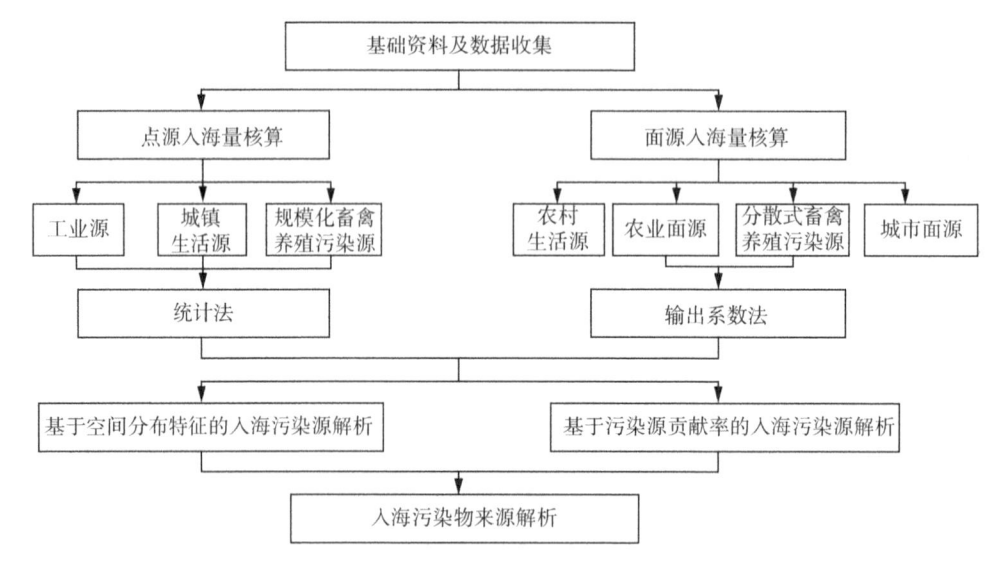

图 2-15 污染负荷统计核算技术框架图

2.2.4 入海河流总氮污染加密监测

为实现精确的入海河流总氮污染溯源,深入分析污染物的来源与扩散机制,有必要对河流干流及支流开展加密监测。这种加密监测的核心目的在于通过高密度的数据采集,获得更详细的污染物空间分布信息,进而锁定主要污染源,制定有效的污染治理措施。

在开展加密监测时,首先需要结合河流干支流的自然地理关系及流域下垫面条件,初步确定潜在的主要污染源分布区域。下垫面条件包括河流流经的土地利用类型、地形地貌、植被覆盖等,这些因素都会影响污染物的产生与输送。通过这一初步分析,可以确定加密监测的重点断面,即可能的污染源集中的河段和支流入口处。在这些监测断面上,通常会采取季节性的监测安排,分别在丰水期和枯水期进行样品采集和分析。这是因为丰水期和枯水期的水文条件差异显著,流量的变化可能显著影响污染物的输送和浓度,因此在不同季节进行监测可以更全面地反映河流的污染状况。

为进一步提高监测的效率和覆盖面,近年来,无人船逐渐成为水质监测的重要工具。无人船可以搭载多种在线监测设备,包括用于测定常规五项水质参数(pH、电导率、溶解氧、浊度、温度)和关键污染指标(总氮、总磷、化学需氧量)的传感器。通过无人船,可以在河流的主要干流和支流上沿程布设监测点,实现实时在线监测。无人船的优势在于其能够自主航行,不仅减少了人工操作的误差,还能够对一些传统手段难以触及的河段进行监测,特别是一些复杂地形或危险区域。

无人船沿程加密监测的结果,能够为污染物沿河道的分布、浓度变化提供连续的空间数据支持。通过沿程的监测,我们可以直观地掌握水质变化的规律,识别出关键的污染区域,例如污染物浓度显著上升的河段或支流。这种数据不仅可以用于确定污染物的主要输入点,还可以为后续的治理和修复工作提供依据。

在获得加密监测数据后,分析方法通常与河流断面水质沿程溯源法一致,即通过对不同断面的水质数据进行比对,分析水质的空间变化趋势,推断出污染物可能的来源与扩散路径。监测数据还可以与流域的水文模型、污染扩散模型相结合,进一步验证污染物来源区域的准确性。

通过加密监测,可以更为精准地掌握河流在不同季节和不同河段的水质变化规律,特别是在关键时期(如汛期或枯水期)和关键河段(如靠近工业区或农业区的河段)。这些数据帮助我们在更小的时空尺度上锁定污染物的关键源区,即主要污染源集中或污染物浓度明显超标的区域。这样,不仅可以针对具体的污染源区制定相应的治理措施,还可以进行溯源管理,从根本上减少污染物的输入。

对于跨地级市甚至省界的入海河流,通常还需要进行跨境断面通量观测。这意味着在河流的上下游边界处设置监测点,观测从上游进入的污染物总量和通量。这一过程尤为重要,因为上游输入的污染负荷可能显著影响下游的水质状况,厘清这一影响可以为不同区域之间的协作治理提供科学依据。在这种情况下,准确的通量监测有助于界定各区域的责任,并优化污染治理方案。

加密监测可按下述方案开展。

(1) 监测区域与断面选择

干流与支流交汇处:这些区域是污染物的关键输入点,应重点设置监测断面。

下垫面复杂区:如农业、工业、城镇排水集中区,可能是主要的污染源区,应设置更多监测断面。

沿海、入海口区域:此处是污染物最终汇集的地点,监测结果可以用于评估整体污染水平。

(2) 断面设置原则

代表性:选取典型的干流和支流河段,覆盖不同污染源类型(农业、工业、生活污水等)。

密度适当:根据流域大小和污染源分布情况,合理安排断面密度,确保关键区域得到充分覆盖。

上下游监控:在可能的污染源上下游设置断面,以分析污染源对河流水质的影响。

(3) 监测频次

①季节性监测

建议在丰水期和枯水期分别进行监测,因为不同季节的水文条件(如水流量、流速)对污染物的稀释和扩散有显著影响,因此季节性采样可以更全面地反映污染状况。

丰水期:主要监测降雨、径流等对污染物输送的影响。

枯水期：评估低流量条件下污染物的浓度和来源。

②时段性监测

在关键的排污时间段（如农业施肥季节、工业排污高峰期等）开展特别监测，评估这些时期污染物输入的变化。

(4) 监测技术与设备选择

①传统人工采样

人工采样是最基础的监测方式，操作简便，适用于采集精细化样品。结合水质分析实验室，可以准确测定总氮、总磷、COD等关键指标。

②无人船监测系统

无人船技术可实现大范围的沿程自动监测，减少人工操作带来的误差。无人船可以搭载在线监测传感器，实时采集包括pH、电导率、溶解氧、浊度、温度等参数，以及总氮、总磷等水质指标的含量。

(5) 沿程水质变化分析

通过加密监测数据，可以绘制河流干支流的水质变化曲线，明确污染物浓度的变化趋势，识别出污染物浓度突变的区域，进而定位污染源。

2.2.5 入海河流水环境数学模型构建

入海河流水环境数学模型是用于模拟河流入海过程中的水动力学行为和水质变化的数学工具，常用于评估河流污染物（如总氮、总磷等）的扩散、传输和反应过程。通过这些模型，可以有效预测河流对海洋水质的影响，并为环境管理提供科学依据。

2.2.5.1 一维稳态模型构建

河流一维稳态模型的建模思路是基于对污染物在河流中的传输、扩散、反应等过程的简化和描述，目的是通过数学方程来模拟污染物在河流中的空间分布。该模型假设河流的流动是一维且稳态，即污染物浓度随时间不变，仅沿着河流的长度方向变化。

(1) 建模思路

①确定建模目标

确定模型的主要目标，即需要模拟的内容和需要解决的问题。例如，模型可能用于预测某一特定污染物在河流中的浓度分布，评估上游污染源对下游水质的影响，或者用于探讨污染物在河流中的扩散和衰减规律。总氮污染溯源的建模目标为其在河流中的扩散和衰减规律。因此，本溯源框架在对控制单元内点源和非点源污染负荷核算的基础上，确定总氮排放量，根据控制单元内总氮达标要求的最大允许排放量，即基于入海河流国控断面水质达标的水环境容量，分析总氮削减目标可行性。

②简化系统假设

在一维稳态模型中，河流污染物的传输仅考虑沿河流长度方向（即主流方向）发生的变化，不考虑垂直方向和横向扩散。综合考虑水文、水体污染来源等因素，对整治范围内进入河流的污染源进行概化。

由于重点入海河流总氮的目标为不高于2020年总氮浓度，部分入海河流总氮浓度在近年频繁出现只增不减的情况,入海河流总氮减排压力较大。因此,需要严格控制入海河流污染负荷排放量。在上述思路的基础上,结合入海河流总氮目标,建立一维稳态模型。

(2) 模型建立

基于河流系统中污染物的传输和反应机制,建立相应的数学方程描述污染物在河流中的行为。通常采用污染物的质量守恒方程来描述污染物在河流中的动态变化。

利用一维稳态水质计算公式,对入海河流总氮浓度进行计算。对于有多个排污口及支流汇入情况,采用逐段累加法进行计算,每一个计算段上边界水质值的计算基于上一段水质计算结果,具体公式如下:

$$C = C_0 \times \exp\left(-\frac{kx}{86\,400u}\right) \quad (\text{式 2-40})$$

$$l_k = kx^{-1} \quad (\text{式 2-41})$$

$$c_q = c'_q \times l_k + m \quad (\text{式 2-42})$$

$$C_0 = \frac{C_上 \times Q_上 + c_q \times q}{Q_上 + q} \quad (\text{式 2-43})$$

式中:C_0——排放污水或入河支流与上游来水稀释后的混合浓度,mg/L;

k——污染物降解系数,d^{-1};

x——河道沿程距离,m;

u——河道水流流速,m/s;

l_k——距离影响系数;

c'_q——总氮排污浓度,mg/L;

$C_上$——河道上游来水水质,mg/L;

c_q——排污口污染物排放浓度或汇入支流水质浓度,mg/L;

$Q_上$——河道上游来水流量,m^3/s;

q——排污口污水排放量或流入支流的流量,m^3/s;

利用上述公式预测总氮浓度,并计算得出入海河流控制断面水质达标时各污染源的允许排污量,即水质达标时的环境容量。环境容量计算过程中所涉及的参数有水质降解参数和水文参数两种,其中水质降解参数是反映污染物沿程变化的综合系数。它体现了污染物自身的变化,也体现了环境对污染物的影响,是计算水体纳污能力与水环境承载力的重要参数之一。

2.2.5.2 入海河流河网二维模型构建

(1) MIKE 21 软件介绍

MIKE 21 数值计算与分析软件是国际上比较成熟的 DHI 软件系列中基于水动力、波浪和泥沙输运等模型进行潮流场、波浪场和泥沙运动的数值模拟工具。MIKE 21 是一个专业的工程软件包,用于模拟河流、湖泊、河口、海湾、海岸及海洋的水流、波浪、泥沙及环境。目前,该软件在国内的应用发展很快,并在一些大型工程中广泛应用,如长江口深水航道治理工程、杭州湾数值模拟、南水北调工程、重庆市城市排污评价、太湖富营养化模型、香港新机场工程建设、台湾桃园工业港兴建工程等。MIKE 21 具有以下优点：

①用户界面友好，是集成的 Windows 图形界面。

②具有强大的前、后处理功能。在前处理方面，能根据地形资料进行计算网格的划分；在后处理方面具有强大的分析功能，如流场动态演示及动画制作、计算断面流量、实测与计算过程的验证、不同方案的比较等。

③可以进行热启动，当用户因各种原因需暂时中断 MIKE 21 模型时，只要在上次计算时设置了热启动文件，再次开始计算时将热启动文件调入便可继续计算，极大地方便了计算时间有限制的用户。

④能进行干、湿节点和干、湿单元的设置，能较方便地对滩地水流进行模拟。

⑤具有功能强大的卡片设置功能，可以进行多种控制性结构的设置，如桥墩、堰、闸、涵洞等。

⑥可以定义多种类型的水边界条件，如流量、水位或流速等。

⑦可广泛地应用于二维水力学现象的研究，潮汐、水流、风暴潮、传热、盐流、水质、波浪紊动、湖震、防浪堤布置、船运、泥沙侵蚀、输移和沉积等，被推荐为河流、湖泊、河口和海岸水流的二维仿真模拟工具。

MIKE 21 包括以下几个模块：

①PP——二维前后处理模块，提供了一个集成的工作环境，在其中能够方便快捷地进行前期输入处理及后期模拟结果的分析和表现。

②HD——水动力模块，模拟由于各种作用力的作用而产生的水位及水流变化。它包括了广泛的水力现象，可用于任何忽略分层的二维自由表面流的模拟。

③AD——对流扩散模块，模拟溶解或悬浮物质的传输、扩散和降解，特别适合用于冷却水和排污口研究。

④ST——沙传输模块，是一个高级沙传输模型，包括多种公式选择，用于模拟海流以及海流/波浪引起的沙传输过程。

⑤MT——泥传输模块，是一个结合了多粒径级和多层的模型。它描述了泥（黏性沙）或沙泥混合质的冲刷、传输和淤积。

⑥Eco Lab——生态水质模块，用于河流、湿地、湖泊、水库等的水质模拟，预报生态系统的响应、简单到复杂的水质研究工作、水环境影响评价及水环境修复研究、水环境规划和许可研究、水质预报。

⑦NSW——近岸波谱模块，用于模拟位于近岸的短周期和短波幅波浪的传播、成长和衰落。

水动力（HD）模块是 MIKE 21 中的基本模块。它为泥沙传输和环境水文学提供了水动力学的计算基础。HD 模块模拟湖泊、河口和海岸地区的水位变化和由于各种力的作用而产生的水流变化。在为模型提供了地形、底部糙率、风场和水动力学边界条件等数据后，模型会计算出每个网格的水位和水流变化。

MIKE 21 中泥沙输移计算由 3 部分组成，水动力由二维水流模型提供，泥沙沉降和悬浮过程在沙传输模块（ST）和泥传输模块（MT）中实现，基于 ST 和 MT 中的输沙量，由床面变形方程得到水下地貌演化过程。

（2）建模思路

①确定建模目标

由于污染负荷核算方法已能够快速定量总氮污染负荷，MIKE 21 建模目标主要为预测总氮沿程浓度，判断总氮污染负荷进入河道后对控制断面的响应情况。

②数据收集

MIKE21 模型所需数据包括地形数据、水动力数据、水质监测数据、气象数据以及污染源信息。

对于地形数据，可以通过测绘或遥感技术获取研究区域的地形和河床地形数据，作为模型的基础输入。

对于水动力数据，需要收集包括流速、流向甚至是潮汐等水动力条件的数据，确保模型能够准确地反映水体的动态变化。

对于水质监测数据，可根据补充监测或监测站点收集总氮浓度等水质指标数据，以作为模型的初始条件和验证数据。

对于气象数据，考虑降雨、风速、温度等气象条件的影响，尤其是对总氮扩散的影响。

（3）模型构建

水流过程可采用二维浅水方程进行描述，污染物迁移转化过程则采用二维对流-扩散方程描述，其方程表达式为：

$$\begin{cases} \dfrac{\partial h}{\partial t} + \dfrac{\partial (hu)}{\partial x} + \dfrac{\partial (hv)}{\partial y} = 0 \\ \dfrac{\partial (hu)}{\partial t} + \dfrac{\partial (hu^2 + gh^2/2)}{\partial x} + \dfrac{\partial (huv)}{\partial y} = gh(S_{0x} - S_{fx}) + hfv + hF_x \\ \dfrac{\partial (hv)}{\partial t} + \dfrac{\partial (huv)}{\partial x} + \dfrac{\partial (hv^2 + gh^2/2)}{\partial y} = gh(S_{0y} - S_{fy}) - hfu + hF_y \\ \dfrac{\partial (hC)}{\partial t} + \dfrac{\partial (huC)}{\partial x} + \dfrac{\partial (hvC)}{\partial y} = \dfrac{\partial}{\partial x}\left(E_x h \dfrac{\partial C}{\partial x}\right) + \dfrac{\partial}{\partial y}\left(E_y h \dfrac{\partial C}{\partial y}\right) \end{cases}$$

（式2-44）

式中：S_{fx}、S_{fy} 分别为 x、y 方向的摩阻底坡；S_{0x}、S_{0y} 分别为 x、y 方向的河底底坡；F_x、F_y 分别为摩擦力在 x、y 方向上的分量，风应力即通过 F_x、F_y 而起作用；h 为水深；u、v 分别为 x、y 方向垂线平均水平流速分量；g 为重力加速度；f 为科氏参数。相关计算表达式如下：

$$S_{fx} = \frac{\rho u \sqrt{u^2+v^2}}{hc^2} = \frac{\rho n^2 u \sqrt{u^2+v^2}}{h^{4/3}}, \quad S_{fy} = \frac{\rho v \sqrt{u^2+v^2}}{hc^2} = \frac{\rho n^2 v \sqrt{u^2+v^2}}{h^{4/3}};$$

$$S_{0x} = -\frac{\partial Z_b}{\partial x}, \quad S_{0y} = -\frac{\partial Z_b}{\partial y};$$

$$F_x = \frac{1}{\rho h}\rho_a C_D u_a \sqrt{u_a^2+v_a^2}, \quad F_y = \frac{1}{\rho h}\rho_a C_D v_a \sqrt{u_a^2+v_a^2} \quad \text{（式2-45）}$$

式中：ρ、ρ_a 分别为水和空气的密度；C_D 为风拖曳系数；u_a、v_a 分别为风速在 x、y 方向上的分量。

(4) 模型数值解法

有限体积法(FVM)又被称为控制体积法，其基本思路是将计算区域划分为一系列不重复的控制体积，并使每个网格点周围有一个控制体积；将待解的微分方程对每一个控制体积积分，便得出一组离散方程。其中的未知数是网格点上的因变量的数值。为了求出控制体积的积分，必须假定 ϕ 值在网格点之间的变化规律，即假设值的分段的分布剖面。

从积分区域的选取方法来看，有限体积法属于加权剩余法中的子区域法；从未知解的近似方法来看，有限体积法属于采用局部近似的离散方法。简言之，子区域法属于有限体积法的基本方法。就离散方法而言，有限体积法可视作有限单元法和有限差分法的折中方法。有限体积法只寻求 ϕ 的节点值，这与有限差分法相类似；但有限体积法在寻求控制体积的积分时，必须假定 ϕ 值在网格点之间的分布，这又与有限单元法类似。在有限体积法中，插值函数只用于计算控制体积的积分，得出离散方程之后，便可忽略插值函数；如果需要的话，可以对微分方程中不同的项采取不同的插值函数。

有限体积法的基本思路易于理解，并能得出直接的物理解释。离散方程的物理意义就是因变量 ϕ 在有限大小的控制体积中的守恒原理，如同微分方程表示因变量在无限小的控制体积中的守恒原理一样。有限体积法得出的离散方程，要求因变量的积分守恒对任意一组控制体积都得到满足，对整个计算区域，自然也得到满足。这是有限体积法吸引人的优点。有限体积法即使在粗网格情况下，也显示出准确的积分守恒。

在进行计算之前，首先要将计算区域离散化，区域离散化的实质是对空间上连续的计算区域进行划分，把它划分成许多个子区域，并确定每个区域中的节点，从而生成网格。然后，将控制方程在网格上离散，即将偏微分格式的控制方程转化为各个节点上的代数方程组，然后在计算机上求解离散方程组，得到节点上的解。节点之间的近似解一般可以被认为是光滑变化的，原则上可以应用插值方法确定，从而得到定解问题在整个计算区域上的近似解。因此当网格节点很密时，离散方程的解将趋近于相应微分方程的精确解。此外，对于瞬态问题，还需要涉及离散时间域。

(1) 连续性方程

$$\frac{\partial q}{\partial t}+\frac{\partial f(q)}{\partial x}+\frac{\partial g(q)}{\partial y}=b(q) \quad \text{(式 2-46)}$$

式中：h 是水深，u 和 v 分别为沿 x 轴和 y 轴的水流速度，q 为单位面积的水流通量。

(2) 动量守恒方程(Navier-Stokes 方程的简化形式)

$$\frac{\partial(hu)}{\partial t}+\frac{\partial(hu^2)}{\partial x}+\frac{\partial(huv)}{\partial y}=-gh\frac{\partial h}{\partial x}+\varepsilon \quad \text{(式 2-47)}$$

$$\frac{\partial(hv)}{\partial t}+\frac{\partial(huv)}{\partial x}+\frac{\partial(hv^2)}{\partial y}=-gh\frac{\partial h}{\partial x}+\varepsilon \quad \text{(式 2-48)}$$

式中：g 为重力加速度，ε 包括风力、摩擦力、地形效应等。

(5) 离散化方法

MIKE 21 采用数值离散化方法来将连续的偏微分方程转化为可以通过计算机求解的代数方程。主要的离散化方法包括：

①有限差分法（Finite Difference Method，FDM）：MIKE 21 主要采用显式和隐式的有限差分方法来进行空间和时间的离散化。在空间上，河道或海域被划分为规则或不规则的网格单元，在每个网格点上计算水深、流速等变量。在时间上，模型根据时间步长逐步向前推进，模拟水动力学和水质变化。

②时间离散化：通过将时间分为若干小步长，使用显式或隐式的时间步进法求解方程。例如，显式方法是基于已知的上一时刻的值来计算下一时刻的值，而隐式方法则是通过同时求解多个时间步长的值来保证数值稳定性。

③空间离散化：在空间上，模型区域被划分为网格单元，通常采用中心差分或上风差分进行空间导数的离散化。这种方法确保了模型在不同的流域地形、边界条件下依然具有较好的精度。

(6) 边界条件设定

边界条件是模型求解过程中非常重要的一部分。MIKE 21 允许用户根据实际情况定义以下几类边界条件。

水位边界：通过指定模型边界处的水位变化情况（如潮汐、水库调度等），模拟边界水位的变化对整个流域水动力的影响。

流量边界：通过定义边界处的入流或出流量，确定水流通过边界的速率。

水质边界：在总氮污染溯源建模中，水质边界条件定义了边界处污染物的浓度，可以根据实际监测数据或者经验公式设定污染物浓度。

(7) 数值求解

在建立了基本方程、离散化方法和边界条件后，MIKE 21 模型采用数值方法进行求解。MIKE 21 模型中主要的求解算法包括。

显式方法：显式有限差分法的计算速度快，但稳定性较差，时间步长必须很小，适用于小范围、快速变化的模拟。

隐式方法：隐式方法能够处理较大的时间步长，具有更好的数值稳定性，特别适合长时间模拟和较大规模的模拟区域。常用的隐式方法包括交替方向隐式法（Alternating Direction Implicit Method）和完全隐式法（Fully Implicit Method）。

迭代求解：对于非线性方程，MIKE 21 会采用迭代算法求解，例如 Newton-Raphson 方法，用以求解复杂水流和水质系统中的非线性问题。

(8) 污染物传输与反应模拟

入海河流总氮污染的传输过程通常通过对流-扩散方程模拟：

$$\frac{\partial C}{\partial t}+u\frac{\partial C}{\partial x}+v\frac{\partial C}{\partial y}=D_x\frac{\partial^2 C}{\partial x^2}+D_y\frac{\partial^2 C}{\partial y^2}+D_y\frac{\partial^2 C}{\partial y^2}-kC+S \quad （式2-49）$$

式中：C 为污染物浓度，u 和 v 为流体速度，D_x 和 D_y 为沿 x 和 y 方向的扩散系数，k 为污染物的降解系数，S 为污染物的源项或汇项。

(9) 结果分析与可视化

数值输出：模型完成求解后，生成水深、流速、污染物浓度等多维度的数值结果。MIKE 21 软件会生成逐时或逐步的动态变化数据。

可视化：MIKE 21 软件具有强大的可视化功能，能够将模拟结果以动画、图表和地图等形式展现，帮助研究者直观理解水质和水动力变化（图 3-10）。

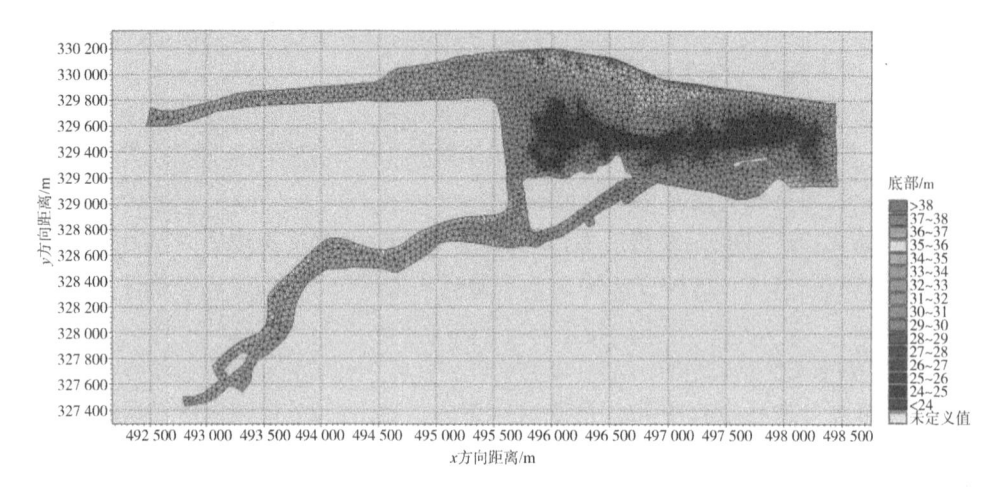

图 3-10　MIKE 21 软件可视化模拟结果示意图

(10) 模型验证和校准

模型完成求解后需要对模拟结果与实测数据进行验证。一般而言，需要验证潮流的流速、流向、温度、盐度、水质、悬浮泥沙等。

2.3　小结

本章系统梳理了入海河流总氮污染溯源常用分析方法，并构建了适合江苏省典型入海河流的总氮溯源分析框架。首先，详细介绍了河流断面水质和通量沿程溯源法、污染负荷统计核算法、流域面源模型法、多元同位素法、微生物指纹法、水质指纹溯源法以及 AI 溯源法，按照各类方法的特点、应用情况进行阐述，汇总了入海河流总氮溯源分析方法。

其次，根据各项入海河流总氮溯源分析特征，构建了适合江苏省典型入海河流的总氮溯源分析技术路线，结合了污染负荷统计核算法、河流断面水质和通量沿程溯源法以及流域面源模型法，能够为入海河流总氮溯源分析的便捷化、精细化的开展提供新思路。

第三章　近岸海域总氮治理技术

3.1　污水处理厂总氮处理工艺

污水处理厂中的总氮处理技术是近岸海域总氮治理的关键环节。随着工业化与城市化的迅猛发展，水体富营养化问题愈发严峻，其中总氮（TN）含量超标是主要诱因之一。为提高水环境质量，污水处理厂必须实施有效的总氮去除策略。污水处理厂生物脱氮的基本原理主要涉及微生物的同化作用、氨化作用、硝化作用以及反硝化作用，最终转化为氮气以实现污水中氮的去除[134]。基于上述原理，人们开发了生物脱氮处理工艺，主要涉及以下3个生化反应过程：首先，污水中的一部分氮通过微生物的合成代谢转化为微生物的一部分，并通过泥水分离从污水中移除；其次，污水中的氨氮和有机氮通过微生物的硝化作用转化为硝酸盐；最后，在缺氧或厌氧的条件下，硝化作用产生的硝酸盐被反硝化细菌进一步转化为氮气，从而实现从污水中的去除。生物脱氮处理工艺应同时保证上述3个生化反应过程的顺利进行。

3.1.1　预处理工艺

常用的污水预处理技术主要包括筛滤、沉淀、絮凝、气浮、中和、电催化氧化以及化学还原等[135]。

在进入污水处理厂之前设置粗筛网和细筛网，可以有效去除污水中的大颗粒杂质和固体废物，防止这些杂质对后续处理设备和工艺的影响。同时，筛网过滤也可以减少进入生物反应器的有机负荷，提高生物脱氮效率。

通过设置沉淀池，可以让污水中的较大颗粒悬浮物沉淀下来，减轻厌氧区和好氧区的负荷，提高脱氮效果。此外，沉淀池还可以有效去除重金属离子等有害物质，降低污水生态风险。

在污水处理过程中，经常需要根据进水水质和水量的变化进行调节，以保证污水处理系统的稳定运行，提高脱氮效果。设置调节池可以调控污水水量，从而更好地配合后续的生物处理和化学处理工艺。

适量添加化学剂如聚合氯化铝等，可以帮助凝聚和沉淀污水中的有机物和氮磷等物质，提高脱氮效果。此外，化学预处理还可以改善污水水质指标，为后续的生物处理提供良好的环境条件。

适当的预处理措施能够提高污水处理厂的脱氮效果,减少对后续处理设备和工艺的负面影响,确保污水处理系统的稳定运行和高效处理。

3.1.2 A/O 及 A²/O 工艺

传统生物脱氮工艺通过氨化作用、硝化作用和反硝化作用 3 个阶段对氮氧化物进行反应及控制。以上 3 个作用阶段均需要在特定的条件下进行控制,一般需设置各自独立的反应系统,从而为各类功能菌创造良好的繁殖环境,提高脱氮处理效果。生物脱氮流程示意图见图 3-1。

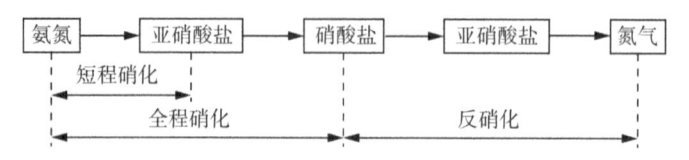

图 3-1 生物脱氮流程示意图[136]

A/O 工艺是一种常见且应用较为广泛的污水脱氮工艺。同上文中提到的生物脱氮工艺一致,该工艺的整体脱氮流程也可分为 3 个阶段:氨化反应、硝化反应和反硝化反应。

A/O 工艺是通过回流硝化液进行去碳、硝化、反硝化的生物脱氮工艺。污水经过缺氧池和好氧池的反应后进入沉淀池,污泥和硝化液回流到缺氧池完成去碳、反硝化过程,该工艺的流程示意图见图 3-2[136]。

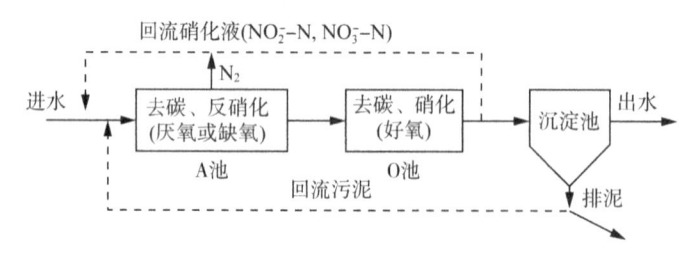

图 3-2 A/O 工艺流程示意图[136]

A²/O 工艺是厌氧-缺氧-好氧生物脱氮除磷工艺的简称。A²/O 工艺是 20 世纪 70 年代由美国专家在 A/O 工艺的基础上开发出来的,目的是实现同步脱氮和除磷[137]。A²/O 工艺将生物反应池划分为 3 个主要部分:厌氧段、缺氧段和好氧段。在厌氧段,回流污泥中的聚磷菌释放磷,同时部分 BOD_5(生化需氧量)得到去除。进入好氧段时,聚磷菌积极地吸收磷,使得污泥转化为富含磷的污泥。通过排放剩余污泥,磷得以去除;同时,BOD_5 得到更彻底的去除,而氨氮则被硝化(图 3-3)。通过内回流含硝酸盐的混合液,缺氧段可进行反硝化脱氮。因此,该工艺具备同时进行生物脱氮和除磷的功能[138]。

A²/O 工艺具有工艺流程简单、运行灵活、水力停留时间短、活性污泥不易膨胀、基建和运行费用低等优点。因此,A²/O 工艺自开发以来就受到国内外污水处理界的高度重视,也是目前污水厂采用最多的主流运行工艺。但 A²/O 工艺也存在一定的缺点,主要包括：①A^2/O工艺因分别设置污泥回流系统和内回流系统而增加了投资和运行能耗；②A^2/O工艺存在需脱氮高污泥龄和除磷低污泥龄之间的矛盾；③A^2/O工艺的反硝化和聚磷菌厌氧释磷的碳源竞争问题突出。由于上述问题的存在，A^2/O工艺在实际运行中往往难以同步实现较好的脱氮除磷效果[136]。

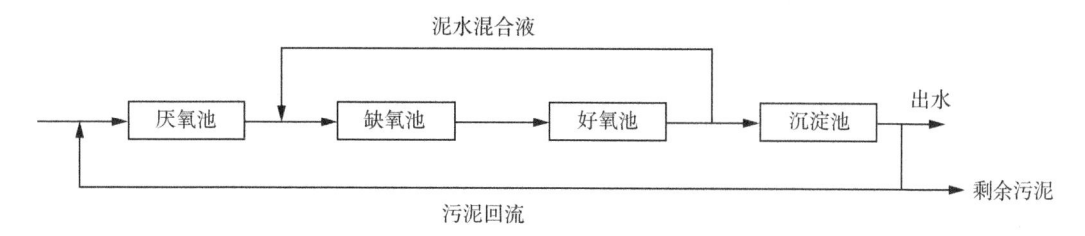

图 3-3 A^2/O 工艺流程图[136]

3.1.3 氧化沟工艺

氧化沟污水处理技术，自20世纪50年代在荷兰被研发成功以来，历经了几十年的发展，成为了一种成熟的技术工艺。该技术是一种改良版的活性污泥法，其曝气池设计为封闭的沟渠形状，使得污水与活性污泥的混合液能够持续循环流动，因此得名氧化沟，亦被称为环形曝气池。自20世纪60年代起，氧化沟技术在欧洲、北美、非洲、大洋洲等地区迅速普及和应用。经过多年的实践与演进，氧化沟处理技术不断得到完善，特别是其封闭循环的池形设计，特别适合污水的脱氮除磷处理。氧化沟工艺流程图见图3-4。

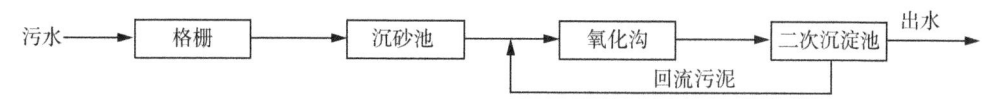

图 3-4 氧化沟工艺流程图[139]

氧化沟工艺具有以下特点：
①循环流量大，污水一旦进入沟内，即被大量循环水迅速稀释，因此具备承受冲击负荷的能力；
②由于污泥龄较长，活性污泥产量少且趋于好氧稳定状态。通常情况下，可以省略初沉池和污泥消化池的设计，从而简化了工艺流程，减少了处理构筑物的数量；
③通过调整转盘、转刷、转碟的旋转方向、转速、浸水深度以及设备的安装数量，可以调节整体供氧能力和电耗，确保池内溶解氧值维持在最佳工况。

氧化沟工艺也存在一些缺点：
①由于是循环式设计，运行工况虽然可以调节，但管理相对复杂；
②采用表曝法供氧，设备的氧气传输量较大；
③污水停留时间较长，泥龄也较长，导致电耗相对较高。

3.1.4 SBR 工艺

SBR工艺亦称为间歇曝气活性污泥法或序批式活性污泥法，其核心构筑物为SBR反应池。在这个反应池中,污水经历反应、沉淀、排水以及剩余污泥的排除等工序,从而实现了处理过程的显著简化。

该工艺采用周期性交替运行的模式,每个周期包含五个阶段:进水、反应、沉淀、排放和闲置。每个阶段都与特定的反应条件相关联,包括混合/静止、好氧/厌氧等。这些条件促使污水的物理和化学特性发生有选择性的变化,总氮可以被完全去除。SBR 工艺流程图见图 3-5。

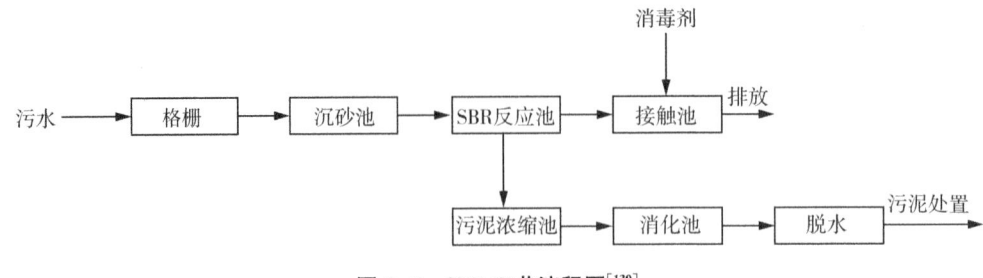

图 3-5 SBR 工艺流程图[139]

SBR 工艺具有以下优点:

①有机物的降解和沉淀过程均在一个构筑物内完成,无需设置独立的沉淀池及其刮泥系统,从而节省了占地面积并降低了造价;

②该工艺能够承受较大的水量和水质冲击负荷;

③污泥的沉降性能良好,不易发生污泥膨胀现象;

④通过控制曝气池内溶解氧的浓度,使池内交替出现缺氧和好氧状态,从而实现脱氮功能,且无需混合液回流系统;

⑤SBR 工艺的扩建相对方便。

然而,SBR 工艺也存在一些缺点:

①运行管理需要依赖可靠的仪器和自动控制系统来保证;

②人工操作较为复杂;

③对曝气头的技术要求较高,普通曝气头容易堵塞,且维修较为困难;

④由于厌氧池的氧化还原电位较高,除磷效果不佳,总容积利用率一般低于 50%,因此该工艺更适用于污水量较小的场合[139]。

3.1.5 生物膜工艺

生物膜法是通过在污水处理构筑物中投放各种固体材料来增加单位体积的生物量,这些固体材料通常有较大的比表面积可以供微生物在其表面附着和生长,形成生物膜。在正常的好氧生物膜系统中,因接触溶氧梯度的不同,固体材料表面的生物膜内外分别形成厌氧膜和好氧膜。通常,好氧膜起主要作用,但厌氧膜也有一定的污染物去除作用,一般在好氧生物膜系统中,发生硝化反应的同时也存在一定的反硝化反应。代表工艺有生物转盘、曝气生物滤池(BAF)、移动床生物膜反应器(MBBR)、生物流化床、生物接触氧化等[134]。

3.1.5.1 生物转盘工艺

生物转盘(Rotating Biological Contactor,RBC)技术是一种生物膜法污水生物处理技术,对污水中的有机物具有较好的去除效果,并且在一定情况下可以达到脱氮除磷的目的。

(1) 生物转盘的原理

生物转盘主要由盘片、接触反应槽、转轴及驱动装置所组成。处理过程为:将盘片浸入或部分浸入充满废水的接触反应槽内,在驱动装置的驱动下,转轴带动转盘以一定的线速度不停地转动,转盘交替与废水和空气接触,经过一段时间的转动后,盘片上将附着一层生物膜。在转入废水中时,生物膜吸附废水中的有机污染物,并吸收生物膜外水膜中的溶解氧,分解有机物,微生物在这一过程中以有机物为营养进行自身繁殖;转盘转出废水时,空气不断溶解到水膜中,增加其溶解氧。生物膜交替地与废水和空气接触,是一个连续吸氧、吸附、氧化分解的过程。生物转盘常采用多级串联的处理方式,以实现更好的效果[140]。在生物转盘工艺中,通过控制环境条件和回流比,可以促进硝化和反硝化过程,实现污水中的氮去除;同时,通过生物膜中的微生物作用,也可以实现磷的去除[141]。

(2) 生物转盘的特点

生物转盘作为一种高效的污水处理技术,具备以下特点。

低能耗:生物转盘利用自然通风进行供氧,无需额外的机械搅拌或曝气设备,从而实现了较低的能耗。

抗冲击负荷能力强:该工艺能够适应进水水质和水量的波动,展现出对冲击负荷的强抵抗能力。

操作简便:生物转盘工艺的操作和维护相对简单,无需复杂的机械设备,便于管理。

污泥产量低:由于生物转盘上的生物膜更新迅速,污泥产量相对较低,从而降低了污泥处理的成本。

低噪声:在生物转盘的运行过程中,由于不依赖高噪声的机械设备,噪声水平较低。

这些特点使得生物转盘工艺在污水处理领域得到了广泛的应用和研究。

(3) 生物转盘的构造及技术要点

生物转盘设备由盘片、转轴、驱动装置以及接触反应槽部分组成(图3-6)。

盘片是生物转盘设备的主要部件,应具有轻质高强度、耐腐蚀、耐老化、易于微生物挂膜、不变形,比表面积大,易于取材、便于加工安装等特性。

接触反应槽应呈与盘片外形基本匹配的形状,其构造形式与建造方法随设备规模大小、修建场地条件不同而改变。接触反应槽各部位尺寸和长度,应根据转盘直径和轴长决定。槽底应考虑设有放空管和曝气管、曝气头,槽的两侧设有进出水设备,多采用溢流堰。对于多级生物转盘,接触反应槽可分为若干格,格与格之间设有导流槽。

转轴是支撑盘片并带动其旋转的重要部件。轴两端安装固定在接触反应槽两端的支座上。转轴的长度不宜过长,否则易磨损。轴的强度和刚度必须经过力学计算。对于半浸没生物转盘,转轴中心与接触反应槽内液面的距离应根据转轴的直径与水头损失情况而定,一般按转轴中心与槽内液面的距离(与转盘直径的比值)取值在 0.1 到 0.3 之间。

驱动装置包括动力设备、减速装置以及传动链条等。对于电动生物转盘,驱动装置为传动链条和减速装置;对于被动生物转盘,其驱动装置为驱动水车。转盘的转动速度是重要的运行参数,必须设置适宜的值,转速过高既损害设备,消耗电能,又在盘面产生较大的剪切力,使生物膜过早地剥离。电动转盘转速过低,则水中溶解氧较低,不利于氨氮以及有机物的去除。因此,综合各因素,转盘的转速应结合实际情况来确定。

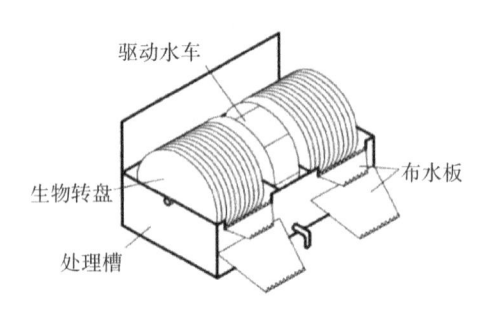

图 3-6　由水车驱动的生物转盘结构图[144]

(4) 生物转盘的影响因素

转盘:生物转盘技术是一种利用生物膜法处理污水的装置。盘片是生物转盘的主要组成部分,也是影响转盘处理效率的关键因素。盘片材料的价格与重量直接关系到整个系统的投资与运营成本。因此,为了使生物转盘达到高处理效率,盘片必须具备足够大的比表面积和较高的表面粗糙度,以满足挂膜的需求。

转速:转盘转速与处理效果之间存在一种抛物线的关系。在特定的转速值时,转盘处理效果达到最大,此时的转速为最优转速。当转速低于或高于最优转速时,系统的处理效果都会下降。

浸没比:转盘浸没比的大小直接影响系统处理效果。对于厌氧生物转盘,浸没比越小,转盘转动就越容易带入空气,厌氧环境就越难控制;浸没比越大,转盘单位面积有机负荷越高,COD 去除率就越高。对于好氧生物转盘,浸没比越小,转盘转动带入的空气就越多,对曝气的要求就越低,能耗得到降低,但同时转盘单位面积有机负荷降低,基质消化效果变差。

水力停留时间:当水力停留时间较小时,污水处理量大,系统有机负荷高,反应槽中的生物膜受到的冲击力变大,加速了生物膜的脱落,减少了转盘上的生物量,从而降低了系统的处理能力[145]。

3.1.5.2　BAF 工艺

曝气生物滤池(Biological Aerated Filter,BAF)是一种高效的污水处理技术,它结合了生物膜反应和过滤过程,通过在反应器中填充填料,为微生物提供附着生长的表面,同时通过曝气提供氧气,促进有机物的降解和硝化作用。BAF 工艺在 20 世纪 80 年代末发展,经过多年的研究和发展,已经成为污水处理领域的一种重要工艺,广泛应用于世界各地。

BAF 工艺净化污水的原理是通过反应器内填料上生长的生物膜中微生物氧化分解作用、填料及生物膜的吸附截留作用和沿水流方向形成的食物链分级捕食作用,实现去除水中污染物的目的,同时利用生物膜内部微环境和厌氧段的反硝化作用,实现脱氮除磷的功能。BAF 工艺运行一段时间后,通过周期性地对滤料进行反冲洗,清除滤料上的截留物和老化的生物膜,可使滤池在短期内恢复工作能力,实现滤池的周期运行。

根据水流方向不同,BAF 工艺可分为上向流和下向流 2 种形式。上向流 BAF 其水流从 BAF 的底部由下而上流过滤料层,与自下而上的空气同向接触,代表工艺为 Biostyr-BAF 和 Biofor-BAF(图 3-7),该种运行方式的 BAF 运行水力负荷高,气水分布更均匀,同时,升流式工艺在水流和气流的通向上升过程的冲刷力作用下及经反冲洗后滤料自然形成的滤料粒径分布,可把废水中的悬浮固体(SS)带至滤层中部,有效延长滤池的工作周期。早期的 BAF 多采用下向流,水流从 BAF 的顶部由上至下流过滤料层,与自下而上的空气逆向接触,以法国 OTV 公司的 Biocarbon-BAF 为代表。该种运行方式的 BAF 水力负荷较低,虽然对进入水中的 SS 具有良好的截留作用,但是纳污效率较低、易堵塞、运行周期短,因此,目前多采用升流式[146]。

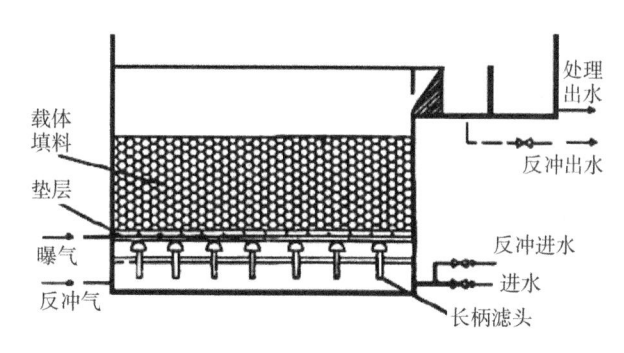

图 3-7 Biofor-BAF 工艺结构图[146]

曝气生物滤池的主要特点为:①采用小粒径颗粒填料作为过滤主体的池型反应器。②同步发挥生物氧化作用和物理截留作用。③氧转移和利用效率高。④具有较高的处理效率,出水水质好,能耐受较高负荷。⑤运行过程中通过反冲洗去除滤层中截留的污染物和脱落的生物膜,不需要二沉池。⑥充分借鉴了单元反应器原理,采用模块化结构设计,为整个工艺的紧凑化、设备化及改扩建提供了有利条件。⑦反应器沿水流方向呈明显的空间梯度特征。

目前已开发出的 BAF 反应器的主要工艺参数为:有机物负荷 2~10 kg/m³·d;滤速 2~15 m/h;氨氮负荷 0.5~1.5 kg/m³·d;氮氧化物负荷 0.5~1.5 kg/m³·d;石英砂、无烟煤、陶粒、合成塑料、火山灰等填料,粒径为 3~10 mm,多数为 3~6 mm;曝气气水比大多为(1~3):1,最高不超过 10:1,曝气量与处理要求、进水条件、填料情况直接相关;分级式滤池的运行周期一般为 24~48 h,硝化及反硝化滤池的运行周期稍长,一体式硝化及反硝化滤池的运行周期与进水情况密切相关,一般为 24 h,反冲洗条件:反冲洗时间一般根据水头损失来确定,反冲洗方式为气冲、水冲、气水联合反冲以及脉冲反冲,反冲洗水强度为 15~35 L/m²·s,气强度为 15~45 L/m²·s,冲洗时间一般在 30 min 以内。

由于存在厌氧区,在生物膜反应系统中,可实现一定程度的反硝化脱氮。脱氮效率的高低取决于底物条件、传质条件及反硝化细菌的代谢特点。在曝气生物滤池系统中,反硝化以 2 种方式进行,即在滤池设置缺氧区或单独设一个不曝气的反硝化生物滤池,并根据底物供应情况决定是否投加碳源物质[147]。

作为一种高效、低成本的污水处理新技术,曝气生物滤池在我国的应用还刚刚起步,随着社会的发展和水资源的紧缺,对污水处理后的水质要求必将日益提高,更高的污水排放水质标准和污水回用水源标准也将逐步出台,这为曝气生物滤池技术在已有的污水处理厂做深度处理,或在新建的污水处理厂中应用创造了条件。对曝气生物滤池运行特征、处理效能等方面的深入研究以及对曝气生物滤池与其他工艺组合的优化研究,将扩大曝气生物滤池的应用范围,对曝气生物滤池在我国污水处理中的进一步推广应用有积极的促进作用。现今,曝气生物滤池有以下几点问题待探索研究。(1) 曝气生物滤池工艺的系统性研究还不够深入,尽管曝气生物滤池的工艺不断进步,但其处理效能仍有限,有关曝气生物滤池运行方式对处理效能影响的认识还未统一。究竟是上向流曝气生物滤池对氨氮和悬浮物的去除优于下向流,还是下向流优于上向流还存在争议。如何将各种工艺形式相融合,从而发挥其最大去污效能有待进一步研究。(2) 通常情况下,为了延长滤池的运行周期,减少反冲洗频率以降低能耗,曝气生物滤池处理污水时须对进水进行预处理。因此,高性能、低价位、截污能力强的填料将在其推广应用中起重要作用,研究填料对污染物去除的影响,寻求改善填料性能的工艺和方法,制定适用于我国国情的曝气生物滤池的填料标准将是下一步研究重点。若此问题得不到解决,会制约曝气生物滤池除污性能的发挥。(3) 曝气生物滤池生物除磷效果较差,从目前的 BAF 运行工艺看,完全用生物除磷是很难达到排放标准的。同时脱氮除磷会使系统变得更为复杂。这是因为脱氮和除磷本身是矛盾的,如 DO 太低,除磷率会下降,硝化反应受到抑制;如 DO 太高,则由于回流厌氧消化池 DO 增加,反硝化受到抑制。如何深入研究其除磷机理,从而创造良好的厌氧好氧环境有待进一步探索。(4) 目前,对于曝气生物滤池生物空间梯度特征以及底物去除动力学规律的研究还很不完善,须对曝气生物滤池生物膜的生长、生物膜的组成、生物膜的活性、微生物生态学特征等方面进行针对性研究。(5) 由于曝气生物滤池工艺本身固有的结构特点,在直接处理污废水时须采用物化法或化学氧化法进行预处理,操作复杂、成本高。能否在同一复合床式曝气生物滤池内完成多种污染物的高效去除将是下一步研究应用的重点。另外,将曝气生物滤池与合适的预处理技术结合或者采用多级曝气生物滤池联合的形式,将进一步发挥曝气生物滤池的去污能力,从而使其在城市废水的深度处理回用方面发挥作用[148]。

3.1.5.3 MBBR 工艺

MBBR 工艺原理是通过向反应器中投放一定数量的悬浮载体,丰富反应器中的生物量及生物种类,从而提高反应器的处理效率。由于填料密度接近水,所以在曝气时,与水呈完全混合状态。微生物生长的环境为气、液、固三相。载体在水中的碰撞和剪切作用,使空气气泡更加细小,提高了氧气的利用率。每个载体内外均具有不同的生物种类,内部生长一些厌氧菌或兼氧菌,外部为好氧菌。这使得每个载体都为一个微型反应器,同时存在硝化反应和反硝化反应,从而提高了总氮的处理效果。

MBBR工艺兼具传统流化床和生物接触氧化法两者的优点,是一种新型高效的污水处理方法,依靠曝气池内的曝气和水流的提升作用使载体处于流化状态,进而形成悬浮生长的活性污泥和附着生长的生物膜,这就使得移动床生物膜利用了整个反应器空间,充分发挥附着相微生物和悬浮相微生物两者的优越性,扬长避短,相互补充。与其他的填料不同的是,悬浮填料能与污水频繁多次接触,因而被称为"移动的生物膜"。

与活性污泥法和固定填料生物膜法相比,MBBR既具有活性污泥法的高效性和灵活性,又具有传统生物膜法耐冲击负荷、泥龄长、剩余污泥少的特点。

①填料特点

填料多为聚乙烯、聚丙烯及其改性材料、聚氨酯泡沫体等,比重接近于水,以圆柱状和球状为主,易于挂膜,不结团、不堵塞、脱膜容易。

②脱氮能力

填料上形成好氧、缺氧和厌氧微环境,硝化和反硝化反应能够在一个反应器内进行,对氨氮的去除具有良好的效果。

③去除有机物效果

反应器内污泥浓度较高,一般污泥浓度为普通活性污泥法的5～10倍,可高达30～40 g/L。提高了对有机物的处理效率,且抗冲击负荷能力强。

④维护管理

曝气池内无须设置填料支架,便于填料以及池底的曝气装置的维护,能够同时节省投资及占地面积[149]。

3.1.5.4　生物流化床工艺

流化床反应器是指颗粒状物料在流动的液体或气体的带动下,在反应器内部呈现沸腾或悬浮状态。生物流化床是以搅拌、回流水或曝气作为动力使反应器内的污水形成液体流,微小的粒状填料在液体流的作用下在反应器中呈悬浮流动状态。生物流化床又可分为好氧和厌氧。对好氧生物流化床而言,充氧过程与流化过程分开的为两相生物流化床,充氧过程与流化过程在反应器内同时进行的为三相生物流化床。好氧生物流化床可用于处理含中、低浓度有机污染物的工业废水和生活污水,同时去除NH_3-N。厌氧生物流化床无需充氧或曝气,但厌氧微生物产生的甲烷气体与反应器内的固、液两相叠加为三相生物流化床。厌氧生物流化床可以处理高、中、低浓度的有机废水[150]。

生物流化床的结构类型繁多且复杂,根据床层内的物相可以分为两相和三相生物流化床。两相流化床主要依靠液流推动实现内部流态化,其中充氧过程与流化过程是分开的,需要设置脱膜和充氧设备。而三相流化床则通过引入气流来实现流化,气、液、固三相体系共存,污水的充氧与载体的流化同时进行。附着在载体上的生物膜负责降解污染物,由于气流的扰动作用,老化的生物膜可以及时得到清理,因此不需要额外的脱膜装置。根据循环方法,三相流化床又可以分为外循环和内循环2种类型。按照微生物种类和菌属的不同,还可以进一步划分为好氧流化床和厌氧流化床等。

载体的性质直接关系到生物流化床的处理效果,与生物颗粒流化、微生物附着、体系能耗等方面紧密相关。生物流化床常用载体主要有无机载体、有机载体和新型载体3类。

目前,流化床中应用最广泛的是多孔矿物材料无机载体。这类材料表面粗糙,孔隙丰富,比表面积大,易于取得,微生物易附着。选择载体时,球形为宜,要求孔隙率高、颗粒小、孔径合理、亲水性好、化学稳定性好、机械性能良好。

此外,有机聚合物有机载体也很常用。这类材料较无机载体密度更小,膨胀系数更大,耐磨性更好。周雷[151]开发了高浓度复合粉末载体生物流化床工艺,选择某污水厂进行生产性试验并取得良好的处理效果,达到了预期目标。

近年来,研究人员发现,将各类新型载体作为填料可以有效弥补传统载体的某些不足。Aitcheikh[152]等用牡蛎壳作为生态填料处理生物流化床反应器中的乳品废水,发现处理效率较高。郭琇等[153]研制新型复合载体应用于生物流化床,发现生物空心微球复合载体具有更优的抗冲击负荷能力,被净化后的水体可重复利用,实现污水零排放。用植物等材料作为载体也是未来的重要研究方向。

生物流化床有着良好的有机物去除效果以及脱氮除磷效果,适用于处理生活污水及各类工业废水[154]。

3.1.5.5 生物接触氧化工艺

生物接触氧化法是一种高效的水处理技术,主要基于生物膜反应器。在生物接触氧化法中,污水与空气连续通过装有填料的反应池,微生物在填料表面形成生物膜,污水与生物膜接触时,污水中的有机物被微生物吸附、降解,从而实现净化过程。这种方法结合了活性污泥法和生物膜法的优点,具有较高的处理效率和对水质波动的较强适应性。

生物接触氧化工艺起源于19世纪末。1912年,克罗斯在德国首次获得了这项技术的专利权。与此同时,美国的技术人员也在尝试通过在活性污泥工艺的曝气池中安装石棉水泥板,为微生物提供附着生长的环境。然而,由于当时材料工业尚未充分发展,且管理方法相对原始,生物接触氧化工艺的处理效果并不理想,导致这项技术的研究和应用受到了忽视。直到20世纪70年代,随着材料工业的飞速进步和新型填料的开发成功,日本率先提出了"管式基础氧化"的概念,并创新了供氧方式,显著提升了生物接触氧化工艺的处理效率。这项技术因此重新引起了人们的关注,并衍生出多种不同的应用形式[155]。

生物接触氧化法的中心处理构筑物是接触氧化池。接触氧化池主要由池体、填料、布水装置和曝气系统4部分组成。根据水流状态的不同,接触氧化池可分为分流式(池内循环式)和直流式。对于分流式,废水充氧与生物膜接触是在不同的格内进行的。废水充氧后在池内进行单向和双向循环,适用于BOD负荷较小的三级处理,国外废水处理工程中较常采用;直流式就是直接在填料底部进行鼓风充氧,国内废水处理工程中多采用直流式[156]。

生物接触氧化技术具有处理效率高、抗冲击负荷、适用范围广泛、节省成本以及方便管理等优点。

处理效率高:生物接触氧化法通过填充大量固体填料,增加了比表面积,进而提升了附着微生物的数量,从而保持了较高的生物活性。填料表面覆盖着生物膜,其中不仅有各种细菌、原生动物和后生动物,还能生长丝状菌,形成一个由各类微生物组成的复杂生态系统,具有稳定且有效的净化功能。

抗冲击负荷:反应器内的水流属于完全混合式,水质均匀。同时,系统中污泥浓度高,生物膜不断更新换代,对负荷变化的适应性较强。

适用范围广泛:生物接触氧化法工艺能够处理COD_{Cr}浓度在100 mg/L以内的废水,同样适用于处理COD_{Cr}浓度在1 000 mg/L以上的废水,具有较大的负荷范围。

节省成本:生物接触氧化法由于运行负荷较高,反应池体积相较于活性污泥法更小。无须进行污泥回流,且污泥产量较低,所以能够节省大量建设和运行费用。

方便管理:接触氧化法不会产生污泥膨胀问题,这是因为丝状菌附着在填料上,不仅避免了污泥膨胀,而且能够利用其氧化分解能力,提高反应器的处理效果,降低了管理难度。

生物接触氧化法的缺点:若设计和运行不当,可能导致蜂窝型填料上的生物膜过厚,脱落之后容易导致系统堵塞,此时须要进行反冲清洗,增加动力消耗。脱落的生物膜随出水流走,会影响出水水质。若使用组合填料,容易黏结成团,影响搅拌和气效果,不利于有机物的降解[157]。

生物膜上的生物量、生物种类及其活性决定了生物接触氧化法水质净化的效果。根据已经进行的试验和实际工程的应用结果可以得出,影响生物接触氧化法水质净化效果的主要环境因素有水温、源水水质、溶解氧浓度、水力停留时间、填料、pH等,此外,曝气方式、结构特点和填料比表面积等也对处理效果有一定的影响。

水温:水体温度在微生物的生长和生命代谢过程中对其体内的酶的活性有重要影响,低温和高温均不利于微生物的正常生命代谢,严重时会使微生物活性受到抑制或者导致微生物死亡。大量研究表明,异养菌的耐受温度范围较大,其繁殖速率比硝化细菌高几个数量级,在低温条件下硝化细菌的繁殖速率更低。大部分细菌生长繁殖的最适宜温度为20~35℃。因此,在试验期间,为了保证生物接触氧化反应器的正常运行,反应器内的水温尽量控制在适宜微生物生长的温度范围内。

源水水质:通常以化学需氧量(COD)和氨氮($NH_4^+ - N$)作为主要水质指标来判断水体的污染程度。在源水中,生物接触氧化法主要去除的是可溶性有机物,因此有机物的去除效率很大程度上取决于源水中溶解性可生物降解有机物的含量。有机物浓度越高,其去除率通常也越高。然而,当源水中有机物浓度过高时,异养菌会迅速繁殖并成为优势菌群,这会抑制硝化细菌的活性以及系统的硝化速率。

溶解氧浓度:生物接触氧化反应器采用曝气装置向反应器的水体曝气,一方面可以为微生物的生长和氧化反应的进行提供所需的氧气,另一方面曝气过程产生的微气泡可以加快水流紊动,促进生物膜、污染物和氧气三者的充分接触,起到提高传质效果的作用。因此生物接触氧化反应器要想达到高效去除污染物的目的,必须保证系统内的DO浓度维持在细菌代谢所需的最低浓度。大多数学者认为在硝化作用中,系统DO浓度应控制在2~3 mg/L,低于0.5 mg/L时硝化反应基本停止。实际运行中,$NH_4^+ - N$的去除率随着系统DO浓度的升高而显著提高,硝化反应在DO浓度为7.0 mg/L时趋于稳定。

水力停留时间：水力停留时间（HRT）对污染物去除有重要影响，一定范围内延长反应器的水力停留时间，可以提高水质的净化效果。但 HRT 直接影响工程造价，HRT 越长，投资成本就越高。因此在保证出水水质的前提下，HRT 应尽量缩短，实际工程中应兼顾 HRT 和经济性[158]。

填料：填料作为微生物的载体，对反应器内生物膜生长的比表面积和生物膜量具有决定性影响。在特定的水力负荷和曝气强度下，填料还决定了反应器内的传质条件和氧气利用率，进而对工艺运行效果产生重大影响。优质的填料应具备以下特性：生物膜在填料上分布均匀，无明显积泥和凝团现象；具有较高的空隙率，不易被生物膜堵塞，且不易被水中油污黏附，从而保证处理效果；具备良好的抗压性、耐盐性和耐腐蚀性；具有尽可能高的比表面积和良好的亲水性，以促进大量生物膜附着；充氧动力效果佳，有助于降低运行成本和节省能源；水流阻力小，化学和生物稳定性强，不会溶出有害物质导致二次污染，能在填料间形成均匀的流速，便于运输和安装。

pH：pH 是生物接触氧化法中一个关键的环境因素。对于大多数微生物而言，最适宜的 pH 约为 7。对于 pH 过高或过低的废水，应考虑进行 pH 的预处理调整，以确保生物接触氧化池进水的 pH 维持在 6.5 至 9.5 之间[156]。

3.1.6 主流脱氮工艺的优化

针对传统 AAO 工艺的操作难点和处理瓶颈，为提升总氮的处理性能，对 AAO 工艺进行了一系列的优化。目前，主要形成了 3 种工艺形式：AAO 及其改进工艺、改良 Bardenpho 工艺、多级 AO 工艺。

3.1.6.1 AAO 及其改进工艺

如图 3-8 所示，由传统 AAO 工艺逐步发展演变出倒置 AAO、MUCT、改良型 AAO（前置缺氧 AAO）等工艺，改进的关键点都是让二沉池的回流污泥首先经过缺氧区进行预反硝化，减少硝酸盐对厌氧释磷的抑制，同时采取多点进水等方式，实现出水脱氮除磷性能的同步提升。改良型 AAO 工艺能够优化传统工艺的污染物去除性能，在进水碳源较充足时，稳定实现 TN≤15 mg/L，TP≤0.5 mg/L，适用于进水条件较好（COD_{Cr}：200～400 mg/L，BOD:TKN>4）且出水执行一级 A 标准的生活污水处理厂。多种 AAO 改进工艺是对传统 AAO 工艺的运行优化和改进，能够激发一部分原有生化池的处理潜能，但没有突破传统 AAO 工艺污染物理论去除率的限制，因此，其应对水量和水质冲击负荷的能力较弱。

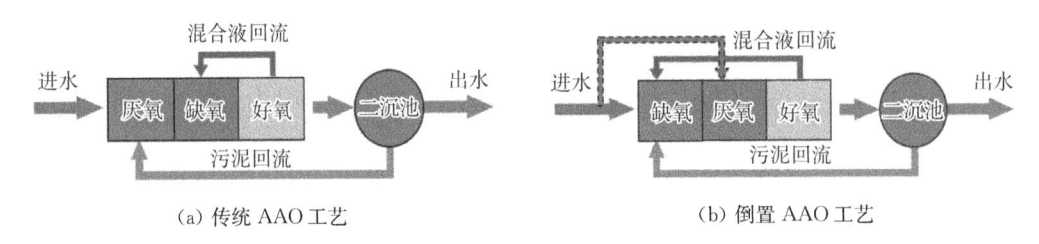

(a) 传统 AAO 工艺　　　　　　　　(b) 倒置 AAO 工艺

(c) MUCT 工艺　　　　　　　　　　　(d) 改良型 AAO 工艺

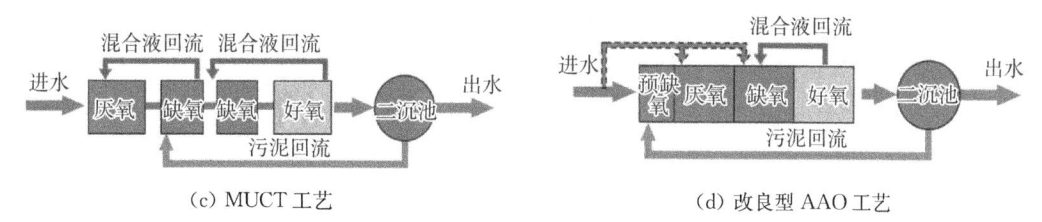

图 3-8　AAO 及其改进工艺形式[159]

3.1.6.2　改良 Bardenpho 工艺

为了提升传统 AAO 工艺对 TN 的处理能力，提高进水碳源在生化池中较低下的反硝化效率，出现了改良 Bardenpho 工艺[159]，如图 3-9 所示。通过在传统 AAO 工艺后端增设反硝化功能单元并投放碳源，提升出水 TN 去除率。改良 Bardenpho 工艺能够在传统 AAO 工艺的基础上进一步激发脱氮潜能，研究发现，在后置缺氧碳源投加、300% 内回流、125% 外回流下，出水 TN 能够稳定达到 10 mg/L，去除率达到 78%；进一步投放碳源后，能继续实现较完全的反硝化，出水 TN 低于 3.2 mg/L，去除率达到 90% 以上[159]。

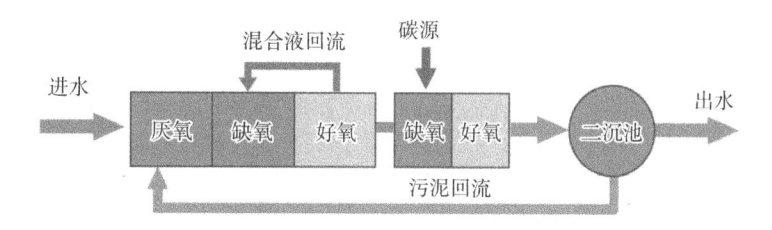

图 3-9　改良 Bardenpho 工艺

虽然改良 Bardenpho 工艺的 TN 去除效果良好，但外加碳源增加了污水厂的运行费用，更没有实现进水碳源的充分利用。为保证反硝化效果，满足更严格的 TN 去除要求，需要设置独立的 AO 脱氮单元。这会导致生化池占地面积增加（占地增加 20%～30%）。针对需要提标改造但没有预留用地的污水厂，可以通过在好氧池内投放填料，形成 Bardenpho-MBBR 组合工艺，减少好氧池容积，为后置 AO 池改造提供空间。吴迪等[160]在北方某污水厂原 AAO 工艺的好氧区改造中，隔出反硝化所需的缺氧区容积，好氧区容积不足的部分则通过投放生物填料补充。在好氧区填充率为 40% 的情况下，能够实现出水优于国家一级 A 标准，平均出水 TN 达到 7.4 mg/L，去除率达到 85.9%。该项改造能够在不停产、不减产的情况下完成，能够稳定应对低温及雨季的冲击负荷，是现有污水厂应对总氮高排放标准提标改造的优选方案。

3.1.6.3　多级 A/O 工艺

多级 A/O 工艺能在不加碳源、无混合液回流的情况下，保持较高的 TN 去除性能。如图 3-10 所示，多级 A/O 工艺通过设置多个"缺氧-好氧"单元串联，污水经过每个好氧区硝化反应后直接进入下一阶段的缺氧区进行反硝化脱氮。因此，无需混合液回流，也避免向缺氧区带去大量溶解氧,保证了脱氮效率和无效碳源消耗。同时,设置多点进水,为每一段缺氧反硝化提供碳源,实现进水碳源的有效利用。

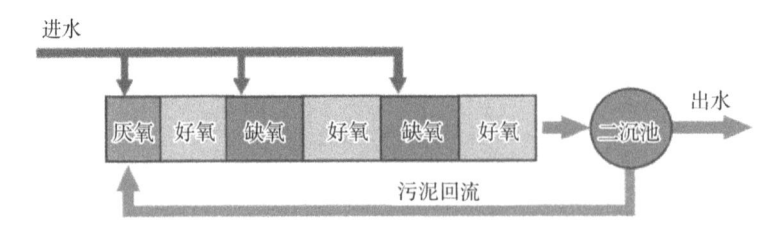

图 3-10　多级 AO 工艺[159]

多级 A/O 工艺由于 A/O 功能区的交替,有利于增强活性污泥的活性,提高反应池中的污泥浓度,增大生化池容积负荷。因此,所需的池容小于传统 A^2/O 工艺和 Bardenpho 工艺。一般情况下多级 A/O 工艺能比传统 A^2/O 工艺节省10%~20%的生化池容积,大大降低建设成本。研究表明,在进水碳源充足的条件下,通过优化多级 A/O 工艺的进水分配,TN 去除率能够达到95%,远高于传统 A^2/O 工艺的理论去除率。同时,多级 A/O 工艺对进水碳源利用率较高,能有效应对进水 BOD 与 TKN 比值低的情况。根据王秋慧等[161]的研究,在实际工程应用中,A/O 容积比为 0.6 左右时污染物去除效果最佳,在进水 BOD 与 TKN 比值>3 的情况下,出水 TN 也能达到一级 A 标准,去除率达到85%以上。对于进水 BOD 与 TKN 比值更低的情况,还能够通过调整进水分配比、投放碳源或悬浮填料等方式实现 TN 的进一步去除。因此,多级 A/O 工艺是现代污水厂应对进水 BOD 与 TKN 比值低的优选工艺方案。

从理论上分析,多级 A/O 工艺的分段数越多,碳源的利用率就越高,TN 的去除率也越高,但通常超过 4 级后提升效果就会大大减弱,一般采用 3~4 级 A/O 串联。由于多级 A/O 工艺的分配方式较复杂,分区较多,多个缺氧分区溶解氧控制较难稳定实现,不太适用于现有污水厂的提标改造[159]。

3.1.7　总氮深度削减工艺

在污水处理过程中,为了达到更严格的排放标准或回用水质要求,往往会使用一些深度脱氮工艺。这里我们将介绍 MBR 工艺、异养反硝化工艺以及硫自养反硝化工艺。

3.1.7.1　MBR 工艺

膜生物反应器(MBR)是将生物降解作用与膜的高效分离技术结合而成的一种新型高效的污水处理与回用工艺。MBR 工艺一般由膜分离组件和生物反应器 2 部分组成。根据膜组件的设置位置不同分为分置式(a)和一体式(b)2 大类,其工艺组成如图 3-11 所示。

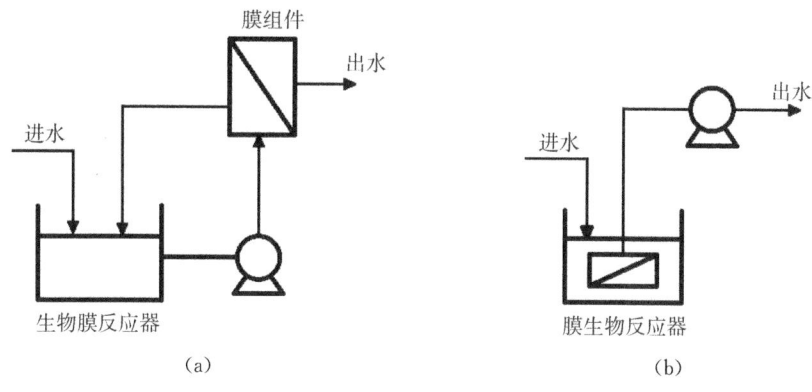

图 3-11 MBR 工艺组成示意图[162]

最先出现的是分置式 MBR,生物反应器内的混合液经工艺泵增压后进入膜组件,在压力作用下混合液中的水透过膜成为处理出水,其余物质被膜截留并随浓缩液回流到反应器内。为了减缓膜污染和减少膜更换、清洗次数,需将混合液用工艺泵以较高的流速(3~6 m/s)压入膜组件,在膜表面形成错流冲刷作用。因此,分置式 MBR 有时也称为错流式 MBR。工艺循环泵的使用导致系统能耗的增加,根据膜孔径的不同,出水的能耗为 2~10(kW·h)/m³。一些研究者指出,在分置式 MBR 系统中,较高的膜面流速产生的高剪切力有助于减小污泥絮体的平均尺寸,从而促进传质过程。然而,也有观点认为,高剪切力可能会破坏活性污泥絮体,导致某些微生物菌种失活,进而影响 MBR 的生物处理效率。总体而言,分置式 MBR 以其运行的稳定性和可靠性、操作管理的简便性,以及膜的清洗更换和增设的便捷性而著称。

一体式 MBR 工艺则是将膜组件直接安装在生物反应器内,通过工艺泵的负压抽吸作用实现膜过滤出水。由于膜组件浸没在反应器的混合液中,这种工艺也被称为浸没式或淹没式 MBR。一体式 MBR 常用的膜组件包括平板膜和中空纤维超滤膜,主要依赖空气和水流的扰动来减缓膜污染。为了有效防止膜污染,有时会在反应器内安装中空轴,通过轴的旋转带动膜组件转动,形成错流过滤。与分置式 MBR 相比,一体式 MBR 在简化工艺和降低运行成本方面具有优势,其出水工艺泵的能耗为 0.2~0.4(kW·h)/m³,仅为分置式 MBR 的十分之一。但在运行稳定性、操作管理以及膜的清洗更换方面,一体式 MBR 不如分置式 MBR。

MBR 最初应用于微生物发酵工业,其在污水处理领域的研究始于 20 世纪 60 年代的美国。进入 21 世纪以来,国内外对 MBR 的研究取得了显著进展,并逐步过渡到中试和生产性应用研究阶段。MBR 技术相较于传统的污水生化处理方法具有显著优势,因此在城市污水处理与回用、中水回用、生活污水处理以及高浓度工业废水处理等领域得到了广泛的应用[162]。

3.1.7.2 异养反硝化工艺

异养反硝化是指在反硝化过程中,异养微生物在缺氧条件下利用有机物质作为电子供体,将硝酸盐(NO_3^-)还原为氮气(N_2)的过程。与自养反硝化不同,异养反硝化使用有机碳源,而不是无机碳源(如二氧化碳)来进行反硝化作用。

反硝化深床滤池是一种基于异养反硝化原理的污水过滤系统,主要用于去除水中的硝酸盐。这种滤池通常设计为包含多层介质,底层介质粒径较大,向上逐渐变细,以提高滤池的截污能力和延长水流路径,从而提高硝酸盐的去除率。反硝化深床滤池的主要功能是过滤水中的悬浮物,发生反硝化反应去除水中的总氮,并通过微絮凝深度去除总磷[163]。

反硝化深床滤池是在生物膜上固定生长的脱氮微生物,在缺氧条件下以 $NO_3^- - N$ 为电子受体,将有机底物作为电子供体,让 $NO_3^- - N$ 经过 $NO_3^- - N \to NO_2^- - N \to NO \to N_2O \to N_2$ 的过程,将污水中的硝化氮还原成氮气释放,从而实现污水中的氮去除。

反硝化深床滤池的池体主要结构由滤料层、承托层、布水布气系统、出水系统和反冲洗排泥系统组成。滤料层是生物滤池的重要组成部分,是反硝化深床滤池工作的核心。作为生物膜的附着场所,滤料层质量直接影响生物膜的脱氮微生物数量,从而影响脱氮的效果。反硝化深床滤池多采用粒径为 2~3 mm 的石英砂与陶粒等硬质无机物。微生物反硝化脱氮需要消耗有机物,是生物脱氮反应的一个重要因素,有机物来源于废水,当废水有机物不足的时候,脱氮微生物的脱氮作用衰弱,需要向污水中加入碳源。常用的碳源物质为乙酸钠、乙酸、甲醇等,可以为脱氮微生物提供足够生长所需的能量。

在实际运行中可以灵活转化反硝化深床滤池的脱氮和过滤功能,在不添加碳源时,滤池的主要作用就是过滤,滤池中的废水含有少量的 BOD 可满足反硝化脱氮微生物的活性,进行反硝化脱氮工作,当氮含量超标时,废水中的 BOD 不能满足反硝化的消耗,就需要添加碳源,使反硝化功能加强,在过滤的同时进一步加强反硝化脱氮。

滤床中的石英砂可以保证悬浮固体的深度截留和微生物的生长环境,随着悬浮固体与氮气在滤池中逐渐累积,须要周期性地冲洗被截留的固体,清除截留的气体,让水流和气流逆向通过水池,使空气带动滤料互相摩擦,以去除杂物。为保障反冲洗过程的顺利进行,一方面滤料的形状需接近圆形,采用球形度 0.8 以上的石英砂;另一方面还要依靠高效的配水配气系统。

3.1.7.3 硫自养反硝化工艺

某些无机化能营养型、光能营养型的硫氧化细菌,例如脱氮硫杆菌(*Thiobacillus Denitrificans*)和脱氮硫微螺菌(*Thiomicrospira Denitrificans*),在缺氧或厌氧条件下,能够利用还原态硫(如 S^{2-}、S^0、SO_3^{2-}、$S_4O_6^{2-}$、$S_2O_3^{2-}$ 等)作为电子供体获取能量。同时,它们以硝酸盐作为电子受体,并将其还原为氮气,从而完成自养反硝化过程。与异养反硝化不同,硫自养反硝化会消耗碱度并产生高浓度的硫酸盐。以下为几种利用硫及还原性硫化物作为能源的反硝化反应化学计量关系式。

$$S^0 + 1.6NO_3^- + 1.6H^+ \longrightarrow 0.8N_2 + SO_4^{2-} + 0.8H_2O$$

$$S_2O_3^{2-} + 1.6NO_3^- + 0.2H_2O \longrightarrow 2SO_4^{2-} + 0.8N_2 + 0.4H^+$$

$$S^0 + 1.2NO_3^- + 0.4H_2O \longrightarrow SO_4^{2-} + 0.6N_2 + 0.8H^+$$

$$FeS_2 + 3NO_3^- + 2H_2O \longrightarrow 2SO_4^{2-} + 1.5N_2 + H^+ + Fe(OH)_3$$

硫-石灰石自养反硝化(SLAD)工艺是一种利用单质硫作为电子供体的处理方法。在此工艺中,石灰石不仅中和了反硝化过程中产生的酸性物质,还为反硝化细菌提供了必要的碳源以合成细胞。研究结果显示[164],在高(300～500 mg/L)或低(<30 mg/L)初始硝酸盐浓度下,均能实现自养反硝化反应,并且随着硫单质和石灰石的增加,$NO_3^- - N$ 的去除率也随之提高。硫与石灰石的最佳体积比为 3∶1,$NO_3^- - N$ 的去除效率还受到 SLAD 工艺系统碱度的影响。由于 SLAD 工艺无需额外碳源,而自养反硝化菌广泛存在于土壤和底泥沉积物中,SLAD 可以作为反硝化深床滤池、人工湿地或氧化塘等异养反硝化工艺的替代方案[165]。在硫与氮的质量比为 3.70 或 6.67 时,会出现 NO_2^- 的瞬时积累现象,这可能与硝酸盐和亚硝酸盐的还原速率不一致有关;而在硫与氮的质量比为 1.16 或 2.24 时,NO_2^- 成为自养反硝化的主要终产物。亚硝酸盐和硫酸盐对硫自养反硝化具有显著的抑制作用[166]。

综上所述,影响硫自养反硝化处理效果的主要因素包括 pH、填料粒径、碱度、硫氮质量比等。鉴于硫自养反硝化会产生硫酸盐,可能导致水体硫酸盐污染,因此该方法应用至敏感水域时需考虑当地的硫酸盐排放标准[167]。

3.1.8 新型生物脱氮处理工艺

3.1.8.1 厌氧氨氧化(Anammox)工艺

厌氧氨氧化技术是一种适合高浓度氨氮废水的总氮削减工艺。厌氧氨氧化脱氮工艺的原理是通过厌氧微生物的作用,将亚硝酸盐作为电子受体,利用氨氮作为电子供体进行氧化,使其最终以氮气形式从污水中释放,该工艺反应涉及的氮代谢途径见图 3-12。

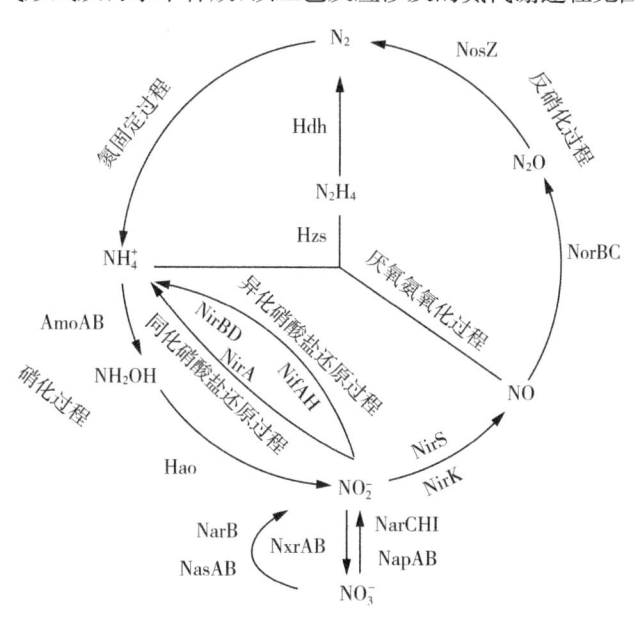

图 3-12 厌氧氨氧化反应中氮代谢途径[149]

该工艺与传统硝化反硝化作用的不同点在于采用亚硝酸盐替换溶解氧作为电子受体,采用氨氮替换有机物作为电子供体[136]。相比传统硝化-反硝化工艺,该过程可降低50%的曝气量、100%的有机碳源以及90%的运行费用,且污泥产率低。以厌氧氨氧化为核心的污水处理技术的研究与开发,有望解决当前污水处理领域所面临的高氨氮废水脱氮难、污水处理能耗高以及污泥产量大等问题。

近年来,学者开发了多种以厌氧氨氧化为主体的污水处理工艺,其中研究和应用最为广泛的为短程硝化-厌氧氨氧化工艺(Sharon-Anammox)、全程自养短程脱氮工艺(CANON)等。

Sharon-Anammox工艺是一种应用广泛的厌氧氨氧化工艺,它主要分为2段,第一段为Sharon段,50%~60%的氨氮被氧化成亚硝态氮,第二段为Anammox段,剩余的氨氮与新生成的亚硝态氮进行厌氧氨氧化反应生成氮气,并生成部分硝态氮,两段反应分别在不同的反应器中完成,过程见图3-13。

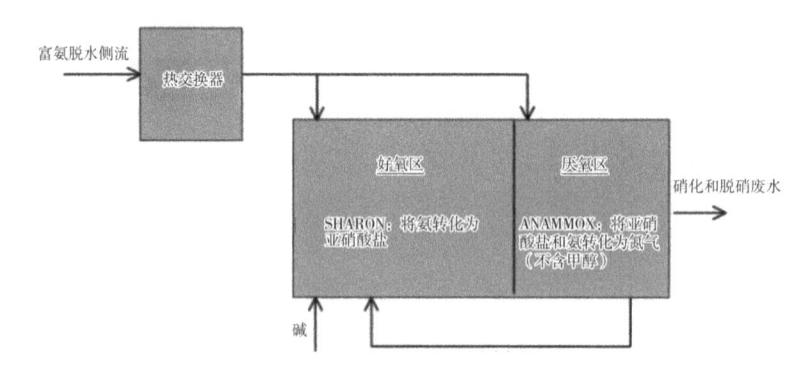

图3-13 Sharon-Anammox工艺流程图[168,169]

Sharon-Anammox工艺,仅需将50%的氨氮转化为亚硝态氮,后续无须外加亚硝氮,且大多数厌氧出水含有以重碳酸盐存在的碱度可以补偿亚硝化所造成的碱度消耗,实现工艺碱度自平衡。同时,工艺一般把亚硝化和厌氧氨氧化菌分置在2个不同反应器内,或者在一个反应器的不同时期设置不同条件,让2类菌分别产生作用,实现了分相处理,为功能菌的生长提供了良好的环境,并且减少了进水中有害物质对厌氧氨氧化菌的抑制效应。Sharon-Anammox工艺操作简单、处理负荷高,在亚硝化段(好氧区)需氧量低,pH要求范围广,厌氧氨氧化段氧化还原电位低,厌氧环境好。相比短程硝化-反硝化工艺,曝气量大大降低,造成亚硝化段所需溶氧量低。低溶解氧的环境下,亚硝酸盐氧化菌(NOB)对氧的亲和力低,适合富集氨氧化菌(AOB)的生长,为亚硝化反应提供了适宜的环境;而且该联合工艺还大大减少了NO和N_2O等温室气体的排放,NO和N_2O仅占氮负荷的0.203%和2.300%。

CANON工艺是指在同一构筑物内,通过控制溶解氧实现亚硝化和厌氧氨氧化,全程由自养菌完成由氨氮至氮气的转化过程。在微好氧环境下,亚硝化细菌将氨氮部分氧化成亚硝氮,创造厌氧氨氧化过程所需的厌氧环境;产生的亚硝氮与部分剩余的氨氮发生厌氧氨氧化反应生成氮气[169]。CANON工艺流程见图3-14。

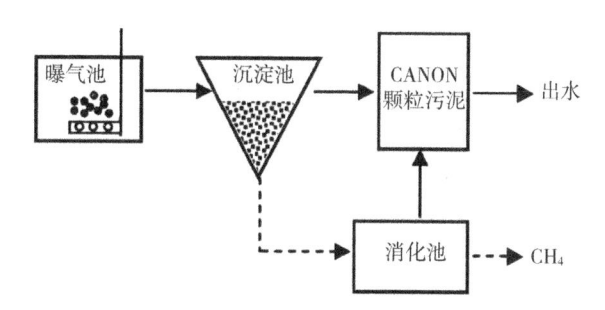

图 3-14　CANON 工艺流程图[169,170]

由于亚硝酸细菌和厌氧氨氧化细菌都是自养型细菌,因此 CANON 反应无须添加外源有机物,全程在无机自养环境下进行。CANON 工艺易受到硝酸菌干扰,与厌氧氨氧化菌竞争底物,因此控制硝酸菌的生长是保证 CANON 工艺稳定运行的条件,一般通过控制氧气或者亚硝酸盐来实现。

3.1.8.2　同步硝化反硝化工艺

传统的研究结果表明硝化反应和反硝化反应所需的环境不同,它们不能在同一个反应系统中共同实现。但随着对两类细菌及脱氮工艺的深入研究,发现在好氧状态下污水中有 30% 的总氮会被去除,这和传统的理论截然不同。进一步的研究发现,在好氧的环境中也存在反硝化的现象,其存在着一种好氧反硝化细菌。

随着同步硝化反硝化理论的出现,在一些污水处理工艺中也发现了类似的现象。目前对该理论的解释有 3 种:①环境理论:在好氧构筑物中,曝气的不均匀使得在环境中局部出现了缺氧、厌氧和好氧的不同状态,因此在工艺运行过程中,会在局部出现适合反硝化反应的条件;②微观环境理论:该理论主要针对颗粒污泥形式的微观环境,在大于 100 μm 的颗粒污泥中,会形成内部缺氧或厌氧的环境,在颗粒外部进行硝化反应,在内部进行反硝化作用,因此可实现同步硝化反硝化;③微生物理论:存在在好氧环境中进行反硝化的细菌,即好氧反硝化菌。在好氧环境中硝化菌和好氧反硝化菌相互协作,实现了同步硝化反硝化[171]。

3.1.8.3　异养硝化-好氧反硝化工艺

传统的生物脱氮包括硝化与反硝化。其中硝化反应是指在好氧条件下由自养菌将 NH_4^+ 先氧化为 NO_2^-,再氧化为 NO_3^- 的过程。而反硝化是把 NO_3^- 或 NO_2^- 转化为 N_2O 或 N_2 的还原过程,主要由兼性异养的反硝化菌在缺氧环境条件下来完成。

异养硝化-好氧反硝化(HNAD)是一种特殊的生物脱氮过程,不同于传统的硝化-反硝化过程。在 HNAD 过程中,异养微生物在有氧条件下可以同时进行硝化(将氨氧化成亚硝酸盐或硝酸盐)和反硝化(将亚硝酸盐或硝酸盐还原为氮气),而无需经历完全的缺氧条件。这种过程能够在好氧环境中利用有机碳源来驱动氮的氧化和还原反应。

异养硝化-好氧反硝化的发现突破了传统的脱氮理论,硝化和反硝化可以在异养和好氧条件下同时发生。与传统脱氮工艺相比,异养硝化-好氧反硝化具有如下优点:①实现了在同一反应器中完成硝化和反硝化作用,很大程度上节省了占地面积和投资成本;②异养硝化-好氧反硝化菌的多样性使其对环境的耐受能力较强,从而扩大了其应用范围;③异养硝化过程对有机碳的需求克服了传统硝化池不耐有机负荷的缺陷[172]。

3.1.8.4 铁自养反硝化脱氮技术

铁自养反硝化脱氮技术是一种环保的污水处理技术,它通过利用铁基材料作为电子供体,促进反硝化过程,将硝酸盐和亚硝酸盐转化为氮气,从而实现污水中氮的去除。这种技术特别适用于碳源缺乏的情况,因为它不需要额外添加有机碳源,从而避免了二次污染的问题。

铁自养反硝化脱氮技术的原理:铁自养反硝化脱氮技术主要依赖于铁基材料(如铁矿、铁硫化物等)在微生物作用下的氧化过程,释放出的电子用于将硝酸盐和亚硝酸盐还原为氮气。这一过程可以在缺氧条件下进行,由自养型微生物如硫杆菌属(*Thiobacillus*)驱动。铁的氧化产物(如 Fe^{2+} 和 Fe^{3+})还可以与水中的磷酸盐反应,形成沉淀,实现同步脱氮和除磷的效果。

影响铁自养反硝化脱氮效率的因素:pH 对铁自养反硝化过程有显著影响,不同的微生物对 pH 的适应范围不同,通常在中性或微碱性条件下,铁自养反硝化过程更高效;温度对微生物的活性有直接影响,一般来说,温度升高,微生物的代谢速率加快,从而提高脱氮效率;Fe/Fe^{2+} 浓度及存在形态对脱氮过程至关重要,铁的可利用性直接影响电子供体的供应;碳源对其也有一定影响,虽然铁自养反硝化脱氮技术不需要额外添加有机碳源,但水中的无机碳(如 CO_2、HCO_3^-)对维持微生物的代谢活动仍然是必要的。

铁自养反硝化脱氮技术的研究进展:铁基自养反硝化技术的发展,特别是铁硫化物的应用,已经显示出其在脱氮除磷方面的潜力。不同的铁硫化物(如磁黄铁矿)在脱氮除磷方面表现出不同的效果,其中低结晶度的单斜磁黄铁矿表现出优异的脱氮除磷活性,氮磷去除率分别为 99.8% 和 96.8%[173]。铁硫化物与微生物反应产物的分析表明,微生物能有效利用磁黄铁矿进行脱氮,磷酸盐主要以 $FePO_4$ 形式被去除。硫自养反硝化脱氮除磷研究进展表明,硫/铁硫化物自养反硝化是一种有效的硝酸盐和磷酸盐去除方法,具有成本低、产泥量少等优点[174]。

铁自养反硝化脱氮技术是一种具有广泛应用前景的污水处理技术。它通过利用铁基材料的氧化过程,实现了污水中氮和磷的有效去除,同时避免了传统生物脱氮过程中碳源添加和二次污染的问题。

3.1.8.5 氢自养反硝化脱氮处理工艺

氢自养反硝化脱氮技术是一种利用氢气作为电子供体,通过自养微生物将硝酸盐和亚硝酸盐还原为氮气的过程。这种技术在处理含硝酸盐废水方面具有显著的优势,尤其是在碳源受限的环境中。以下是关于氢自养反硝化脱氮技术的一些关键点:

技术原理:氢自养反硝化脱氮技术依赖于氢自养微生物,这些微生物能够利用氢气作为电子供体,将硝酸盐和亚硝酸盐还原为氮气(N_2)。这一过程不需要额外有机碳源,因此可以减少运行成本并降低污泥产量[167]。

微生物驯化：研究表明，通过特定的驯化方法，可以筛选出在弱酸性环境下利用无机碳源进行高效脱氮的氢自养微生物。这些微生物能够在环境温度为 20 ℃，pH 为 6.3～7.0 的条件下，以 $NaHCO_3$ 和 CO_2 作为混合无机碳源，实现对硝酸盐的高效脱氮。

反应条件：氢自养反硝化脱氮技术的反应条件对效率有显著影响。例如，pH、温度、氢气和无机碳源的供应都会影响脱氮效果。在适宜的反应条件下，可以实现较高的脱氮速率和氢气利用率。

微生物群落结构：在氢自养反硝化脱氮过程中，微生物群落结构的变化也是影响脱氮效率的重要因素。研究表明，经过驯化的微生物群落中，嗜酸菌属（*Acidovorax*）可能占据主导地位，这表明特定的微生物群落结构对于氢自养反硝化脱氮过程至关重要[175]。

技术挑战：尽管氢自养反硝化脱氮技术具有诸多优势，但也面临一些挑战，如氢气的易燃易爆性和较低的水溶解性。这限制了其在水处理领域的大规模应用。

研究进展：目前，氢自养反硝化脱氮技术的研究进展表明，通过优化反应条件和微生物群落结构，可以提高脱氮效率。此外，结合其他脱氮技术（如硫自养—异养反硝化协同处理）可以弥补单一技术的不足，提高脱氮效果[176]。

总之，氢自养反硝化脱氮技术是一种有前景的废水处理技术，尤其适用于碳源受限的环境。通过进一步的研究和优化，这项技术有望在未来的水处理领域发挥更大的作用。

3.1.9 常用污水总氮处理工艺的比较

部分常用生物处理工艺的比较见表 3-1。

表 3-1 部分污水总氮处理工艺的比较

工艺名称	优点	缺点	适合类型
传统活性污泥法	1. 有机物去除率高 2. 出水水质好	1. 基建和运行费用高 2. 操作复杂 3. 易出现污泥膨胀	小型污水处理厂
氧化沟	1. 工艺流程简单 2. 耐冲击负荷强 3. 出水水质好 4. 运行费用较低 5. 操作简单	1. 易出现污泥膨胀 2. 含油脂较高时，会产生泡沫 3. 会出现污泥上浮现象	一般污水处理厂都适合
A/O A^2/O	1. 节约处理药剂 2. 污泥沉降性能好，无膨胀 3. 节约动力消耗 4. 运行成本低	1. 进水水质影响大 2. 操作要求较高	一般污水处理厂都适合
SBR	1. 运行效果稳定 2. 耐冲击负荷 3. 运行灵活 4. 基建费用较低	1. 自动化程度高 2. 受曝气影响大 3. 运行成本高	污水排放量变化较大的小型污水处理厂
生物膜法	1. 不易发生污泥膨胀 2. 对水质适应性强 3. 污泥沉降性能好 4. 无须额外供氧	1. 载体成本较高 2. 运行的灵活性差 3. 对温度要求高	适用于水质水量变化大、土地紧缺的场景

续表

工艺名称	优点	缺点	适合类型
厌氧氨氧化	1. 节省能源 2. 减少污泥产生 3. 高效率 4. 环境友好	1. 启动周期长 2. 对操作条件敏感 3. 控制难度大	1. 高浓度氨氮废水处理 2. 市政污水侧流处理
异养反硝化	1. 脱氮负荷高 2. 抗冲击负荷强 3. 操作简单	1. 须要外加碳源 2. 运行成本较高 3. 出水 COD 易超标	污水处理厂深度处理
硫自养反硝化	1. 无须外加碳源 2. 污泥产量低 3. 运行成本低 4. 反冲洗频率低	1. 一次性投资费用高 2. 可能产生硫化氢 3. 可能导致出水硫酸盐升高	低碳氮比废水深度处理

3.2 农业面源污染氮负荷削减策略

随着经济的发展,点源污染逐渐受到重视和得到治理,而面源污染在环境污染中所占的比例越来越大,已成为世界范围内地表水和地下水污染的主要来源。全球 30%～50% 的地表水受到面源污染的影响,加强面源污染的治理不仅关系到新时代乡村振兴,也关系到经济的发展和人居环境的改善[177]。

面源污染,即非点源污染,是相对于排污点集中、排污途径明确的点源污染而言的。农业面源污染主要包括农用化学品污染(化肥、农药等)、集约化养殖场污染、农村生活污水污染等方面。对于中国绝大多数流域,如太湖、滇池流域等,农田径流、畜禽场径流以及城乡结合部污水排放和垃圾堆放是造成面源污染的主要原因[178]。我国主要污染物排放量中,农业生产(含禽畜养殖业、水产养殖业与种植业)排放的 COD、N、P 等主要污染物的量已远超过工业与生活源,成为污染源之首,其中 COD 排放量占总量的 46% 以上,N、P 占 50% 以上。在农业生产过程中,种植业的农药、化肥、地膜等农用物资的不合理和过量使用,使得在降水或灌溉过程中,污染物通过农田地表径流、农田排水和地下渗透进入附近水体,引起水体污染[178,179]。农业面源污染正在成为水体污染、湖泊富营养化的主要原因,已严重影响到我国的水环境质量、生态环境健康,制约了我国经济社会的可持续发展。对农业面源污染的控制不仅成为水污染治理的重中之重,也是现代农业和社会可持续发展的重大课题[180]。

3.2.1 生态净化技术

3.2.1.1 生态净化技术研究现状

当前,我国农田退水面源氮磷污染尚未得到有效治理,生态净化技术是解决此类污染的代表措施之一。

人工湿地模仿自然湿地,其脱氮的机理包括植物和其他生物的吸收、氨化作用、硝化作用、反硝化作用、氨的挥发作用、铵根离子的阳离子交换作用等。人工湿地对磷的去除机理包括基质吸附、植物吸收和微生物去除,而磷最终从系统中去除依赖于湿地植物的收割和饱和基质的更换。如今,关于人工湿地的研究主要集中于降低堵塞风险、去除新污染物、提升污染物去除率和优化系统设计等几方面。堵塞问题与高污染负荷进水有关,会大幅降低湿地的使用寿命。新污染物去除是近年来环境领域的研究热点,关于人工湿地在该领域的研究集中于不同设计条件对新污染物去除效果及微生物群落结构的影响。研究表明[181],在停留时间不低于100 h时,人工湿地可使杀虫剂、农药浓度至少降低50%,并可有效处理挥发性有机化合物,去除率达61%;对人工湿地系统各部分的扩展效率评估结果显示,通过根际降解和植物吸收去除的苯占76%～83%。相对于传统的脱氮除磷技术,当前研究热点更关注可高强度、高速率脱氮的新型脱氮技术开发,以及通过多种基质级配组合或采用新型填料等形式强化人工湿地。

3.2.1.2 生态净化技术体系建立及其应用

(1) 单一生态净化技术

生态净化技术指模拟自然生态系统处理污水的技术,通常根据工程特征进行命名,但并没有对其进行系统分类。本节结合农村面源污染治理的"4R"理论以及湿地的分类及其在流域中的应用情况,将农田退水生态净化技术分为人工湿地、近自然湿地、自然湿地3类,并构建梯级净化技术体系,具体分类情况见图3-15。

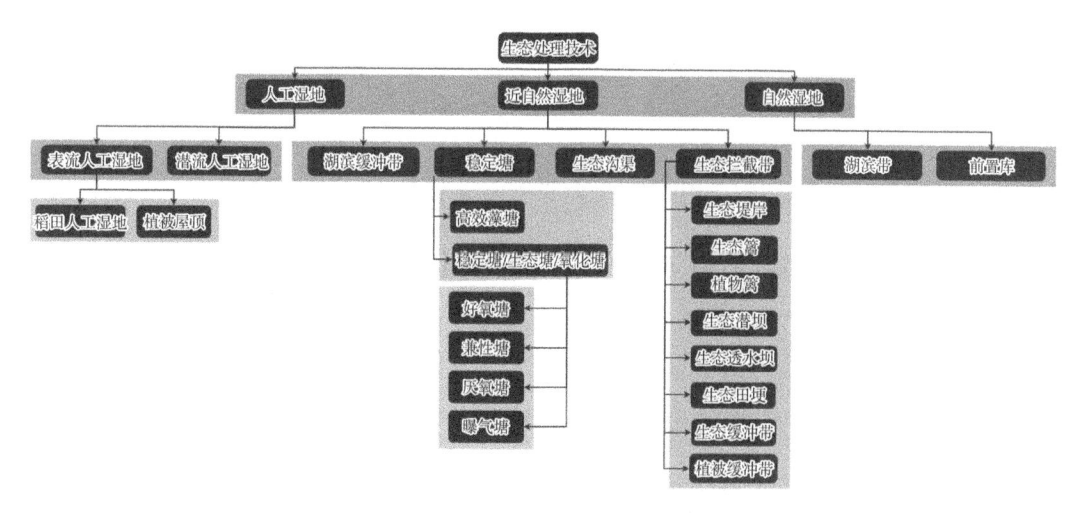

图3-15 面源污染生态净化技术归类[182]

陈月等[183]在白洋淀建立了淀中村和淀边村水体生态净化湿地缓冲带示范工程,处理规模达100 m³/d,出水符合地表水环境Ⅳ类标准,为净化入淀水体提供技术支撑。邵丹[184]研究了生态安全缓冲区对宿迁泗洪城北污水处理厂尾水的净化作用,该项目实际处理水量约4.2万t/d,出水水质达地表水Ⅳ类标准,COD、NH$_3$-N、TP的去除率分别为23.8%、81.6%、61.2%。

(2) 生态净化工艺联用技术

对于复杂的面源污染来源和日益严格的环境质量标准,单一工艺的去污效率很难达到要求。工艺联用可扬长避短,对复杂污染适应性更强。杨盛赟等[185]通过构建调节池+

生物滤池＋潜流人工湿地＋生态净化塘组合工艺处理广西桂林地区农村生活污水,该装置对 COD、TN、NH$_3$-N 和 TP 平均去除率分别为 87.57%、72.18%、80.98% 和 74.54%。邬亚君等[186]以北京市安南湿地为研究对象,采用前置塘＋复合潜流湿地＋表流湿地的生态组合系统净化污水厂尾水,出水 NH$_3$-N、TP 和 COD 可达地表水Ⅲ类标准。蒋倩文等[187]以典型农业小流域为研究对象,建立组合生态湿地工程和多级人工湿地工程,其对农村分散式生活与畜禽养殖混合废水 TN 和 TP 的去除率均在 80% 以上,对氮磷污染物的总拦截量为 5 292 kg/a 和 1 054 kg/a,占研究区农业面源 TN 和 TP 排放总量的 35.3% 和 43.6%。

针对农田退水时空分布分散的特点,提出了处理工艺联用体系(图 3-16)。采用多屏障生态拦截技术,主要处理思路为:生态沟渠和生态田埂作为田间首道拦截工程,处于水陆交错地带的生态缓冲带作为进入自然水体前的最后拦截工程[182]。

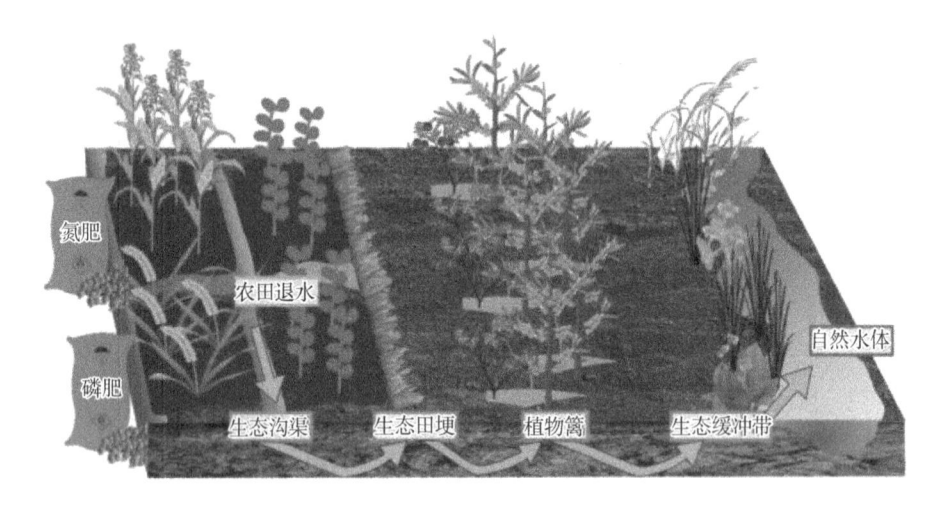

图 3-16 面源污染生态净化工艺联用技术

3.2.2 生活垃圾、农作物秸秆和畜禽养殖废弃物处理技术

生活垃圾、农作物秸秆、畜禽养殖废弃物等是我国农村主要的固体废弃物,实现农村固体废弃物的资源化是当前农村生态环境建设的重要内容。

3.2.2.1 生活垃圾处理技术

由于生活垃圾来源和成分复杂,目前的主要处理方式以"村收集—镇转运—县(市)集中处理"为主,大部分被集中填埋或焚烧,少部分与农作物秸秆、畜禽养殖废弃物等进行堆肥化处理。高温堆肥过程中如何减少 N 的损失是高温堆肥要解决的关键技术。目前,生活垃圾处理技术主要包括填埋、焚烧、堆肥和热解气化等方法。

填埋技术:填埋是将垃圾填埋在有防渗设施、渗滤液收集装置和气体排出装置的场地中。这种方法成本较低、操作简便,但存在占地面积大、可能造成地下水和大气污染的问题。

焚烧技术：焚烧技术通过高温氧化过程对垃圾进行减容，适用于处理含水率低、热值高的垃圾。焚烧法可以减少垃圾体积，释放的热量可用于发电或供暖，但需要控制二噁英等有害物质的生成。

堆肥技术：堆肥技术是利用微生物分解垃圾中的有机质，将其转化为有机肥料。这种方法适用于处理有机物含量高的垃圾，但处理效率相对较低，且需要对垃圾进行预处理。

热解气化技术：热解气化技术是在缺氧或无氧条件下加热垃圾，使其分解为液态焦油、固态生物炭和可燃性气体。这种方法操作简便、二次污染小，且热解残渣少，但技术要求较高[188]。

近年来，随着对环境保护要求的提高，生活垃圾处理技术也在不断发展和创新。例如，城市固废垃圾热解气化制氢技术作为一种新兴的处理方法，不仅可以实现垃圾的减量化和无害化，还可以通过制氢过程实现资源的回收利用，具有减碳、降碳和经济性方面的优势。此外，一些地区已经开始探索和实施垃圾分类制度，通过源头治理提高垃圾处理的效率，减少环境污染[189]。

3.2.2.2　农作物秸秆处理技术

农作物秸秆是农村主要的固体废弃物，目前其资源化率还比较低，部分地区农作物秸秆的焚烧已导致严重的生态环境问题，尤其在我国的东部地区。目前，农作物秸秆的处理以还田为主，包括部分还田或全量还田。随着作物收获机械的改进，秸秆全量还田已成为主要还田方式。此外，秸秆资源化技术仍在不断发展。

秸秆肥料化利用：秸秆富含有机质和多种营养元素，通过还田可以提高土壤的有机质含量和改善土壤结构。主要技术包括秸秆犁耕深翻还田技术、旋耕混埋还田技术、免耕覆盖还田技术、田间快速腐熟技术、生物反应堆技术、堆沤还田技术和炭基肥生产技术。然而，秸秆直接还田存在成本较高的问题，且对农作物的病虫害问题很难进行有效控制，影响粮食产量，且受到农时限制。

秸秆饲料化利用：通过物理、化学、生物处理方法，如青贮、压块、膨化等，将秸秆转化为家畜饲料。处理后的秸秆饲料营养损失少，饲料转化率高，适口性好。但对贮藏条件要求较高，氨化后对部分家畜慎用，人工成本高。

秸秆燃料化利用：秸秆可以通过炭化、热解气化等技术转化为燃料，如秸秆沼气技术、秸秆纤维素乙醇生产技术等。秸秆作为燃料使用，可以减少对森林植被的破坏，并且具有点火容易、燃烧效率高、烟气污染易于控制等优点。但燃料化过程中燃烧排放须配置除尘设备和尾气净化装置，对供暖对象的分散度、秸秆含水率有要求。

秸秆基料化利用：秸秆可以用于食用菌栽培或制备栽培基质与容器，提高经济效益，保护林木资源。但需要避免菌棒和菌种发霉变质，在保存和接种菌棒时严格要求处于无菌环境下，且对秸秆存放环境有较高要求。

秸秆原料化利用：秸秆可以用于生产人造板材、复合材料、清洁制浆等，有效保护林木资源，提升全产业链的附加值。但对秸秆含水量和原料标准要求较高，制浆过程中制浆废液的回收处理存在隐患[190]。

秸秆堆肥技术：秸秆通过堆肥发酵生产有机肥是秸秆资源高效利用的有效途径。在堆肥中添加高效微生物降解菌剂能加速秸秆腐熟的过程,使复杂的有机物在短时间内降解为植物可利用的简单化合物[191]。

秸秆的处理与利用技术多种多样,不同技术受到特定的适用场景和限制。选择合适的技术需要考虑当地的资源禀赋、经济条件、环境要求等因素。同时,秸秆的综合利用也面临着一些挑战,如市场主体缺乏、收运贮成本高、技术经济性和集成性问题突出等[190]。

3.2.2.3 畜禽养殖废弃物处理技术

畜禽养殖废弃物是农业面源污染的主要来源,已经成为经济发达地区或水环境敏感地区优先控制的污染源。在中国的传统农业中,畜禽粪便是优质的农家肥,不仅能提供农作物生长所需的养分,也能改善土壤物理化学性质,是中国农业数千年持续发展的重要物质基础。畜禽粪便资源化的主要途径是将其农肥化,固体部分经发酵后生产优质有机肥,再进行还田以实现循环利用。液体部分目前主要处理方式包括厌氧发酵生产沼气、直接进入污水处理工程进行净化或与农村的固体废弃物如秸秆、生活垃圾等进行联合发酵。其中沼液的安全处置是当前急需要解决的关键问题[180]。将禽畜粪便分为产前、产中、产后3个方面进行细致的归纳和梳理,产前源头合理有效进行畜禽家畜饲料化并优化配比,促使畜禽家畜生长健康减少和控制污染物排放;产中进行畜禽废弃物资源的控制管理,并推进相应分级技术处理和分类化管理;产后进行畜禽粪便的资源化合理利用,推动生物有机肥生产以及转化能源方向研究,充分合理利用废弃物资源。具体分别介绍如下。

产前无害化处理技术:饲料化处理技术是一种理想的方法,用于控制和治理可能对畜禽家畜造成危害的物质,如重金属、不可分解有机物和病原体。这项技术通过改变饲料的自然形态、消毒和灭菌来消除致病菌和有害微生物,确保饲料安全并达到卫生标准。常规技术包括使用机械装备进行批量高压处理、干燥、热气烘流和机械搅拌。这些方法有助于提高饲料的营养价值,促进家畜生长,并减少病原体和农药残留[192]。青贮饲料的常用处理方法包括混合密闭发酵技术,这种方法可以在杀灭微生物的同时保持饲料的营养成分和水分,增加蛋白质含量和稳定性,适用于畜禽养殖。对于其他非常规家畜饲料,可以通过化学药剂喷洒和消毒处理,如使用氯化钠、氢氧化钠和醋酸等化学试剂来消杀微生物和病虫害,以便及时利用。这些技术都是产前无害化处理的有效方法。

产中无害化处理技术:肥料化利用技术主要针对畜禽粪便处理,研究如何有效将畜禽粪便等废弃物变废为宝并充分合理有效利用。畜禽粪便含有丰富的以氮、磷、钾为主、其他微量元素为辅的多种营养物质,包含供农作物吸收和利用的必需营养元素,主要是以肥料化利用为主。具体常规的技术方法包括自然堆肥发酵还田技术,比较适合于规模化、集中化处理;生物发酵处理技术,此种技术方法是学术界研究热点之一,也是国家提出化肥减施增效技术推广农业生产有机肥的途径[193]。

产后无害化处理技术:能源化利用技术主要是针对畜禽粪便采取技术利用创新模式,既要改变常规的使用用途和方法,又要有效地进行科学合理的再生途径探讨,目前学术界研究比较成熟的无害化处理技术方法包括生态燃料焚烧技术、人工沼气技术以及高附加值能源技术[194]。

3.2.3 农业化学品减量化技术

3.2.3.1 化肥减量化技术

我国是世界上化肥施用量最多的国家,肥料的平均利用率仅约 30%,大多数养分通过径流、渗漏和挥发等途径损失。这不仅浪费了资源,而且加剧了水体富营养化。因此,根据不同地区的实际情况研究减量施肥技术具有重大的意义[180]。目前主要的化肥减量技术有以下几种:氮肥替代技术、氮、磷高效利用技术、坡耕地面源污染阻控技术以及基于养分回用-替代化肥的农业面源污染氮负荷削减技术。

(1) 新型、绿色肥料替代常规化肥

化肥长期大量施用带来农田生态环境氮磷养分过剩问题。目前,我国 54 种作物种植过程中氮磷盈余分别达 138~421 kg/hm² 和 19~118 kg/hm²,尤其是土壤有效磷含量较 1980 年提升了约 2.34 倍[187,195,196]。新型环保功能肥料,尤其是近年来发展起来的绿色智能肥料[196]产品有效地减少了氮、磷等化学肥料的用量,提高了作物对肥料养分的利用率,进而降低了氮、磷等养分的环境损失量。如郑州大学采用硫酸脲直接分解磷矿制备脲基复合肥,省去生产磷酸铵和过磷酸钙的中间过程,生产出以低浓度磷为主的复合肥产品,整个生产过程无磷石膏和"三废"排放,且产品还含有活性的钙、镁、硫、可溶性 SiO_2 以及多种微量营养元素,在减少农田土壤磷累积的同时,实现了对磷矿养分资源的全量利用[197]。

释和控释肥料因其可根据作物吸收养分的规律调整养分供应,做到养分供应与作物吸收同步,同时基本实现一次性施肥满足作物整个生长期的需要,具有节时省工、损失少、作物回收率高、环境友好等特点,长期受到行业关注[198]。据统计,目前我国释和控释肥总产能达到 820 万 t/a。随着农业机械化程度提升及科学施肥技术进步,预计 2021—2025 年释和控释肥产量还将以 5% 的速度增长[199]。近年来,针对传统释和控释肥料包膜材料——石油基聚氨酯,开发成本更低廉、来源更广泛、无毒性、可生物降解的生物基膜材料及其制备[200-203]和改性方法[204-206]成为研究热点,由于环境友好性及其低成本等因素,植物油基聚氨酯的研究逐渐增多,尤以蓖麻油基聚氨酯和大豆油基聚氨酯应用最为广泛,具有减少氨挥发、氮淋溶,提高氮素利用效率等作用[207-210]。

(2) 氮、磷高效利用技术

提高作物对养分的吸收量,减少肥料养分的剩余量,是降低面源污染负荷的重要途径。早期推广的测土配方施肥技术极大地提升了肥料施用的精准性,减少了肥料养分的浪费,但是其所需的长期定位试验建立的参数,土壤测试需要的仪器设备以及预处理,不仅限制了这些技术的应用,也存在一定的滞后性。随着卫星遥感、无人机、人工智能技术的发展,出现了基于土壤地力和水稻生长实时信息的精准按需施肥技术、稻田氮磷一次深施技术以及菜田水肥一体化智能控制技术等,实现了肥料的减量增效,尤其是降低了粮食作物生产过程的面源污染风险。郎春玲等[211]研制了单片机控制的深施型液体肥变量施用系统,基于处方图对电磁比例调节阀开度进行调节,室内试验的施肥精度大于 95%,施肥最小误差每次为 0.2 mL。华南农业大学设计了一种机电式流量调节阀,与已研制的气力引射式施肥器集成构建液体肥变量施用调节系统,液体肥质量流率的可调节范围为

2.36~6.75 g/s,具有更强的抗干扰能力、更快的响应性和更高的鲁棒性,进而实现水稻近根部微流量液体肥精准施用[212]。

(3) 坡耕地面源污染阻控技术

坡耕地面源污染阻控技术适用于不同区域环境条件坡耕地面源污染,有效地降低了以径流为主的氮、磷养分流失,如新造耕地土壤氮、磷增容提质改良技术,东北"小坡度、长坡面"坡耕地优化施肥、秸秆覆盖还田、秸秆粉碎覆盖还田固土减蚀等水土流失阻控技术,中南丘陵旱地氮磷减量、有机肥替代与生物炭利用、生物拦截与稻草覆盖等氮磷径流削减污染防控技术,西南山地坡耕地聚土免耕、微地形改造、养分管理、生态沟渠净化等污染防控技术。研究表明,生态沟渠拦截对农田径流中氮、磷的去除率分别达48.1%和40.2%[213]。治沟造地工程能够在"源头"和"过程"对新造耕地及坡耕地等典型区域氮、磷面源污染物进行双重阻截。治沟造地工程中所采用的联级生态拦截坝对黄土高原小流域区水体中总氮、总磷、硝氮和氨氮总削减率分别可达44.3%、94.8%、91.2%和46.9%[214,215]。

(4) 基于养分回用-替代化肥的农业面源污染氮负荷削减技术

农业面源氮污染物从形态上可以分为固态和液态,其中固态主要包括秸秆、畜禽粪便等,液态主要包括生活污水及其尾水、畜禽和水产养殖废水、沼气工程产生的沼液以及农田尾水等。秸秆和畜禽粪便等固态污染物可以直接回田,或者通过堆肥等技术手段转换成有机肥后回用到农田,相关技术比较成熟而且研究较多。面源污水由于量大面广而相对较难治理,为此,本节重点介绍面源污水中氮的农田回用-化肥替代的技术途径。

首先是面源污水农田灌溉回用技术。农业面源污水如农田尾水、生活污水、工程尾水等,其除了氮磷养分略高于农田灌溉水质标准外,其余指标均满足农田灌溉水质标准。因此,可以通过农田灌溉直接对这部分污水中的氮进行回用。这样不仅能避免直接排放对水体的污染,还能减少农田化肥氮投入,而且污水中富含的其他养分如磷、有机物等也能促进养分的吸收转化,从而提高土壤肥力,保证作物产量。对于干旱地区,还能有效节约水资源。污水农田灌溉历史悠久,且被广泛应用于世界各地,所涉及的农作物有水稻、玉米、棉花、甜菜、温室作物及蔬菜等。稻田作为一种特殊的人工湿地,生育期内蓄水层的存在使其不仅能够大量消纳净化周围的河道水体,还能消纳利用生活污水尾水、养殖废水、沼液中的氮、磷达到减少化肥投入的作用。研究表明[216],正常灌溉下,太湖流域每公顷稻田一季可消纳面源污水 5 000 t 左右,可利用污水中的氮 100~130 kg,减少化肥投入 40%~50%,并保证水稻高产和环境安全。通过在稻田内部设计沟渠将其改造成沟灌渗滤式稻田湿地,连续进水并保证水力停留时间在 5~7 d,就能保证出水总氮浓度稳定在 2 mg/L 以下,达到地表水 V 类水标准,而且对外源污水的消纳处理能力大幅加强,水稻旺盛生长期的日处理水量可达 160~200 $m^3 \cdot hm^{-2}$。稻田在我国广泛分布,太湖流域耕地中近 80% 均为稻田,因此利用稻田来消纳净化面源污水的潜力巨大。由于面源污水量大,而农田灌溉水需求有限且具有阶段性,对水质有一定的要求,因此要削减面源污水中的氮,仍须寻求其他的技术途径。

其次是面源污水的水生植物回收-有机肥还田替代技术。对于那些不能直接农田回用的面源污水,可因地制宜建设一些水生植物净化塘,利用水生植物的养分高效吸收功能,对面源污水中的氮磷等养分进行吸收富集。这些水生植物收割处理后可加工成有机肥回用到农田,从而使得面源污水中的氮磷养分得到资源化再利用。目前利用水生植物净化污水的技术已比较成熟并逐步走向工程化应用。

最后是面源污水中氮的环境材料吸附净化-回收还田技术。利用对铵离子具有强选择性吸附的环境材料去除面源污水中的氨氮,是一种快速、高效、操作简便、没有二次污染、可回收且成本较低的方法。目前应用较多的吸附剂有黏土类(沸石、硅藻土、高岭土、凹凸棒土、膨润土等)、废渣类(粉煤灰、煤矸石、花生壳、甘蔗渣)、炭类(活性炭、生物炭)等类型。其中利用农业废弃物如稻麦秸秆、花生壳、甘蔗渣等制成的吸附剂用于污水中氨氮的净化已取得了良好进展,且成本低、对环境友好;吸附氨氮后还可作为土壤添加剂施入农田,从而改善土壤结构,提升土壤肥力,提高养分利用效率,实现面源污水中氮从水体向农田的安全有效转移[217]。

3.2.3.2 农药减量化与残留控制技术

在化学农药减量施用方面,当前主要发展趋势是由化学农药防治逐渐转向非化学防治技术或低污染的化学防治技术。近年来,江苏省多家单位联合开展水稻化学农药污染控制技术研究,针对水稻螟虫、灰飞虱、条纹叶枯病与纹枯病等重大病虫害,研究开发了多项无公害关键技术,在水稻核心示范区减少了30%的农药用量。目前的研究仍然存在不足,大多数研究以实验室研究为主,降解机理研究不够深入,中间产物难以检测[218]。技术零散、集成度低、配套性差和推广展示不足等仍然是目前我国集约化农田农药减量化与残留控制技术研发中的突出问题[180]。

3.2.4 污染物质的生态拦截技术

农村面源污染因其排放路径的随机性、排放区域的广泛性以及排放量大面广等特征,即使在实施源头控制后,仍然不可避免地有一部分污染物通过各排放途径转移,对下游水体水质造成很大的影响。因此,实施生态拦截技术,高效阻断污染物输移是农村面源污染治理技术中非常重要的一环。生态拦截沟渠技术在应用时不额外占用土地,能高效拦截氮磷污染物,且能够美化生态景观。人工湿地技术、稻田消纳技术以及前置库技术,也能有效拦截氮磷污染物,在农村面源污染治理实践中得到了一定的应用,但其占地面积大的缺点限制了在我国经济发达地区的推广。以丁型潜坝技术为代表的陆-水交接面污染拦截净化技术在我国农村面源污染物的过程阻断方面开始崭露头角,具有较高的应用潜力。缓冲带、生草覆盖、脱氮沟以及湿地-多级塘等技术也有一定的应用前景。生态拦截技术的应用须结合区域环境特征和地形地貌现状,因地制宜,兼顾生态功能、环境功能和景观功能,在充分利用和改良现有沟渠塘的基础上注重氮磷养分资源的回用,从而提高拦截效率,实现水体生态系统的生态修复。

生态拦截是面源污染过程控制中不可或缺的一环,现有的生态拦截技术在农村面源污染治理中发挥了重要的作用。生态拦截技术的应用要兼顾环境效益和土地经济成本,并结合区域环境特征,因地制宜,探求生态功能、环境功能和景观功能的协调统一。随着我国农村经济水平的提高和建设美丽乡村目标的提出,对农村的生态环境提出了更高的要求。而我国人多地少、土地资源紧张,尤其是面源污染严重的经济发达地区。因此,生态拦截技术的应用,除了政府适当的引导外,技术的经济效益分析不容忽视。同时要结合区域环境特征,因地制宜,在有效利用和改良原有沟渠塘的基础上,贯彻生态功能、环境功能和景观功能三者兼顾的理念,完善生态拦截技术系统与其周围地区的功能互补性,进一步提高拦截效率和拦截材料的循环利用率,尽量避免二次污染的产生。在拦截污染物的同时,实现与水体生态系统生态修复的协调统一,为构建人与自然和谐、经济发展与社会环境相协调的社会主义新农村作出应有的贡献。

为充分发挥农村面源污染控制效果,生态拦截技术须与源头减量技术、养分回用技术等系统整合。农村面源污染治理是一项系统工程,针对单一过程的技术应用产生的效果相对有限,而且面源污染物中的氮磷元素是农业生产中的重要养分资源。因此,在实施污染物的阻断过程中,还须注重养分资源回用,通过氮磷资源的最大化利用而实现污染物的高效去除。同时配合源头减量技术和水生态修复技术,实现各技术单元的无缝对接,以发挥综合作用,从而最大程度地降低面源污染对水体环境的风险,实现水生态系统的修复和农村生态环境的改善,保障农业生产的可持续发展[219]。

3.3 农村生活污水总氮治理技术

我国农村生活污水主要来源于冲厕污水、厨房废水、日常洗涤用水以及畜禽养殖废水等。其水质性质和污染物种类与城市生活污水基本相似,有机物、氮和磷等营养物质含量较高,可生化性好,基本不含重金属及有毒有害物质,具体水质如表3-2所示。由于不同区域农村居民生活习性差异,农村生活污水在不同地区不同时间段,水质水量变化较大,且实际个人用水量远低于城镇居民用水量,尤其是偏远落后的地区。另外,农村污水排放时间较固定,三餐时间为用水高峰期,三餐之间和晚间用水量较低,甚至处于零排放状态[220]。因此,探索研究适合农村生活污水处理的脱氮除磷技术,提高农村生活污水的氮磷去除效果,对于减少氮磷排放、解决水体富营养化问题、改善地表水环境十分必要[221]。

表3-2 我国某村庄生活污水水质[222]

项目	COD/(mg·L^{-1})	NH$_3$-N/(mg·L^{-1})	TP/(mg·L^{-1})	pH
数值	100~400	20~50	2.0~6.0	6.5~8.0

考虑到农村生活污水的处理特点,以及排放规律,结合农村经济、技术等方面,适合农村生活污水处理的技术工艺包括生物处理、生态处理和复合处理技术等。各种常见农村生活污水处理技术的特点见表3-3。

表3-3 农村生活污水处理技术比较[223]

技术名称	设计原理	优点	缺点
生物膜污水处理技术	利用稳定的生物膜去除污水中的污染物,常见的生物膜技术有生物滤池、生物转盘和生物接触氧化	生物膜结构稳定,耐冲击能力强;污泥产量少,不会出现污泥膨胀等问题,运行管理简单;工艺结构简单,施工方便,建设成本较低	由于不设置污泥回流,除磷基本靠微生物同化作用,效果较弱,随着运行时间增长,生物膜会出现老化现象,处理效果降低

续表

技术名称	设计原理	优点	缺点
活性污泥法	利用以菌胶团形式存在的微生物,在外界供给氧气的条件下,降解污水中的污染物,常见的活性污泥法有 A^2/O 工艺、SBR 工艺和氧化沟等	技术开发成熟,工艺的相关参数容易确定;出水水质稳定,对污水中的氮磷和有机物去除效果较好	农村进水不稳定,污泥抗冲击负荷较弱;污泥回流需要通过污泥泵输送,需要的设备较多,建设成本和运行成本较高
人工湿地处理技术	湿地中的植物和微生物形成稳定的生态系统,对污水中的污染物进行吸收和降解,实现污水的净化	施工建设简单,造价和运行费用较低;出水效果较好,运行维护简单,基本无需人员看守;水生植物具有一定的经济和观赏价值,有美化环境的作用	进水负荷低,运行一定时间后会出现堵塞现象;受气温影响较大,冬季处理效果不好
土壤渗滤技术	通过人工强化天然土壤的净化作用,再结合土壤中微生物以及植物的净化作用来共同实现污水净化的目的	以天然土壤为滤料,造价较低,易于施工建造;基本不需要维护,管理方便;运行过程无需耗能设备,运行费用低	进水负荷小,抗冲击负荷能力弱,容易堵塞;占地面积较大,对地形有一定的要求;处理效率较低,设计不当会对地下水造成污染
稳定塘技术	以现存的自然坑塘为基础,进行人工改造,利用池塘中的微生物、藻类等去除污水中的污染物	施工简单,建设方便,施工周期短,基建费用低;运行过程几乎无需动力设备,能耗低,运行费用低	占地面积大,处理周期较长;进水负荷低,需要一定的预处理设施;受季节影响大,气温较低时处理效果不好;易产生臭气,滋生蚊蝇

3.3.1 生物处理技术

生物处理技术对农村生活污水的净化主要依赖于微生物的新陈代谢,该技术占地面积小,产生的污泥少,而且抗冲击负荷能力较强,对水质水量波动较大的农村污水具有较好的处理效果[224]。

3.3.1.1 活性污泥处理技术

活性污泥技术是生物法中应用较为普遍的污水处理方法,是在曝气充氧的条件下,利用培养的活性污泥对污水污染物进行去除,然后通过排泥系统对污泥与水进行分离,大部分污泥回流至前面生化池,活性污泥的处理系统如图 3-17 所示。传统的活性污泥工艺采用配有曝气装置的沉砂池、初沉池、生化池、二沉池,此外,系统设有污泥回流装置等;改进的活性污泥工艺有 A/O、A^2/O、SBR 和氧化沟处理工艺,在传统的活性污泥工艺基础之上提高了污水去除效果,具体工艺可根据实际的污水处理量以及现场场地需要进行选择[222]。

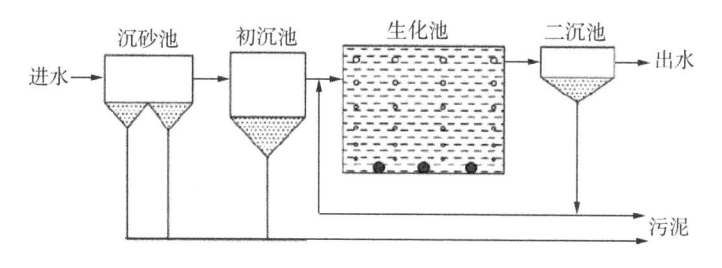

图 3-17 传统活性污泥处理系统[222]

3.3.1.2 生物膜处理技术

除了活性污泥法,生物膜法也是生物法处理污水应用中具有代表性的,采用载体上形成固定的生物膜,通过膜上培养的微生物对污水中污染物进行去除。按照实际操作方法以及生物膜类型差别,可将生物膜工艺进行分类,主要分为生物转盘、生物接触氧化、生物滤池和生物流化床等[222]。

3.3.1.3 膜生物反应器

膜生物反应器(MBR)改进了传统生物处理中的二沉池,改用膜进行泥水分离。这样可以保持较高的污泥浓度,使反应器内的微生物大幅度增殖[225],在提升泥水分离效率的同时保证了反应器生物降解的稳定性。MBR 技术主要由生物降解和膜分离 2 部分组成,前者去除溶解有机物与无机成分[226],后者去除悬浮物,运行过程中反应器的抗冲击负荷能力较强,出水水质较好,可以实现中水回用,是我国目前较为常用的处理农村生活污水的工艺流程之一。工艺流程如图 3-18 所示。

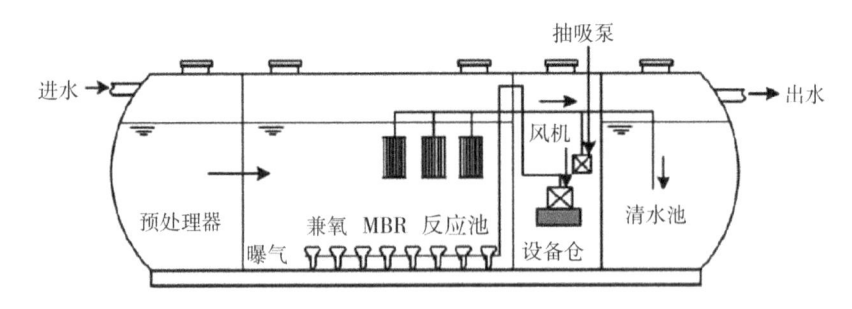

图 3-18 一体化 MBR 工艺流程图[227,228]

郭浩等[227]采用间歇运行的 MBR 处理 COD 浓度为 72~297 mg/L、氨氮质量浓度为 4.55~33.78 mg/L 的农村生活污水,实验期间 MBR 对于 COD、氨氮的平均去除率可以分别维持在 93.1% 和 93.8% 左右,且出水 COD 稳定在 50 mg/L 以下。裴亮等[229]利用一体式 MBR 处理农村生活污水,尽管进水 COD 波动较大,但通过反应器处理后出水 COD 可以保持在 30 mg/L 左右,此外,反应器对污水的氨氮、BOD_5、浊度也具有一定的去除效果。由此可见,MBR 处理进水波动较大的农村生活污水时,工艺对污水中 COD 和氨氮去除率较高且出水稳定。

针对 MBR 单独使用时缺少厌氧环境导致反硝化阶段受限等问题,可以利用其他工艺与 MBR 反应器组合的方式使其发挥各自的优势,实现良好出水效果的同时保证工艺的稳定性[228]。

3.3.2 生态处理技术

生态处理技术主要包括人工湿地技术、地下土壤渗滤净化技术和稳定塘技术。

3.3.2.1 人工湿地技术

人工湿地技术,是模拟自然湿地生态系统,采取人工培育、监督、管控的方式构建农村生活污水处理系统。人工湿地技术与沼泽地的地面相似,采用模拟自然生态系统环境下的物理、化学、生物等多种协作处理机制,共同处理农村生活污水,达到净化水质效果。人工湿地生态系统建成后运行维护简便、能耗和运维费低,且具有很好的抗冲击性,处理农村生活污水效果稳定、水质好。但其受气候、温度等影响较大,且占地面积大[230]。人工湿地适用于低浓度的污水处理,在实际应用中多与其他工艺组合使用,目前厌氧+人工湿地[231]、MBR+人工湿地[232]、氧化塘+人工湿地[233]、A²/O+人工湿地[234]等组合工艺在农村生活污水处理中都有应用[220]。人工湿地处理系统如图 3-19 所示。

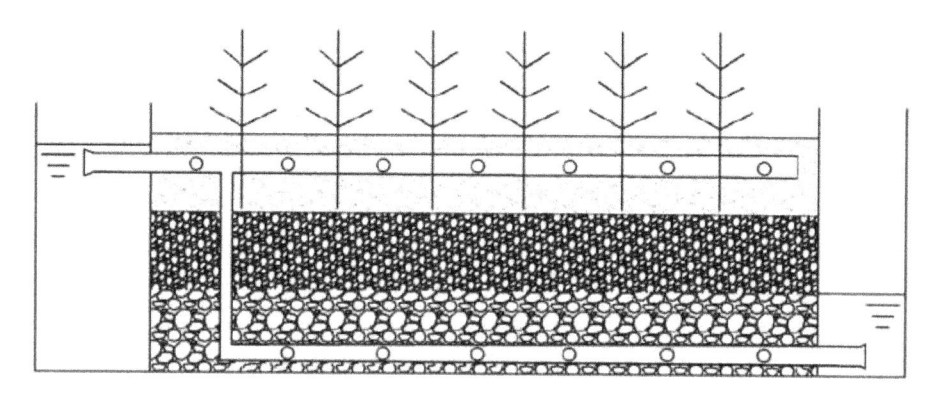

图 3-19 人工湿地处理系统[230]

3.3.2.2 地下土壤渗滤净化技术

地下土壤渗滤净化技术,就是利用自然土壤-植被系统生物、化学、物理等吸附、固化作用,达到去除农村生活污水中污染物的效果,可以将农村生活污水中的复杂有机物变成简单有机物,且可以重复利用,达到处理污水效果,有效防止农村生活污水因食物链、地下水污染而影响健康。地下水渗滤系统在农村生活污水氮磷去除方面处理效果好,出水水质稳定、优良,污水处理达标后可重复回用,不会影响农村地面景观,具有良好的经济、环保效果。但该技术要求地下渗滤系统散水温度要在10℃以上,埋深要达到1.5 m。

3.3.2.3 稳定塘技术

稳定塘技术又叫生物塘技术或氧化塘技术,是对利用天然净化能力对污水进行处理的构筑物的总称。稳定塘技术处理农村生活污水,是利用微生物与塘中藻类共生,从而实现农村生活水质提升,达到净化水质的效果。稳定塘技术处理农村生活污水管理简便、投资少,能耗低,且很少产生污泥。但水源地或农村人口聚居多的区域不宜选用该技术。其处理系统如图 3-20 所示[230]。

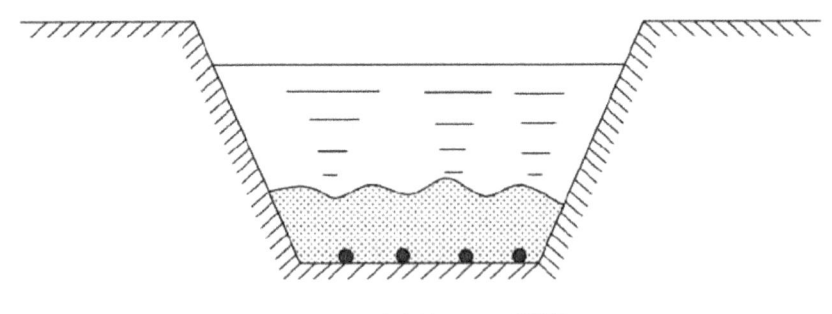

图 3-20　稳定塘处理系统[230]

3.3.3　复合处理技术

复合处理技术即将生物处理技术和生态处理技术组合起来,前置生物处理利用微生物能够将有机物和部分营养物质有效去除,后续部分生态处理则是进一步的脱磷除氮,优势互补,进一步提高出水水质,保证出水水质的稳定。复合处理技术有一定的局限性,须对当地的经济条件和土地资源等条件进行综合考虑。

人工湿地的众多优点使其在实际工程中应用最普遍,因此生物生态组合技术主要分为生物+人工湿地组合技术和生物+其他生态组合技术。

3.3.3.1　厌氧-人工湿地组合工艺

厌氧-人工湿地组合工艺是一种常见的生物生态复合处理技术。在这种技术中,污水首先通过厌氧消化过程,然后在人工湿地中进一步处理。人工湿地利用土壤、植物和微生物的物理、化学、生物三重协同作用对污水进行处理。这种技术具有环境和景观效果好、运行和管理费用低、维护简便等优点[235]。

农村污水通过收集进入厌氧-人工湿地污水处理系统,先通过格栅撇去大块漂浮物,污水自流进入厌氧池进行水解酸化,然后在厌氧池末端通过水泵将污水提升至人工湿地表面进行布水。污水被均匀分布在湿地表面。在重力作用下,污水在湿地填料中向下渗透,最后被湿地底部集水系统收集,排放至厌氧-人工湿地处理系统外部。

厌氧-人工湿地污水处理系统中厌氧部分主要起水解酸化作用,将污水中结构复杂的不溶性或溶解性高分子有机物水解和酸化,转化为低分子的有机物。这些有机物将在人工湿地中被进一步降解处理。

人工湿地是通过模拟自然湿地的结构和功能,将低污染水投配到由填料(含土壤、集配粒料)与水生植物、动物、微生物构成的生态系统中,通过物理、化学和生物等协同作用改善水质的水处理工艺。人工湿地根据填料和处理水在湿地中的位置关系,可分为表面流人工湿地和潜流型人工湿地,其中潜流型人工湿地根据水在湿地填料中的走向,分为水平潜流型人工湿地和垂直潜流型人工湿地。

在农村生活污水应用研究中,厌氧-人工湿地组合工艺处理后排放100%能满足浙江省地方标准《农村生活污水集中处理设施水污染物排放要求(DB 33/973—2021)》中二级标准,且在53个案例中COD_{Cr}、氨氮、总磷、总氮4项指标达到 DB 33/973—2021 中一级标准要求的比率分别为 98.1%、92.5%、98.1% 和 73.6%,表明厌氧-人工湿地组合工艺适合应用于农村生活污水处理[236]。

3.3.3.2 生物转盘-人工湿地组合工艺

生物转盘-人工湿地组合工艺是一种将 2 种污水处理技术优势互补的集成方法。生物转盘主要通过盘片上的生物膜来降解有机物,而人工湿地则利用植物、微生物以及基质的物理、化学和生物作用来进一步净化水质。这种组合工艺具有以下特点:

(1) 高效率的污染物去除:生物转盘能有效去除污水中的有机物,而人工湿地则通过植物吸收、微生物代谢和基质吸附等多重作用,进一步去除营养盐和悬浮物,实现更彻底的水质净化。

(2) 低能耗和运行成本:生物转盘和人工湿地作为自然处理方式,通常无需额外的机械搅拌或曝气设备,因此能耗较低,长期运行成本也相对较低。

(3) 环境友好:该组合工艺不仅能有效处理污水,还能营造良好的生态环境,为野生动植物提供栖息地,具有显著的生态效益。

(4) 适应性强:适用于多种类型的污水,包括生活污水、农业废水和某些工业废水,展现出较强的适应性和灵活性。

(5) 抗冲击负荷能力:生物转盘和人工湿地均具备一定的抗冲击负荷能力,能够应对污水水质和水量的波动。

(6) 易于管理和维护:生物转盘和人工湿地的操作相对简单,维护工作量较小,便于管理和维护。

(7) 低温环境的适应性:在低温环境下,通过内部组分优化(如植物选择、基质选配、微生物驯化)和外部资源配置(如曝气、保温、工艺组合和运行调控),组合工艺,提高处理效率,实现全年稳定运行。

(8) 资源化利用:生物转盘上脱落的生物膜和人工湿地中收割的植物可以作为有机肥料或生物质能源使用,实现资源的循环利用。

这种组合工艺在处理农村生活污水、城市排污,以及循环水养殖系统等方面都有应用实例,展现出良好的处理效果和广阔的应用前景[237]。

3.3.3.3 其他组合工艺

李金中等[238]采用"沉砂拦污池+固定微生物滤池+太阳能增氧池+人工湿地"生物-生态耦合工艺处理农村生活污水。作为一个高效低耗的链式生物生态净化系统,它的净化效果和耐冲击负荷能力很高,COD 去除率为 84.53%~96.74%,TN 去除率为 90.08%~98.68%。

施畅等[239]开发了"无动力升流式厌氧滤池+潜流式人工湿地"生物-生态耦合工艺,去污效果好,COD、NH_3-N、TN、TP 的去除率分别为 85.55%、88.48%、80.08%、92.11%,运行、投资费用低,操作简单,无动力消耗。

匡武等[240]开发"跌水充氧接触氧化+人工湿地"组合工艺用于安徽某农村地区污水的处理,COD、BOD_5、SS、NH_3-N、TP 和 TN 平均去除率分别为 87.0%、94.8%、

94.0%、87.7%、92.0%和87.6%。系统抗冲击负荷能力强,运行管理方便,动力消耗低,可为以山地、丘陵为主的农村地区处理生活污水提供借鉴。

李强等[241]提出"生物接触氧化+高水力负荷人工湿地"组合工艺模型处理农村生活污水,在相同占地面积下,池床深度与水力负荷能够有效提高,停留时间有所延长,从而提高了处理效果。COD、BOD_5、SS、NH_3-N、TN、TP 的去除率高达 89.39%、97.82%、88.65%、92.85%、84.18%、95.02%。

AAO-MBR 工艺[222]为生物+生物组合技术。A^2/O-MBR 工艺是将 A^2/O 与 MBR 工艺进行联用,进一步提高脱氮除磷的效果,利用 MBR 膜池代替 A^2/O 工艺中的二沉池,形成同时存在厌氧池、缺氧池、好氧池与膜生物反应器的组合工艺。具体工艺:先采用 A^2/O 单元进行脱氮除磷,再利用膜生物反应器内曝气条件下膜表面形成的生物膜对污水污染物进行进一步去除,并通过膜的孔径对水中悬浮物进行截留,处理系统如图 3-21 所示。与原 A^2/O 工艺相比,A^2/O-MBR 工艺提高了污水中难降解有机物、氨氮以及悬浮物的去除效果,具有占地面积小、出水水质好的特点。

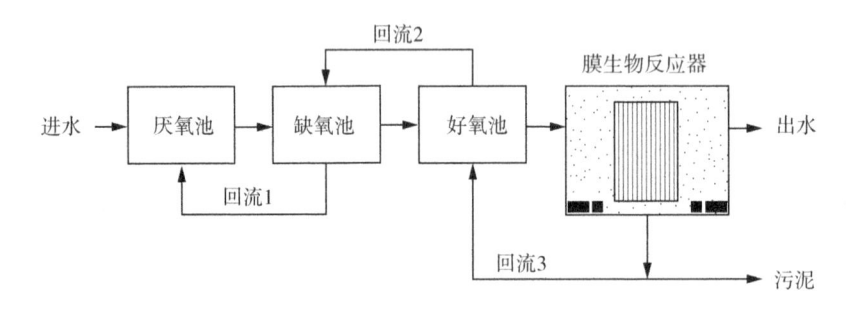

图 3-21 AAO-MBR 处理系统

起初由于 AAO-MBR 工艺需要动力系统,操作管理水平要求较高,其应用相对较少。近年来,随着环保技术的不断发展,以及国家对污水厂提标改造的要求,AAO-MBR 工艺应用逐渐增多[222]。

3.4 水产养殖尾水总氮削减技术

我国是全球水产养殖规模最大的国家,总产量占世界的 60% 以上,养殖总产量超过捕捞的数量。近年来,水产养殖产业不断发展,养殖尾水污染严重,在水产养殖中出现的尾水问题逐渐得到大家的关注。不少专家学者针对尾水处理技术进行了大量的实验,开发出多种尾水处理技术,来有效促进水体净化。但综合当前的水产养殖现状,尾水处理方面仍存在较多问题,需要不断促进技术更新,完善尾水处理技术体系[242]。

水产养殖尾水中的主要污染物有氨氮、亚硝酸盐、有机污染物、磷以及生物残体等。研究证实,在养殖过程中,以饲料方式进入到养殖水体的磷、氮只有 1/4~1/2 能被养殖动物吸收利用,其余部分则溶解于水中[243]。养殖品种、饲料种类、投饲方式和管理水平等均会影响水产养殖尾水水质状况。不适当的投喂会造成养殖水体中污染物严重超标,养殖尾水如得不到及时、有效的处理,排放后会污染周边的水域环境,引发一系列鱼类疾病和生态环境问题。此外,为预防疾病或降低管理难度,一些养殖户在养殖过程中使用大量的抗生素、抗菌素等药物,也会急剧地破坏水产养殖的水域环境,降低养殖水域中有益微生物群落的比例[244,245]。残留的药物还可能诱导细菌产生抗药性,从而威胁人体健康[246]。这不但会限制水产养殖业的快速发展,还可能导致附近水域生态系统的失衡[247]。

3.4.1 物理处理技术

3.4.1.1 机械过滤技术

该技术主要利用过滤设备的筛网结构与机械动力,实现对水体中杂质、污染物的有效滤除,继而达到处理养殖尾水、改善鱼虾生存环境的效果,还能去除水体中的部分氨氮。在实践中,由于塘库水体中含有较多微小的颗粒有机物,常规过滤设备的滤网很难发挥作用。所以,相关人员还需要使用孔径较小的微滤设备,对一次过滤后的水体进行再处理。通常来讲,在机械过滤技术的二次应用下,水中80%以上的杂质有机物可得到清理,具有较高的实用价值。但需要注意的是,机械过滤技术对设备要求较高,因此所需成本投入较高。同时,机械过滤设备的作用范围存在较大限制,且操作流程相对繁杂,不适用于大规模、分散化的水产养殖工作[248]。

3.4.1.2 泡沫分离技术

泡沫分离技术是一种新型的物理尾水处理技术,主要利用吸附的原理对尾水进行净化处理,也能有效降低总氮含量。通过向含有活性物质的液体中鼓入气泡,将活性物质聚集在气泡上,再将气泡和液体分离达到水产养殖尾水处理的目的。因为循环水海水养殖系统中更易产生泡沫,因此泡沫分离技术适宜应用于海水养殖中,在淡水养殖中,要保证有机物的浓度才能更好地应用[242]。

3.4.2 化学处理技术

化学方法虽具有快捷高效的特点,但也可能会影响鱼类和水生动植物的生存及生长。养殖尾水常见的化学处理技术有臭氧氧化法、絮凝技术、电化学处理法等。

臭氧作为氧化性最强的氧化剂之一,可氧化大部分有机物和无机物并产生氧气,具有高效的清洁作用。臭氧处理能有效抑制循环水养殖病原菌的产生,降解氨氮、亚硝酸盐、有机废物含量等。

絮凝是指用有机或无机化学试剂将水体中小颗粒物及胶体等絮凝,聚集形成大的絮凝体,使其沉淀的方法。一般加入相反电性的铝盐、铁盐等絮凝剂减少离子之间的排斥作用,促进离子凝聚下沉,达到去除水体中悬浮物的目的。

电化学处理法又被称为电解法,是利用两块正负电极在电流作用下,产生如次氯酸、次氯酸根离子等强氧化剂,去除水体中氨氮、亚硝酸盐等有害物质。电化学对多种污染物的去除效率与电流密度大小呈正相关[249]。

3.4.3 生物生态处理技术

生物生态处理技术可分为生物过滤和模拟天然环境2大类。其中,生物过滤是借助生物(包括植物、动物、微生物)的特性来吸收、转移、降解养殖尾水中的氨氮、亚硝酸盐、有机物等污染物;模拟天然环境主要是通过建造人工湿地等设施,利用物理、化学和生物等途径有效去除水体中的氮、磷、有机物等污染物。生物处理技术具有生态性和再生性,综合处理能力较好,不会产生二次污染。但该技术相对复杂,在实际应用中受到一定限制。

3.4.3.1 生物膜处理法

生物膜处理法发展于20世纪60年代,原理是利用微生物附着在一些固体物表层,繁殖增生而形成生物膜,生物膜利用这些生物群落来吸附、降解养殖尾水中的有机污染物。生物膜处理水产养殖尾水具备适应冲击能力强、生物量丰富、操作简单、管理方便、剩余污泥产量少等优点。其中,生物滤池抗冲击性较强,不会产生污泥膨胀,养殖尾水净化后较稳定,是最常见的生物膜法处理技术之一。

3.4.3.2 活性污泥法

活性污泥法是一种好氧生物处理法,常见形式包括循环式活性污泥法和序批式活性污泥法。该方法的原理是向污水中连续注入空气,与各种微生物充分混合、搅拌并曝气,经一定时间后形成污泥状絮状物,再通过活性污泥上微生物群落的吸附、氧化、絮凝除去污水中的污染物。活性污泥法在养殖尾水处理中有显著的效果。

3.4.3.3 生态处理法

生态处理法包括人工湿地、生态浮床、生态沟渠、水生植物等。该方法主要是利用植物根部的吸收能力来去除养殖尾水中的营养物质,既能保持生态平衡,又能净化水质。人工湿地系统主要由土壤、人工介质、植物、微生物等组成,并通过物理、化学、生物的三重协同作用,起到污水净化作用。生态浮床技术具有操作简单、成本低等特点,但由于水体表面被遮挡,常常导致水体中的溶解氧降低,因此需要适当增加养殖水体的溶解氧。鱼菜共生系统是目前广泛被养殖户采用的生态浮床技术之一,能明显降低水体的浑浊度,增加水体溶解氧含量,平衡和稳定池塘水环境。单一结构的生态浮床对水体的净化能力有限,因此可以通过向浮床中引入细菌或加入人工填料,增强对污染物的去除能力。生态渠沟是在排水沟渠中引入植物、动物、生物填料等,将其构建成具有自身独特结构并发挥相应生态功能的沟渠系统。水生植物能够降低水体中氮、磷的浓度,减少水体富营养化,净化水质。研究表明,在亚热带气候条件下,水生植物对水体中氮、磷的吸收效果较好[247]。

3.4.3.4 "三池两坝"尾水处理技术

传统水产养殖过程中杀菌消毒容易破坏有益微生物群落结构,滥用渔药导致水产品质量安全问题时有发生,尾水排放可能增加周围水域的生态环境压力。因此,使用微生物修复、微生物活化增效、水生动植物调控等技术,通过修复生物链构建水生态系统的"三池两坝"尾水治理系统受到广泛关注[250]。

"三池"即沉淀池、曝气池、生态净化池;"两坝"即2个过滤坝。该模式采用"生态沟渠→沉淀池→溢流坝→曝气池→潜流坝→生态净化池"的工艺流程,尾水处理设施总面积通常为养殖总面积的6%~10%;原则上要求养殖用水循环使用,对于特殊情况需要排出养殖场的尾水水质应符合《淡水池塘养殖水排放要求》(SC/T 9101—2007)[251]。

"三池两坝"处理工艺[250]:养殖尾水经沉淀池流经溢流坝至曝气池,再经曝气池流向潜流坝入生态净化池,后经生态净化池流回养殖池塘或达标排放(图3-22)。沉淀池面积不小于尾水处理设施总面积的40%,曝气池面积占尾水处理设施总面积的5%~10%,生态净化池面积应占尾水处理设施总面积的50%[252]。

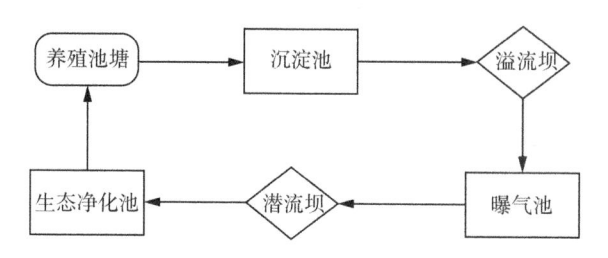

图 3-22 "三池两坝"尾水处理系统

为达到更好的尾水处理效果,充分利用水体空间,提升处理系统经济效益,沉淀池和生态净化池内应适当栽种对氮、磷吸收能力强且生长旺盛、经济价值高、景观效果好、易于处置利用的水生植物。可在生态净化池放养能滤食水体中有机碎屑、浮游植物、浮游动物的鲢鳙,以及摄食食物残渣、水生植物叶片的螺蛳。需要注意的是,沉淀池内不宜放养水生动物、不宜曝气,避免搅动水体影响沉淀效果[250]。

经过"三池两坝"立体生态处理系统的处理,可以降低养殖尾水中氮元素和磷元素的浓度,实现尾水的循环和利用;如果不进行利用,也可以选择将尾水处理达标以后进行排放[253]。在"三池两坝"尾水处理模式中,不但不会对池塘的养殖功能产生影响,还可以进一步推动池塘养殖的发展[254]。

以上几种尾水处理技术各有优缺点,详见表3-4。

表 3-4 水产养殖尾水处理技术比较[255]

技术	优点	缺点	主要采用方法
物理处理技术	能快速有效地去除悬浮物和部分生化需氧量(COD、BOD)	对可溶性有机物、无机物及总氮、总磷等的去除效果不佳	机械过滤法、泡沫分离法
化学处理技术	去除凝絮、微小的悬浮胶粒等污染物,达到去除重金属、消毒、硬水软化、pH调节等作用	水中的有益菌也被杀死,易对环境造成二次污染	臭氧处理法
"三池两坝"尾水处理技术	1. 净化水质:通过沉淀、曝气和生态净化等步骤,有效去除水中的悬浮物、有机物和营养盐,改善水质; 2. 生态友好:利用自然生态系统的自净能力,减少化学药品的使用,对环境友好; 3. 操作简便:与传统的污水处理方法相比,"三池两坝"尾水处理技术操作简单,易于维护	1. 占地面积大:需要较大的土地面积来构建池塘和坝体,这在土地资源紧张的地区可能是一个问题; 2. 管理复杂:需要定期清理沉淀池和过滤坝,防止堵塞和蓝藻滋生,增加了管理的复杂性; 3. 受季节影响:在水温较低的季节,微生物活性降低,处理效率可能会下降	沉淀池、曝气池、生态净化池和2个过滤坝

3.5 尾水湿地总氮深度削减技术

城市污水厂尾水具有排放量大且集中、氮磷含量高、碳氮比(C/N)较低等特点。随着城市社会经济的发展，污水中的污染物含量和种类也不断增加，即使尾水经过再处理，水质可达到城市污水排放的一级 A 标准，但较于地表水环境质量标准，仍属于劣 V 类水或 V 类水。若直接将污水厂尾水排放入自然水体，尾水仍属于污染源。因此，对污水厂尾水进行深度净化非常重要。

目前主要的尾水深度处理技术有磁混凝、双膜法、电化学法、反硝化滤池、膜生物反应器、生物砂滤池、人工湿地等。其中，人工湿地作为生态处理工艺，较其他尾水深度处理技术，其运行工艺简单、投资少、后期维护管理方便等优势更适于城市污水厂尾水深度处理[256]。

尾水湿地指处理尾水或同时处理尾水和地表混合水的人工湿地。人工湿地是人工建造并加以监督控制的生态系统，是一种典型的生态处理技术。它通过植物根系的阻截作用、土壤和植物的物理吸附与吸收作用、微生物的生长代谢来吸收污水中的有机物、氮、磷等污染物质[257]。

我国尾水湿地的应用发展迅速，尤其是近年受国家和各省市发布的相关总氮提标政策的影响，尾水湿地数量呈爆发式增长。我国尾水湿地主要是由 1 种以上类型的人工湿地组合而成的复合湿地，以垂直潜流为主的尾水湿地对 COD、氨氮、总磷的处理效果均较好且稳定，采用曝气、生物填料等强化措施的预处理系统，能大幅削减进入主体湿地的 COD、氨氮污染负荷。为提高尾水湿地的处理效果，将其他强化脱氮除磷技术与人工湿地耦合联用已成为近年来的研究热点，多种强化净化技术已成功用于尾水湿地工程[258]。

3.5.1 尾水水质特点

尾水专指经过污水处理厂二级处理后的出水。此类尾水的特点大致可以归纳如下：

(1) 水质虽可以达到《城镇污水处理厂污染物排放标准》(GB 18918—2002)或更为严格的污水排放地方标准的相关要求，但仍可能劣于《地表水环境质量标准》(GB 3838—2002)中的 V 类标准，大量尾水的直接排放会对受纳水体环境造成诸如富营养化等污染问题。

(2) 污水中的有机污染物和氮磷，经过二级工艺处理后虽被大量削减，但尾水中的有机物主要为难降解物质且氮磷物质的含量依旧不低，导致尾水的水质可生化性差且碳氮比(C/N)低，尾水通过常规的污水处理方式已很难得到进一步净化。

(3) 由于我国用水量大，各地的气候环境及污水处理厂使用的工艺通常有着较大差异，尾水通常会具有排放量大且水质波动较大的特点。

目前，尾水人工湿地技术相关研究主要集中在基质改良、微生物强化、水生植物选配、结构优化、与电化学技术联用等方面，有力地推动了尾水人工湿地技术的快速发展和工程化应用[259]。

3.5.2 工艺类型

对处理规模为 1 万 m^3/d 及以上的尾水湿地工艺类型进行统计分析，结果见图 3-23。

我国尾水湿地主要由1种以上类型的湿地组合而成,其中水平流+表流/塘系统占比最大,达31%,其次为垂直流+水平流/表流/塘系统,占比27%,由表流/塘系统以及潜流(具体类型未知)组成的尾水湿地各占12%。

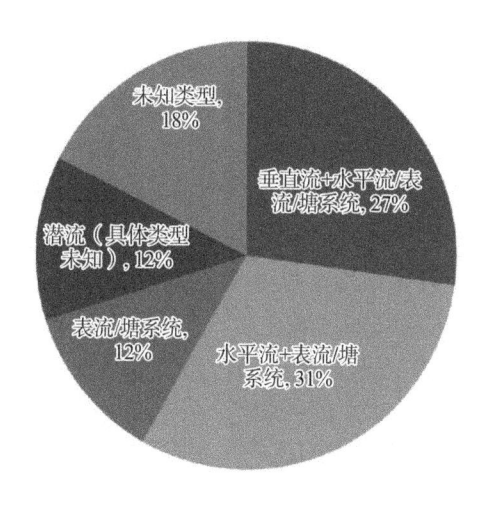

图3-23 我国不同类型尾水湿地所占比例[258]

华北、东北地区以潜流湿地为主,占比达90%,其中,以垂直潜流湿地为主导的分别占20%和50%,以水平潜流湿地为主导的分别占70%和40%;华东地区是尾水湿地数量最多的地区,其尾水湿地的类型分布相对均匀,以垂直流、水平潜流、表流为主导的湿地分别占19%、31%、18%;华中、华南、西南地区以垂直流为主导的湿地占比较高,分别达42%、53%、50%;西北地区以垂直流、水平潜流、表流为主导的湿地分别占16%、32%、8%。

尾水湿地类型的选择受处理效率、可利用土地、气候、经济等多种因素的影响。研究表明[260],由1种以上类型的湿地组合而成的复合湿地,因其能够提供不同的氧化还原条件,可弥补单一类型湿地对特定污染物去除能力不足的问题,其对COD、氮、磷等污染指标的去除效果优于单一类型的湿地。因此,我国尾水湿地多采用这种处理效果相对较好的复合湿地[258]。

3.5.2.1 自由表面流人工湿地处理系统

自由表面流人工湿地处理系统一般是浅水盆地,表面有水,表层水一般是有氧的,而较深的水和基质通常是厌氧的,因此,该处理系统的水深通常小于0.4 m,其水力负荷介于0.7和5.0 cm/d之间,处理过程通过植被与水中相关生物膜之间的复杂相互作用发生。与天然沼泽一样,该处理系统具有广泛的生物学特性,可有效通过微生物降解去除有机物,并通过过滤和沉淀去除悬浮固体,总悬浮固体、化学需氧量、生化需氧量和病原体的去除效率可以达到70%以上,氮的去除效率通常为40%~50%,去除效率与多种因素相关,包括入水浓度、氮的化学形式、水温、季节、溶解氧浓度等。该处理系统对磷的去除是可持续的,但速度相对较慢,去除率一般在40%~90%。

3.5.2.2 地下水流人工湿地处理系统

地下水流人工湿地处理系统一般通过可渗透介质(如沙子、砾石或碎石)设计为水平或垂直地下流[261]。水平地下流是目前最常见的系统设计,但垂直地下流系统正变得越来越流行。因为在垂直地下流处理系统中,废水水平流过颗粒介质,通过分配系统流经整个表面区域并垂直穿过介质,并与地下的好氧、缺氧和厌氧区域网络接触,好氧区一般位于植物根茎及周围,可将氧气引入基质。该系统水深通常小于0.6 m,水力负荷一般为2~20 cm/d。水平地下流处理系统和垂直地下流处理系统的BOD_5去除效率分别为75.10%和89.29%,COD的去除效率分别为66.02%和64.41%。相比之下,垂直地下流处理系统在降低BOD_5方面的性能比水平地下流处理系统更好,因为前者是间歇加载的,且具有不饱和流,使得更多的氧气可转移到过滤介质[262]。一般来说,水平地下流处理系统可以为反硝化提供良好的条件,但该系统硝化氨的能力通常是有限的,而垂直地下流处理系统可去除氨氮,但该系统又几乎不会发生反硝化作用。

有研究比较了种植香蒲的自由表面流人工湿地处理系统、水平地下流处理系统和垂直地下流处理系统,结果显示自由表面流人工湿地处理系统的处理效率最低,COD、NH_3-N、TN、TP去除率分别为16.5%、22.8%、19.8%和35.1%;水平地下流处理系统对四种参数的去除率分别为39.6%、32.0%、52.1%、65.7%;垂直地下流处理系统则分别为40.4%、45.9%、51.6%、64.3%。最终研究者使用自由表面流人工湿地处理系统和垂直地下流处理系统复合而成的处理系统种植香蒲和沼生水葱来改善江苏省新沂河被污染的水质。检测数据显示,在不同的水力负荷(0.2~1.3 g/m²·d)下,垂直地下流处理系统表现出更高的COD(77.38%)和NH_3-N(96.9%)去除率,而自由表面流人工湿地处理系统的COD和NH_3-N去除率分别为61.1%和85.5%[263]。

3.5.2.3 复合人工湿地处理系统

由于无法同时提供好氧和厌氧条件,单级人工湿地处理系统无法实现高总氮去除率,因此,可通过组合不同类型的人工湿地处理系统来发挥各自的优势。由于单级系统可能难以处理大量废水,因此可将多个不同类型单级系统串联形成混合系统。目前,大多数混合系统由分阶段排列的水平地下流处理系统和垂直地下流处理系统组成。垂直地下流处理系统旨在去除有机物和悬浮固体并提供硝化作用,而反硝化作用、有机物和悬浮固体的进一步去除可在水平地下流处理系统中进行(图3-24)。统计数据显示,发展中国家的混合处理系统主要用于亚洲。在调查的15个混合系统中,11个用于处理市政污水,而其他混合系统设计用于处理各种类型的废水,包括湖水、医院废水、实验室废水和上流式厌氧污泥床反应器流出物。在这11个混合系统中,TSS、BOD_5、COD、NH_4-N去除效果很好,分别为93.82%、84.06%、85.65%和80.11%;TP、NO_3^--N、TN去除效果较好,分别为54.75%、63.58%和66.88%,其中TP、NO_3-N和TN的去除效率因系统配置、水力负荷和植物种类会显示出较大差异[264]。

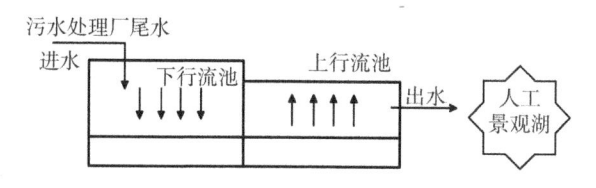

图 3-24　复合垂直流人工湿地处理流程[265]

3.5.3　基质

湿地基质、植物和微生物是人工湿地的3大基本要素,对污染物的转化与去除具有重要作用。基质的沉淀和吸附作用是磷素最主要的去除途径,贡献率高达70%～87%。基质既可通过吸附作用直接去除氨氮,也可通过改变植物根际环境来影响氮素的转化和去除。

基质可分为3大类:①天然材料:包括矿物、岩石、土壤和海洋沉积物,如白云石、石灰石、硅酸钙盐矿、沸石、页岩等,这些材料既可直接使用,也可经过预处理(如碾磨、热处理等)以提高吸附性能;②工业副产品:主要来自钢铁、采矿和发电3大行业,如高炉矿渣、电弧炉钢渣、炉渣等,可有效提高废物的综合利用效率;③人造产品:主要是指轻质聚合体。

基质在人工湿地结构中占有最大体积,是人工湿地区别于自然湿地的重要特征。国内外有关基质的研究主要集中在不同基质对有机物、氮和磷等污染物的净化效果及其去除机理。不同基质各有优缺点,如沸石的氨氮去除效果较好,砾石、钢渣、煤灰渣等的除磷效果较为显著。为了充分发挥各类基质优势,人工湿地往往由多种基质组成,在有效去除各种污染物的同时,还可有效避免堵塞,延长运行周期。

3.5.4　固相碳源

固相碳源被广泛用于污水处理中的反硝化过程,因为它们可以作为微生物生长的载体,并且能够稳定地释放碳源,为反硝化微生物提供电子。在尾水湿地中使用固相碳源的优势包括以下几点。

提供电子供体:固相碳源可以作为反硝化过程的电子供体,为反硝化细菌提供能量,促进其将硝酸盐(NO_3^-)和亚硝酸盐(NO_2^-)转化为氮气(N_2),从而去除水中的氮。

生物膜载体:固相碳源材料通常具有多孔结构,可以作为微生物的附着点,促进生物膜的形成。这增加了微生物与污染物的接触面积,提高了污染物的去除效率。

稳定性和持久性:与液相碳源相比,固相碳源释放碳的速度较慢,可以提供更稳定的碳源供应,减少因碳源过量或不足导致的处理效率波动。

环境友好:使用天然材料(如农业废弃物、植物纤维等)作为固相碳源,不仅可再生,而且对环境的影响较小,是一种可持续的处理方法。

适应性强:固相碳源可以适应不同的水质条件,包括水质波动较大的情况,这对于尾水湿地系统尤为重要,因为它们的进水水质可能会因季节或天气变化而变化。

3.5.4.1 固相碳源的种类及应用

可生物降解聚合物在使用期内释碳性能优越,废弃后在自然界中可迅速降解,因此可被用作异养反硝化碳源,其优势并不在于其来源或结构单元,而是其自身强大的生物降解性[266]。可生物降解聚合物在污水中会缓慢溶解并释放出易于被微生物降解的有机物;随着在水中停留时间的延长,聚合物的表面附着一层生物膜[267],微生物停留附着在聚合物表面形成生物膜,其存在可以控制碳源流失的速度,达到缓释的目的,并且生物膜表面的微生物可以降解聚合物释放的有机物,这些特性可以弥补传统外加碳源不好控制用量及容易产生二次污染的弊端。

天然含碳材料中纤维素含量较高,也被称为纤维素类碳源,以常见的农业废物和植物纤维物质为主。这类物质没有生物毒性,可利用性好,且表面疏松多孔,是良好的缓释材料和生物膜载体。王玥等[268]用多种农业废物作为外加碳源,从释碳性能、释氮性能、浸出液可生化性、脱氮效果、表面性状及生物附着性能等方面进行碳源的选择,进行释碳和静态反硝化实验,发现在6种试验材料中,玉米芯、花生壳、稻壳释碳性能较好,其中玉米芯浸出液的可生化性最好,被微生物利用程度也最高,最适合作为外加碳源材料。Liang等[269]选择秸秆和木屑作为研究对象,同时投放至农村污水处理器内进行反硝化,发现2种材料都可以作为碳源实现系统较高的氮去除率,秸秆的脱氮能力显著高于木屑。但是,天然纤维素这类物质的缺点也很明显,在前期会大量释碳,使反硝化的可持续性不够;同时疏松的表面使其对外界条件变化敏感,时间长会出现堵塞、出水浊度高的问题。

人工合成可生物降解聚合物和天然纤维素物质是目前广泛使用的2大固相碳源,但因可生物降解聚合物释放物生物利用性不高且价格昂贵、天然纤维素物质初期释碳量高但释放周期短等问题在实际污水处理工艺中应用受到限制。为克服这2种物质的弊端,已有很多研究提出将性能互补的材料混合,提高固相碳源的性能并降低成本。

已有研究显示,混合碳源的特性是决定反硝化速率的主要因素[270],而通常情况下,混合固相碳源的特性受材料的混合种类、混合比例、制备方法等方面的影响。Jiang等[271]使用淀粉和PCL作为碳源和生物膜载体,结果显示,淀粉-PCL结构可以更快地吸附和降解污染物,尤其是处理低C/N比时,可获得较高的反硝化率,混合碳源使反硝化细菌(*Acidovorax*)和水解黄杆菌(*Flavobacterium*)成为生物膜在属水平上最主要的功能细菌。

3.5.4.2 固相碳源反硝化原理

固相碳源能够在反硝化中广泛应用,一方面是由于固相材料补充碳源缓慢,周期稳定性强;另一方面,固相碳源还可作为反硝化生物膜载体,提升系统微生物的总量、丰度。固相碳源为反硝化过程提供电子及微生物生长载体的过程被称为固相碳源反硝化[272]。

固相碳源先是被酶解为小分子有机化合物,再被反硝化菌利用。反硝化菌利用和消耗电子来完成一系列催化反应,主要是将NO_3^-依次转换为NO_2^-、一氧化二氮(N_2O),最后转化为N_2[273]。反硝化过程中的电子生成、运输和利用的过程推动了这些生物还原反应的发生。反应过程中,微生物在碳源表面形成生物膜,减少生物量的流失,同时使碳源缓慢释放,延长碳源的使用寿命。

反硝化工艺去除水中硝酸盐需要电子供体及能量支持,主要包括与氧结合的氢源和异养菌所需的碳源,从这一角度来看,微生物反硝化过程是在能源物质的支持下、由电子传递行为推动的一系列还原反应,可将该过程描述为"伴有电子传递磷酸化、NO_3^-依次还原的细菌呼吸过程"。可生物降解聚合物可直接通过生物质(蛋白质、多糖和多乳酸)或石化产品[如 PCL、聚乙醇酸(Polyglycolic acid,PGA)和聚丁烯(Polybutylene,PB)]合成,或通过微生物发酵[聚羟基脂肪酸酯(PHA)和聚羟基丁酸酯(PHB)]合成,它们在反硝化系统中通常被水解或被细菌和真菌中的酶酶解,产生电子[274],电子一般分为两路,一路传递至位于细胞膜内的硝酸还原酶(Nitrate Reductase,NAR),在 NAR 的催化下使 NO_3^- 还原为 NO_2^-;另一路传递给复合物Ⅲ(Complex Ⅲ),经过 Cytb、Fe-S 簇、CytC-1 后将电子传递给 Cytc,电子在 CytC 中得到分配,先传递一个电子给亚硝酸还原酶(Nitritereductase,NIR)催化 NO_2^- 还原为 NO,然后将 2 个电子传给一氧化氮还原酶(Nitric Oxide Reductase,NOR)将 NO 还原为 N_2O,最后将 2 个电子传给一氧化氮合成酶(Nitric Oxide Synthases,NOS)将 N_2O 还原为 N_2,至此完成完整的反硝化电子传递和消耗过程[275]。

3.5.5　水生植物

不同湿地植物在生长速度、污染物的吸收转化能力、泌氧能力等存在显著差异,这导致基质中的微生物种群及数量有所不同,筛选适宜的植物对稳定和提高人工湿地的净化功能具有重要意义。

表面流人工湿地的植被类型较为丰富,包括沉水、浮水、挺水等多种水生植物类型。人工湿地中的植物不仅可以直接吸收、利用污水中可利用态的营养物质,吸附和富集重金属及一些有毒有害物质,而且输送氧气至根区,利于微生物呼吸,其庞大的根系为细菌提供了多样的生境,利于根区细菌群落降解多种污染物等。国内外最常用的湿地植物种类主要有芦苇、香蒲和灯心草,凤眼莲、黑三棱、水葱等植物也比较常用。大量植物应用于表面流人工湿地系统,在不同程度上发挥了脱氮除磷的作用,强化了人工湿地的去除效果[276]。

3.5.6　微生物

人工湿地基质层生物膜性状的好坏直接影响污染物的生化降解效果。构建适宜优势微生物生长的环境,有利于提高微生物的代谢活性,实现对有机物、氮、磷等污染物的高效去除。

通过改变尾水人工湿地基质、植物类型,提高湿地处理效果后,进一步对微生物群落结构、优势菌种等方面的差异进行分析,可解释处理效果提高的内在机理。例如在添加硫基质、铁基质的尾水人工湿地中,发现常规异养反硝化菌属发生变化,并出现了其他类型反硝化菌属,一定程度上解释了脱氮效果提升的原因。内电解法能够强化尾水人工湿地处理效果的主要原因是其提升了微生物的脱氮性能。种植不同植物的尾水人工湿地处理效果的差异,主要在于不同植物根系脱氮微生物相关菌属的差异。

基于高通量测序等分子生物学技术,通过对湿地中微生物群落结构、多样性、功能基因等的研究,加深对湿地中碳氮等循环机理的认知,从而强化污水中相关污染物的去除效能,已成为当前尾水人工湿地技术极其重要的研究内容之一。

3.5.7 强化尾水人工湿地脱氮的途径

将人工湿地技术应用于污水处理厂尾水深度处理领域具有诸多优势,但尾水存在有机物浓度与 C/N 较低的水质特征,限制了人工湿地技术对氮磷等目标污染物的高效去除,使得尾水在生态补水、景观用水等方面的回用仍存在一定的环境风险。因此,人工湿地对污水处理厂尾水深度处理的重点和核心问题是采取多种途径和措施大力提升湿地的脱氮效率,使其出水水质满足尾水资源化利用要求。

人工湿地运行面临的问题和优化策略[277]:

(1) 增加氧气供应和输送(图 3-25)。人工湿地的效率往往因氧气输送速率低而受到阻碍。为了应对这种情况,人工曝气引入压缩空气,提高氧气传输速率,从而提高污染物去除效率。此外,潮汐流湿地为氧气转移限制提供了另一种有效的解决方案,废水循环注入并排放到湿地中,充当被动泵,通过反复的润湿和干燥循环将新鲜空气吸入底部。

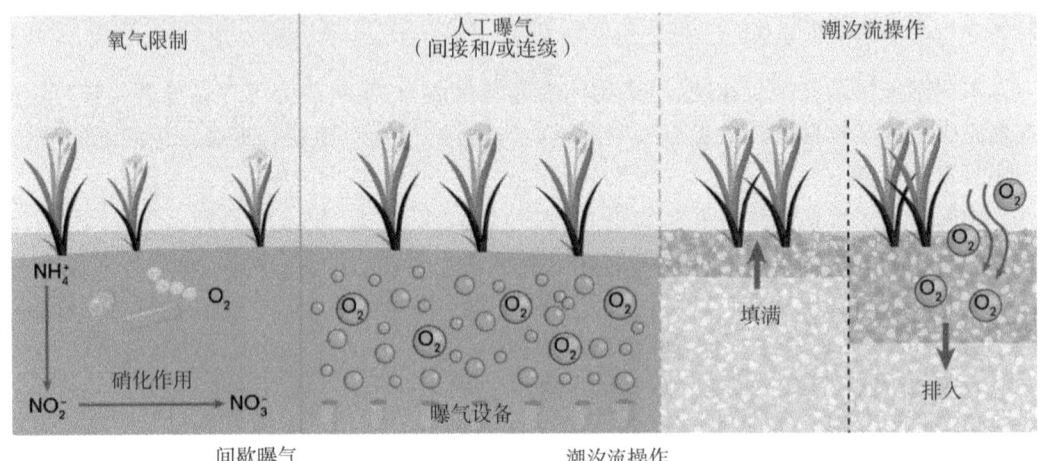

图 3-25 增加氧气供应与输送

(2) 与电子供体基质结合(图 3-26)。人工湿地中电子供体的可用性可能不足以维持污染物的去除。许多来自自然界的低成本有机基质(包括麦秆、牡蛎壳、堆肥、有机木质覆盖物、稻壳、胡桃壳和甘蔗渣)和来自天然矿石和工业或矿山的废物(如煤矸石、铁矿石和锰矿石)已被用于小试和中试规模研究。这些基质和废物显著增强了异养和自养反硝化过程。

(3) 提高低温性能(图 3-27)。植物的生理和营养吸收直接受温度和太阳辐射的控制。低温阻碍了大多数降解污染微生物的生长和活性,导致净化效率降低。通过选择抗寒植物、接种抗寒微生物和添加保温材料,可以提高低温连续水处理的性能。然而,在使用外来物种或微生物时,必须考虑潜在的生态风险。

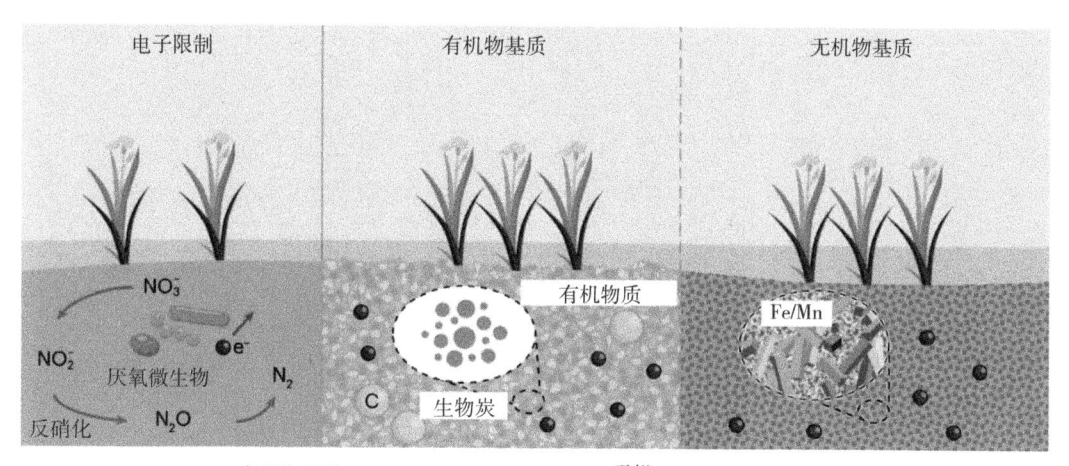

图 3-26　与电子供体基质结合

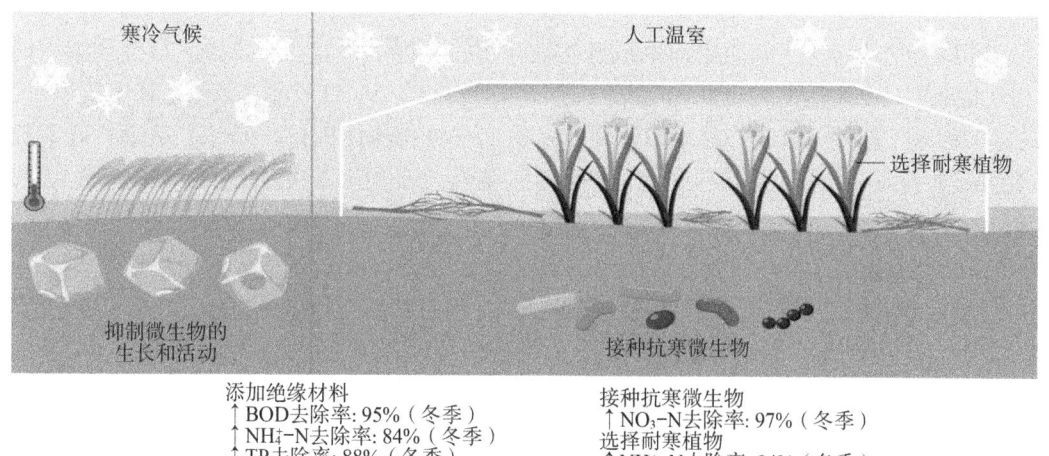

图 3-27　提高低温性能

（4）基材堵塞的风险和预防措施（图 3-28）。人工湿地的主要操作挑战是基质堵塞。由于电导率和孔隙率的降低，会造成堵塞导致水溢出基板表面。采取引入蚯蚓的生物方法能够实现通过蚯蚓摄入颗粒有机物并在消化过程中将难降解有机物转化为易于生物降解的物质来减少和修复堵塞。此外，也可使用具有强氧化性的预处理试剂（如过氧化氢和次氯酸钠）通过有机物的强氧化效果增强基质的导电性，从而缓解堵塞。虽然这些方法在操作上是有效的，但它们需要持续的监测和维护[277]。

未来，人工湿地生态处理技术在我国污水处理厂的扩容提质和尾水水质净化工程中将发挥重要作用，并将持续推动传统的城镇污水再生利用系统与模式的转变[259]。

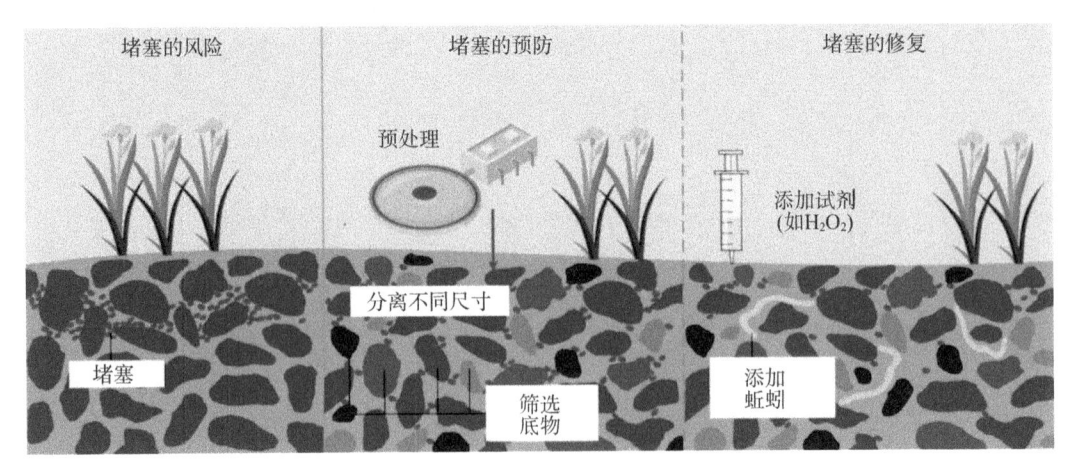

图 3-28 基材堵塞的风险和预防措施[277]

3.6 小结

本章系统地讨论了针对沿海区域氮污染问题的各种治理与管控技术。首节详细探讨了污水处理厂中使用的各种总氮处理工艺,包括传统的 A^2/O 技术、厌氧氨氧化技术、移动床生物膜反应器(MBBR)技术以及异养反硝化与硫自养反硝化技术等。通过对这些技术的原理、优缺点及其适用范围的分析,提出了污水处理厂完整的总氮治理工艺解决方案。

其次,农业活动是造成沿海氮污染的重要原因之一。3.2 节介绍了如何通过改进农业实践来减少农田氮素流失,包括生态净化技术、生活垃圾、农作物秸秆和畜禽养殖废弃物处理技术、农业化学品减量化技术以及生态拦截技术等措施。通过这些策略,可以有效地降低农业面源对沿海区域的氮负荷贡献。

农村地区的生活污水未经处理直接排放也是沿海氮污染的一个重要来源。3.3 节介绍了适用于农村地区的污水处理技术,如生物处理技术、生态处理技术,以及复合处理技术等,旨在提供一种低成本、易维护的农村生活污水处理方案。

水产养殖是另一个重要的氮排放源。3.4 节探讨了水产养殖尾水中总氮削减技术,包括物理处理技术、化学处理技术、生物生态处理技术等技术手段。这些技术的应用可以有效减少水产养殖对周边水体的影响。

湿地生态系统因其强大的净化功能,在尾水处理中发挥着重要作用。3.5 节重点介绍了如何利用自然湿地或构建人工湿地来实现对尾水中总氮的深度削减。通过对湿地植物的选择、湿地工艺的类型等方面的探讨,揭示了尾水深度净化的途径。

本章从多个角度系统地针对沿海区域氮污染问题,提出了一系列总氮治理与管控技术。各章节内容相互补充,共同构成了一个全面的近岸海域总氮治理技术框架,为保护沿海地区生态环境提供了具有实用价值的技术指南。

第四章 江苏入海河流总氮污染问题识别

4.1 江苏沿海区域概况

4.1.1 自然地理概况

江苏省位于中国大陆东部沿海地区中部,长江、淮河下游,东濒黄海,北接山东,西连安徽,东南与上海、浙江接壤,是长江三角洲地区的重要组成部分。地跨北纬30°45′~35°20′,东经116°18′~121°57′,长江横贯江苏东西433 km,京杭大运河纵贯南北718 km,海岸线长957 km。陆域面积10.72万 km²,海域面积3.75万 km²。

南通市位于江苏东南部,中国东海岸与长江交汇处,南濒长江,东临黄海,地处北纬31°41′~32°42′,东经120°11′~121°54′,陆域面积8 001 km²,海域面积8 701 km²。

连云港市位于江苏东北端,东濒黄海,西与山东临沂市和江苏徐州相连,南与淮安市、盐城市和宿迁市毗邻,北与山东省日照市相邻,地处北纬33°58′~35°08′,东经118°24′~119°54′,陆域面积7 615 km²,海域面积7 516 km²。

盐城市位于江苏东部,东临黄海,南与南通市、泰州市接壤,西与淮安市、扬州市毗邻,北隔灌河与连云港市相望,地处北纬32°34′~34°28′,东经119°27′~120°54′,陆域面积1.77万 km²,海域面积1.89万 km²。

4.1.1.1 气候

(1)气候类型

江苏省属于温带向亚热带的过渡性气候,以淮河、苏北灌溉总渠一线为界,以北属暖温带湿润、半湿润季风气候,以南属亚热带湿润季风气候。基本气候特点是:气候温和、四季分明、季风显著、冬冷夏热、春温多变、秋高气爽、雨热同季、雨量充沛、降水集中、梅雨显著、光热充沛。

(2)季节划分

受季风影响,江苏省春秋较短,冬夏偏长,南北温差明显。春季平均起始时间为3月31日,平均长度为68天左右;夏季平均起始时间为6月7日,平均长度为104天;秋季平均起始时间为9月19日,平均长度为61天;冬季平均起始时间为11月19日,平均长度为 134 天。

(3) 气温

江苏省年平均气温在 13.6～16.1℃之间,分布为自南向北递减,全省年平均气温最高值出现在南部的东山镇,最低值出现在北部的赣榆区。全省冬季的平均气温为 3.0℃,各地的极端最低气温通常出现在冬季的 1 月或 2 月,极端最低气温为 -23.4℃(宿迁,1969 年 2 月 5 日);全省夏季的平均气温为 25.9℃,各地极端最高气温通常出现在盛夏的 7 月或 8 月,极端最高气温为 41.0℃(泗洪,1988 年 7 月 9 日);全省春季平均气温为 14.9℃;秋季平均气温为 16.4℃,春秋两季的气候相对温和。

2023 年,江苏省平均气温 16.6℃,较常年同期(1991—2020 年)偏高 0.9℃,为 1961 年以来第三高,仅次于 2021 年(16.8℃)和 2022 年(16.7℃)。淮北地区平均气温 (15.9℃)平历史最高纪录(2022 年,15.9℃),江淮之间(16.5℃)和苏南地区(17.5℃)均为 1961 年以来第三高。

(4) 降水

江苏省年降水量为 704～1 250 mm,江淮中部到洪泽湖以北地区降水量少于 1 000 mm,以南地区降水量在 1 000 mm 以上,降水分布是南部多于北部,沿海多于内陆。年降水量最多的地区在江苏最南部的宜溧山区,最少的地区在西北部的丰县。单站年最多降水量出现在 1991 年兴化市,为 2 080.8 mm,年最少降水量出现在 1988 年丰县,为 352.0 mm。与同纬度地区相比,江苏省雨水充沛,南北差异不大,年际变化小。

2023 年,江苏省降水量 1 132.8 mm,折合降水总量 1 162.8 亿 m^3,比 2022 年多 39.3%,比多年平均多 12.5%,属偏丰年份。按流域分,淮河流域降水量 1 054.1 mm,比多年平均多 11.2%;长江流域降水量 1 251.0 mm,比多年平均多 16.3%;太湖流域降水量 1 276.5 mm,比多年平均多 12.7%。

2023 年,全省入省境水量 7 093.9 亿 m^3,较多年平均少 25.1%。出省境水量(不含长江干流)239.6 亿 m^3,较多年平均少 20.7%。入海水量 303.4 亿 m^3,与多年平均基本持平。淮河流域入海 296.0 亿 m^3,其中沂沭泗水系入海 85.5 亿 m^3,淮河下游水系入海 210.5 亿 m^3;长江流域支流入海 7.4 亿 m^3。

(5) 沿海地区气候气象条件

南通市属北亚热带海洋性季风气候,季风影响明显,四季分明,气候温和。年平均气温 15℃左右,年平均日照时数 1 900～2 100 h,年平均降水量 1 000～1 200 mm。

连云港市处于暖温带与亚热带过渡地带,四季分明,寒暑宜人,光照充足,雨量适中。常年平均气温 14.5℃,历年平均降水 883.9 mm,常年无霜期 215 天,主导风向为东南风,由于受海洋调节,气候类型为湿润性季风气候,连云港市气候总体呈现气温偏高、降水偏多、降水季节分布不均以及汛期强对流和暴雨频发等特点。

盐城市地处北亚热带气候向南暖温带气候过渡地带,一般以苏北灌溉总渠为界,渠南属北亚热带气候,渠北属南暖温带气候,具有过渡性特征。气候受海洋影响较大,与同纬度的江苏省西部地区相比,春季气温低且回升迟;秋季气温下降缓慢且高于春温;年降水量也比本省西部明显偏多。季风气候明显,冬季受欧亚大陆冷气团影响,盛行偏北风且多寒冷天气;夏季受太平洋副热带高压影响,盛行偏南风且多炎热天气,空气温暖而湿润,雨水丰沛。

4.1.1.2 地质

江苏省地跨中国大陆的华北板块、秦岭—大别造山带东段、扬子板块三大主要地质构造单元,区域地质背景与构造岩浆活动差异明显,各构造单元的地质构造发展过程与演化历史极为复杂,总体上分为微陆块聚合与结晶基底形成、板块汇聚重组以及中新生代大陆边缘活动带演化等3个构造阶段,经历了三大单元相对独立发展→多次构造拼合→共同演化的发展过程。沉积岩、变质岩、火成岩广泛发育,不同单元不同特色,具有良好的成矿地质条件。

从大地构造看,江苏以盱眙—响水口断裂带为界,划分为南、北二区。北区形成于太古代,构造比较稳定,是华北古陆(也称华北地台或中朝地台)的东南边缘部分。南区形成于上元古代,是扬子古陆(也称扬子—钱塘准地槽或扬子准地台)的最东端。北区以隆升为主,南区以沉降为主。岩性和地质构造制约着江苏地貌形态的发育,特别是第四纪以来的新构造运动最终奠定了江苏地貌以平原为主的格局。

4.1.1.3 地形地貌

江苏省地形以平原为主,陆地面积为 103 229.17 km², 其中, 平原面积占比 86.89%, 达 89 706.03 km², 丘陵面积 11 916.16 km², 山地面积 1 606.98 km²。江苏省平原面积占比居中国各省首位,主要由苏北平原、黄淮平原、江淮平原、滨海平原、长江三角洲平原组成。江苏省绝大部分地区在海拔 50 m 以下,低山丘陵集中在西南部,占江苏省总面积的 14.3%,主要有老山山脉、云台山脉、宁镇山脉、茅山山脉、宜溧山脉。连云港云台山玉女峰为江苏最高峰,海拔 624.4 m。

南通市位于江海交汇处,属长江三角洲平原,全境为不同时期形成的河相海相沉积平原。可分为狼山残丘区、海安里下河低洼湖沉积平原区、北岸古沙嘴区、通吕水脊海河沉积平原区、南通古河汊水网平原区、南部平原和洲地、三余海积平原区、沿海新垦区等。南通市全境地域轮廓东西向长于南北向,三面环水,一面靠陆,呈不规则菱形。地势低平,地表起伏较微,高程一般为 2~6.5 m,自西北向东南略有倾斜。

连云港市地势由西北向东南倾斜,地貌基本分布为:西部岗岭区、中部平原区、东部沿海区和云台山区四大部分。西部低山丘陵岗岭区海拔 100~200 m,面积 1 730 km²。中部平原海拔 3~5 m,主要是侵蚀堆积平原、河湖相冲积平原及冲海积平原三类,面积 5 409 km²,其中耕地面积 3 925 km²。云台山脉属于沂蒙山的余脉,有大小山峰 214 座,其中云台山主峰玉女峰海拔 624.4 米,为江苏省最高峰,全市山区面积近 200 km²。东部滨海区海岸类型齐全,大陆标准岸线 204.82 km, 其中 40.2 km 深水基岩海岸为江苏省独有。江苏省境内大多数海岛屿分布在连云港境内,包括东西连岛、平山岛、达山岛、车牛山岛、竹岛、鸽岛、高公岛、羊山岛、开山岛、秦山岛、牛尾岛、牛背岛、牛角岛等 20 个,总面积 6.94 km²。其中东西连岛为江苏第一大岛,面积 6.07 km²。

盐城市全境为平原地貌,西北部和东南部高,中部和东北部低洼,大部分地区海拔不足 5 m,最大相对高度不足 8 m。全境分为黄淮平原区、里下河平原区和滨海平原区。黄淮平原区位于苏北灌溉总渠以北,其地势大致以废黄河为中轴,向东北、东南逐步低落。废黄河海拔最高处达 8.5 m,东南侧的射阳河沿岸最低处仅 1 m 左右。里下河平原区位于苏北灌溉总渠以南,串场河以西,属里下河平原的一部分,总面积 4 000 多 km²,该平原区四周高、中间低,海拔最低处仅 0.7 m。滨海平原区位于苏北灌溉总渠以南,串场河以东,总面积为 7 000 多 km²,约占全市总面积的一半,该平原区大致从东南向西北缓缓倾斜。

4.1.1.4 水文水利

江苏省跨江滨海,湖泊众多,水网密布,海陆相邻。长江横穿东西 433 km,大运河纵贯南北 718 km。境内有太湖、洪泽湖、高邮湖、骆马湖、白马湖、石臼湖等大中型湖泊,以及大运河、淮沭河、串场河、灌河、盐河、通榆河、苏北灌溉总渠和通扬运河等各支河。江苏海域位于中国海域的中北部、西太平洋沿岸地带的中心,与韩国、日本隔海相望,总面积约 3.75 万 km²,共有 25 个海岛。近海有海州湾渔场、吕四渔场、长江口渔场和大沙渔场。

南通市境内水系大致以通扬运河、如泰运河为界,北部为淮河流域,面积 2 200 余 km²;南部属长江流域,面积 5 700 余 km²。主要骨干河道(一级河道)有焦港河、如海运河、九圩港河、如泰运河、通扬运河、新通扬运河、通吕运河、通启运河、新江海河、北凌河、栟茶运河等。

连云港市地处淮河流域、沂沭泗水系最下游,境内河网发达,分为沂河、沭河、滨海诸小河三大水系。流域性河道新沂河、新沭河从境内穿过,汛期承泄上游近 8 万 km² 洪水入海。全市有 82 条江苏省骨干河道,重要跨县河道 16 条,重要县域河道 44 条,15 条河道直接入海。

盐城市境内长 50 km 以上的大型河流有 12 条,湖、荡、塘亦较多,河流主要为淮河水系。境内海岸线漫长,南起与南通市接壤的新港闸,北止与连云港市交界的灌河口。境内射阳河口以南至南通市启东县吕四港之间的海岸外围分布着辐射状沙脊群,又称辐射沙洲群,其范围南北长达 200 km,东西宽约 90 km。

根据江苏省生态环境厅《关于做好江苏省重点海域入海河流总氮等污染治理与管控的实施意见》(苏环办〔2023〕108 号)、《江苏省近岸海域综合治理攻坚战实施方案》文件,江苏省将 22 条国考入海河流断面纳入全省近岸海域综合治理攻坚战,重点入海河流清单见表 4.1-1。

表 4.1-1 江苏省重点入海河流清单

序号	所在地区	河流名称	起点	终点	河流长度(km)	国考入海断面名称
1	南通市	掘苴河	如泰运河	刘埠水闸	22.1	环东闸口
2	南通市	通吕运河	南通市节制闸(入江)	吕四港镇大洋港闸	78.85	大洋港桥
3	南通市	通启运河	营船港闸	塘芦港新闸	93	塘芦港闸
4	连云港市	烧香河	盐河	烧香北闸	30.6	烧香北闸

续表

序号	所在地区	河流名称	起点	终点	河流长度(km)	国考入海断面名称
5	连云港市	大浦河	玉带河闸	大浦闸	10.2	大浦闸
6	连云港市	排淡河	东盐河玉带河闸	新城闸、挡潮闸	36.8	大板跳闸
7	连云港市	青口河	莒南县	青口镇下口村	64	坝头桥
8	连云港市	新沭河	临沭县	临洪口	80	墩尚水漫桥
9	连云港市	龙王河	五莲山南麓	朱蓬口	74	海头大桥
10	连云港市	兴庄河	大吴山东麓	兴庄河新闸	17.6	兴庄桥
11	连云港市	朱稽河	班庄镇祝其山	朱稽河闸	36.5	郑园桥
12	连云港市	范河	城头镇	范河闸	31.9	范河桥
13	连云港市	车轴河	大柴市与盐河交汇	车轴河闸	44.2	四队桥
14	连云港市	五灌河	五图河	燕尾闸灌河口	16	燕尾闸
15	连云港市/盐城市	灌河	灌南县境内与盐河交界处	黄海	76.5	陈港
16	盐城市	射阳河	宝应县射阳湖镇	射阳河闸	174.0	射阳河闸
17	盐城市	黄沙港	黄土沟村	黄沙港闸	88.9	黄沙港闸
18	盐城市	新洋港	蟒蛇河	新洋港闸	69.8	新洋港闸
19	盐城市	东台河	东台城东通榆河	蹲门口	56.9	富民桥
20	盐城市	斗龙港	兴盐界河	斗龙港闸	55.3	斗龙港闸
21	盐城市	川东港	大丰兴化交界处	川东闸	53.5	川东闸
22	盐城市	王港河	草堰镇	王港闸	58.0	王港闸

4.1.1.5 土壤

江苏土壤资源类型丰富多样,地带性土壤主要分布于山地、丘陵和岗地,海拔通常在20 m以上,主要包括棕壤、褐土、黄棕壤、黄褐土、棕红壤、潮土、水稻土、砂姜黑土、滨海盐土、石灰土、暗色草甸土、紫色土、沼泽土等。

4.1.1.6 生物生态

江苏省种子植物有157科672属2 200多种,蕨类植物有32科64属130多种,其中野生植物约有850余种。江苏省国家级重点农业野生植物主要包括野菱、野莲、野生大豆、中华结缕草、明党参等十余种,大部分分布在丘陵山区、江河湖泊及沿海等区域。

江苏地区天然分布的陆栖脊椎动物,即分类学上的脊索动物门、脊椎动物亚门中的哺乳纲、鸟纲、爬行纲、两栖纲,共628种,其中兽类71种、鸟类482种、爬行类54种、两栖类21种。

4.1.2 经济社会概况

4.1.2.1 经济发展

2023年,江苏省地区生产总值128 222.2亿元,比上年增长5.8%。其中,第一产业增加值5 075.8亿元,增长3.5%;第二产业增加值56 909.7亿元,增长6.7%;第三产业增加值66 236.7亿元,增长5.1%。全省人均地区生产总值150 487元,比上年增长5.6%。

2023年全省实现海洋生产总值(GOP)9 606.9亿元,比上年增长6.7%,占地区生产总值(GDP)的比重为7.5%,占全国海洋生产总值的比重为9.7%。其中,海洋第一产业增加值303.2亿元,第二产业增加值4 023.4亿元,第三产业增加值5 280.3亿元,海洋经济三次产业增加值占全省海洋生产总值的比重分别为3.1%、41.9%和55.0%。

2023年,全省海洋产业增加值3 624亿元,比上年增长6.6%;海洋科研教育增加值639.5亿元,同比增长5.4%;海洋公共管理服务增加值1 442.6亿元,同比增长1.8%;海洋上游相关产业增加值2 016.6亿元,同比增长9.2%;海洋下游相关产业增加值1 884.2亿元,同比增长8.8%。五者占海洋生产总值的比重,分别为37.7%、6.7%、15.0%、21.0%和19.6%。13个海洋产业对海洋经济增长的贡献率达37.1%。其中,海洋交通运输业、海洋旅游业、海洋船舶工业和海洋渔业增加值占海洋产业增加值的比重较高,分别为42.6%、15.5%、8.4%、8.4%;海洋船舶工业、海洋旅游业增速较快,分别为29.4%和16.2%。

2023年,南通市实现地区生产总值11 813.3亿元,比上年增长5.8%。其中,第一产业增加值519.6亿元,增长2.9%;第二产业增加值5 728.1亿元,增长7.1%;第三产业增加值5 565.5亿元,增长4.7%。人均地区生产总值15.3万元,增长5.7%。

2023年,连云港市实现地区生产总值4 363.61亿元,比上年增长10.2%。其中,第一产业增加值435.54亿元,增长4.2%;第二产业增加值2 011.68亿元,增长16.8%;第三产业增加值1 916.39亿元,增长5.4%。全市人均地区生产总值94 917元,比上年增长10.3%。

2023年,盐城市实现地区生产总值7 403.9亿元,比上年增长5.9%。其中,第一产业增加值818.9亿元,增长3.7%;第二产业增加值2 981.2亿元,比上年增长6.9%;第三产业增加值3 603.8亿元,比上年增长5.5%。全市人均地区生产总值110 681元,比上年增长6.1%。

4.1.2.2 社会发展

截至2023年末,江苏省常住人口8 526万人,比上年末增加11万人,增长0.1%。全年人口出生率4.8‰,人口死亡率7.6‰,人口自然增长率−2.8‰。年末常住人口城镇化率达75.0%,比上年末提高0.6个百分点。

2023年末南通市常住人口为774.85万人,比上年末增加0.5万人;净流入34.72万人,分别比2020年末、2021年末、2022年末增加17.98万人、13.08万人、7.06万人,净流入人口规模逐年扩大。

2023年末连云港市常住人口459.40万人,比上年末减少0.65万人。全年人口出生率5.59‰,比上年下降0.43个千分点;人口死亡率7.37‰,比上年上升0.35个千分点;人口自然增长率-1.78‰,比上年下降0.78个千分点。年末常住人口城镇化率达64%,比上年末提高0.92个百分点。

2023年末盐城市户籍人口789.1万人,户籍人口城镇化率64.87%。年末全市常住人口668.9万人,其中城镇常住人口443.25万人,比上年增长1.3%,常住人口城镇化率66.27%,比上年提高0.87个百分点。全年人口出生率3.3‰,人口死亡率10.1‰。

环境保护方面,2023年,江苏省国考断面水质达到或好于Ⅲ类的比例(以下简称"优Ⅲ比例")达92.9%,比上年提高1.9个百分点,长江干流江苏段水质连续六年保持Ⅱ类,主要通江支流断面水质优Ⅲ比例达100%。近岸海域优良水质面积比例达92.7%、达有监测记录以来最好值。

南通市地表水国考以上断面优Ⅲ比例达100%,省考以上断面优Ⅲ比例达100%,主要入江支流和入海河流断面全面消除劣Ⅴ类。连云港市45个省考断面优Ⅲ类比例达93.3%,连岛入选全国首批"和美海岛",生物多样性保护"月牙岛模式"成为省级示范。盐城市国省考和入海河流断面水质优Ⅲ比例达100%。

4.2 江苏省近岸海域及入海河流水质变化趋势

4.2.1 近岸海域水质变化趋势

4.2.1.1 全省总体情况

根据2020年至2023年江苏省近岸海域国控水质监测点位监测结果,对照《海水水质标准》(GB 3097—1997)表1的相关指标,江苏省95个国控水质监测点位年均水质统计分析结果如下:

2020年,年均水质优良(一类、二类)、三类、四类、劣四类面积比例分别为52.9%、22.1%、18.0%、7.0%,主要超标指标为无机氮和石油类。

2021年,年均水质优良(一类、二类)、三类、四类、劣四类面积比例分别为87.4%、8.1%、2.8%、1.7%,主要超标指标为无机氮。

2022年,年均水质优良(一类、二类)、三类、四类、劣四类面积比例分别为88.9%、6.6%、2.8%、1.7%,主要超标指标为无机氮。

2023年,年均水质优良(一类、二类)、三类、四类、劣四类面积比例分别为92.7%、4.5%、1.0%、1.8%,主要超标指标为无机氮。

从优良海水面积比例上来看,江苏省近岸海域水质状况持续向好,2021年、2022年、2023年较2020年优良海水面积比例分别提升34.5%、36%、39.8%,主要超标指标为无机氮,具体如表4.2-1和图4.2-1所示。

表 4.2-1　2020 年至 2023 年江苏省近岸海域海水水质分布情况

年份	优良 （一类、二类）	三类	四类	劣四类	主要超标指标
2020	52.9%	22.1%	18.0%	7.0%	无机氮、石油类
2021	87.4%	8.1%	2.8%	1.7%	无机氮
2022	88.9%	6.6%	2.8%	1.7%	无机氮
2023	92.7%	4.5%	1.0%	1.8%	无机氮

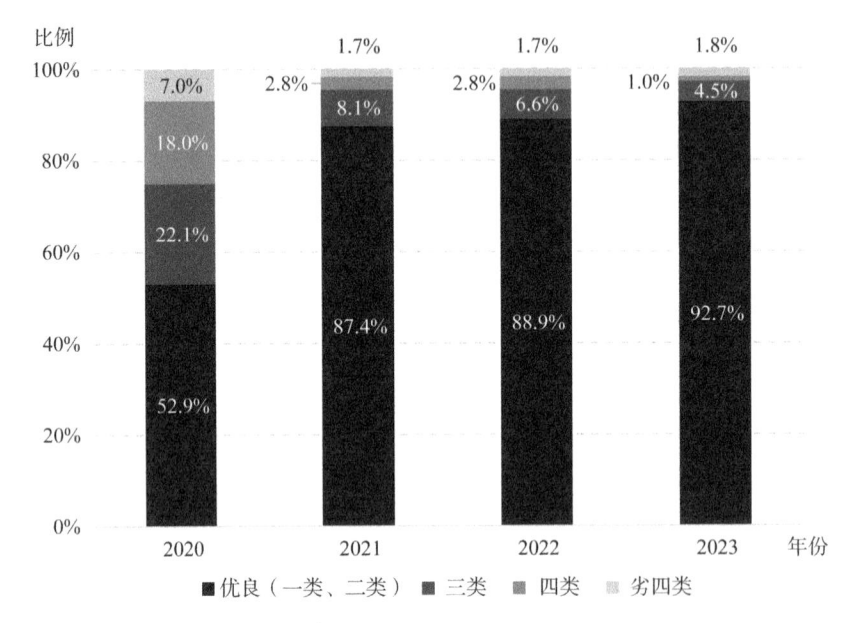

图 4.2-1　2020 年至 2023 年江苏省近岸海域海水水质分布情况

4.2.1.2　南通市

1. 近岸海域水质优良率变化趋势

2020 年，南通市近岸海域水质优良（一类、二类）、三类、四类、劣四类面积比例分别为 62.7%、16.8%、13.8%、6.7%，主要超标指标为无机氮和活性磷酸盐。

2021 年，南通市近岸海域水质优良（一类、二类）、三类、四类、劣四类面积比例分别为 87.7%、4.2%、4.5%、3.6%，主要超标指标为无机氮和活性磷酸盐。

2022 年，南通市近岸海域水质优良（一类、二类）、三类、四类、劣四类面积比例分别为 87.2%、5.6%、3.2%、4.0%，主要超标指标为无机氮。

2023 年，南通市近岸海域水质优良（一类、二类）、三类、四类、劣四类面积比例分别为 87.5%、4.2%、2.6%、5.7%，主要超标指标为无机氮，如图 4.2-2 所示。

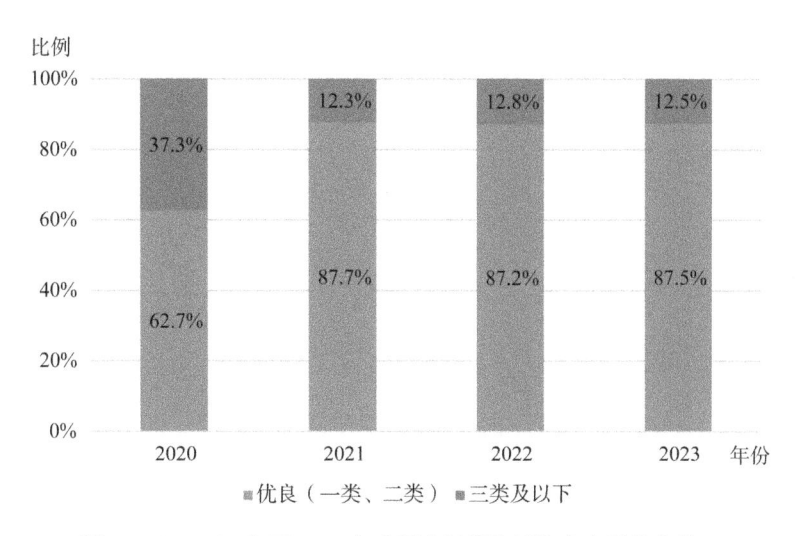

图 4.2-2　2020 年至 2023 年南通市近岸海域海水水质分布情况

2. 近岸海域水质变化趋势

采用南通市 2020 年至 2023 年近岸海域国控点位水质监测数据,根据不同季节开展南通市近岸海域水质变化情况分析。

(1) 春季

2020 年至 2023 年春季,南通市近岸海域 39 个国控点位水质,一类水质点位个数分别为 13 个、32 个、12 个和 15 个,二类水质点位个数分别为 10 个、5 个、17 个和 21 个,三类水质点位个数分别为 9 个、2 个、5 个和 2 个,四类水质点位个数分别为 6 个、0 个、3 个和 1 个,劣四类水质点位个数分别为 1 个、0 个、2 个和 0 个。由此可见,从春季水质变化趋势上看,2021 年近岸海域水质相对较好,2021 年至 2023 年水质较 2020 年有所改善,三类及三类以下水质点位数量占比有所降低,见表 4.2-2 和图 4.2-3。

表 4.2-2　2020—2023 年南通市春季近岸海域水质分析

年份	一类 数量	一类 占比	二类 数量	二类 占比	三类 数量	三类 占比	四类 数量	四类 占比	劣四类 数量	劣四类 占比
2020	13	33.3%	10	25.6%	9	23.1%	6	15.4%	1	2.6%
2021	32	82.1%	5	12.8%	2	5.1%	0	0.0%	0	0.0%
2022	12	30.8%	17	43.6%	5	12.8%	3	7.7%	2	5.1%
2023	15	38.5%	21	53.8%	2	5.1%	1	2.6%	0	0.0%

(2) 夏季

2020 年至 2023 年夏季,南通市近岸海域 39 个国控点位水质,一类水质点位个数分别为 13 个、31 个、22 个和 27 个,二类水质点位个数分别为 10 个、6 个、11 个和 11 个,三类水质点位个数分别为 3 个、0 个、3 个和 1 个,四类水质点位个数分别为 6 个、1 个、3 个和 0 个,劣四类水质点位个数分别为 7 个、1 个、0 个和 0 个。由此可见,从夏季水质变化趋势上看,2021 年近岸海域水质相对较好,2021 年至 2023 年水质较 2020 年有所改善,三

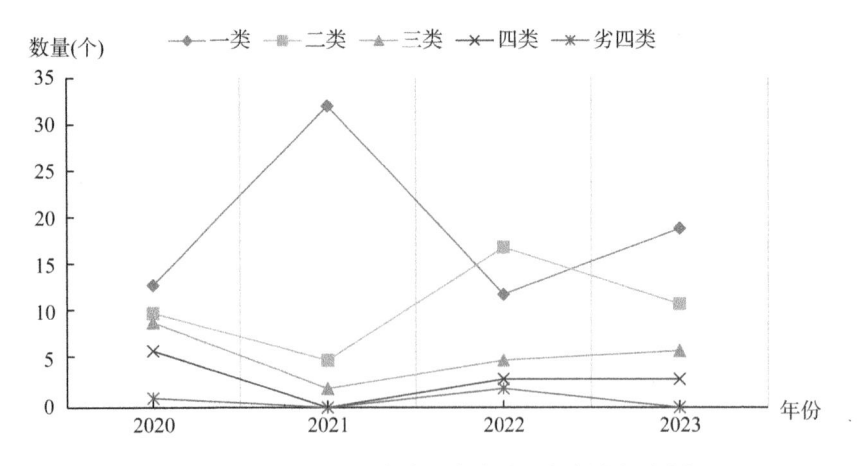

图 4.2-3　2020—2023 年南通市春季近岸海域水质分析

类及三类以下水质点位数量占比有所降低，见表 4.2-3 和图 4.2-4。

表 4.2-3　2020-2023 年南通市夏季近岸海域水质分析

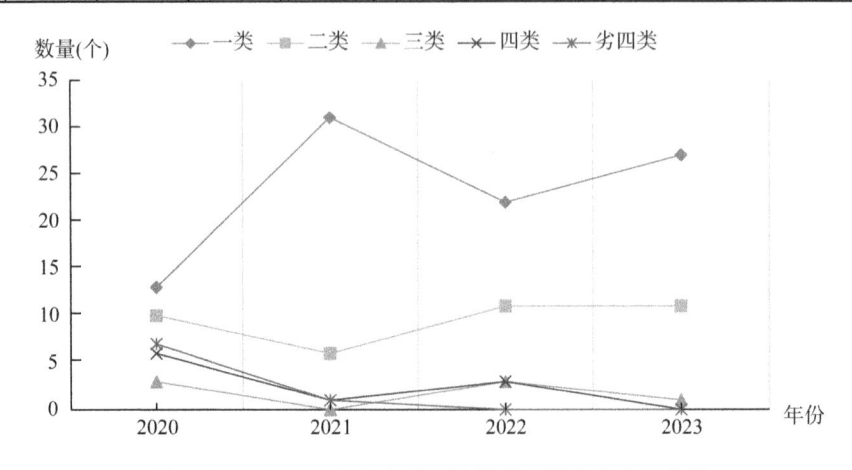

年份	一类 数量	一类 占比	二类 数量	二类 占比	三类 数量	三类 占比	四类 数量	四类 占比	劣四类 数量	劣四类 占比
2020	13	33.3%	10	25.6%	3	7.7%	6	15.4%	7	17.9%
2021	31	79.5%	6	15.4%	0	0.0%	1	2.6%	1	2.6%
2022	22	56.4%	11	28.2%	3	7.7%	3	7.7%	0	0.0%
2023	27	69.2%	11	28.2%	1	2.6%	0	0.0%	0	0.0%

图 4.2-4　2020—2023 年南通市夏季近岸海域水质分析

(3) 秋季

2020 年至 2023 年秋季，南通市近岸海域 39 个国控点位水质，一类水质点位个数分别为 1 个、22 个、23 个和 18 个，二类水质点位个数分别为 21 个、12 个、15 个和 21 个，三类水质点位个数分别为 12 个、4 个、1 个和 0 个，四类水质点位个数分别为 4 个、1 个、0 个和 0 个，劣四类水质点位个数分别为 1 个、0 个、0 个和 0 个。由此可见，从秋季水质变化趋势上看,2023年近岸海域水质相对较好,2021年至2023年水质较2020年有所改善,三类及三类以下水质点位数量占比有所降低,见表4.2-4和图4.2-5。

表4.2-4 2020—2023年南通市秋季近岸海域水质分析

年份	一类		二类		三类		四类		劣四类	
	数量	占比	数量	占比	数量	占比	数量	占比	数量	占比
2020	1	2.6%	21	53.8%	12	30.8%	4	10.3%	1	2.6%
2021	22	56.4%	12	30.8%	4	10.3%	1	2.6%	0	0.0%
2022	23	59.0%	15	38.5%	1	2.6%	0	0.0%	0	0.0%
2023	18	46.2%	21	53.8%	0	0.0%	0	0.0%	0	0.0%

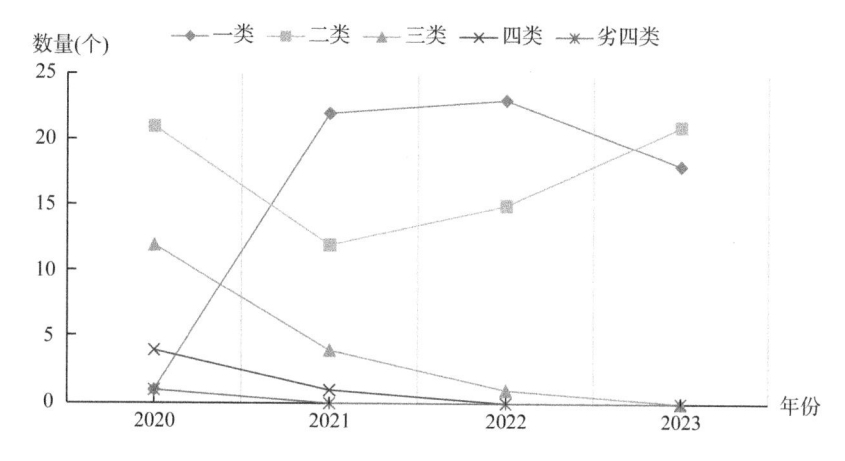

图4.2-5 2020—2023年南通市秋季近岸海域水质分析

3. 近岸海域无机氮浓度变化趋势

采用南通市2020年至2023年近岸海域国控点位水质监测数据,开展南通市近岸海域无机氮变化情况分析。

自2020年至2023年,每年117次监测数据中,超三类及以上海水水质标准的次数分别为42次、9次、17次和3次,2023年超三类及以上水质标准的次数最少。根据各国控点位无机氮浓度分布情况可以发现,无机氮浓度整体呈下降趋势。

对每年春季、夏季、秋季三次监测结果进行统计,南通市39个国控站点无机氮浓度范围为0.009~1.024 mg/L,最小值为JSH06038的2023年秋季监测结果,最大值为JSH06002的2020年夏季监测结果。春季无机氮浓度范围为0.037~0.656 mg/L,平均值0.203 mg/L;夏季无机氮浓度范围为0.024~1.024 mg/L,平均值0.215 mg/L;秋季无机氮浓度范围为0.009~0.553 mg/L,平均值0.185 mg/L,可以发现夏季无机氮浓度水平较高,秋季较低。

表 4.2-5 2020—2023 年南通市近岸海域国控点无机氮浓度统计表（单位：mg/L）

国控点位	2020年 春	2020年 夏	2020年 秋	2021年 春	2021年 夏	2021年 秋	2022年 春	2022年 夏	2022年 秋	2023年 春	2023年 夏	2023年 秋
JSH06001	0.230	0.205	0.191	0.048	0.113	0.117	0.098	0.190	0.033	0.040	0.080	0.068
JSH06002	0.487	1.024	0.287	0.214	0.444	0.435	0.302	0.450	0.136	0.221	0.222	0.138
JSH06003	0.239	0.110	0.236	0.110	0.114	0.158	0.151	0.175	0.058	0.064	0.150	0.260
JSH06004	0.543	0.677	0.290	0.199	0.176	0.305	0.185	0.317	0.255	0.220	0.251	0.167
JSH06005	0.297	0.224	0.297	0.079	0.078	0.144	0.330	0.164	0.101	0.198	0.384	0.149
JSH06006	0.323	0.325	0.393	0.131	0.207	0.206	0.430	0.226	0.165	0.257	0.117	0.185
JSH06007	0.226	0.141	0.212	0.063	0.090	0.066	0.176	0.171	0.042	0.044	0.109	0.025
JSH06008	0.183	0.256	0.314	0.144	0.149	0.228	0.242	0.103	0.104	0.165	0.058	0.023
JSH06009	0.123	0.193	0.217	0.105	0.116	0.104	0.143	0.182	0.149	0.069	0.073	0.014
JSH06010	0.368	0.681	0.326	0.161	0.709	0.370	0.314	0.479	0.386	0.176	0.233	0.175
JSH06011	0.187	0.334	0.248	0.108	0.124	0.272	0.217	0.225	0.130	0.092	0.187	0.046
JSH06012	0.163	0.123	0.243	0.062	0.089	0.099	0.151	0.208	0.063	0.053	0.157	0.017
JSH06013	0.302	0.631	0.317	0.154	0.249	0.314	0.266	0.420	0.269	0.198	0.166	0.074
JSH06014	0.189	0.202	0.307	0.101	0.117	0.223	0.178	0.088	0.128	0.115	0.150	0.107
JSH06015	0.312	0.280	0.321	0.094	0.132	0.183	0.213	0.197	0.094	0.163	0.180	0.167
JSH06016	0.334	0.469	0.328	0.096	0.162	0.211	0.234	0.210	0.142	0.152	0.162	0.180
JSH06017	0.373	0.438	0.453	0.265	0.244	0.225	0.523	0.314	0.191	0.308	0.279	0.166
JSH06018	0.460	0.553	0.553	0.200	0.297	0.221	0.656	0.188	0.230	0.313	0.118	0.237
JSH06019	0.251	0.238	0.330	0.082	0.087	0.172	0.197	0.240	0.112	0.133	0.183	0.124
JSH06020	0.170	0.170	0.254	0.066	0.133	0.086	0.182	0.142	0.050	0.076	0.148	0.044

续表

国控点位	2020年 春	2020年 夏	2020年 秋	2021年 春	2021年 夏	2021年 秋	2022年 春	2022年 夏	2022年 秋	2023年 春	2023年 夏	2023年 秋
JSH06021	0.464	0.478	0.481	0.350	0.165	0.264	0.454	0.215	0.235	0.292	0.158	0.191
JSH06022	0.497	0.472	0.425	0.164	0.225	0.264	0.408	0.140	0.251	0.267	0.148	0.200
JSH06023	0.366	0.421	0.372	0.160	0.256	0.222	0.334	0.159	0.170	0.223	0.053	0.147
JSH06026	0.237	0.084	0.297	0.084	0.092	0.164	0.205	0.151	0.091	0.097	0.145	0.141
JSH06028	0.184	0.227	0.278	0.097	0.121	0.182	0.147	0.184	0.099	0.088	0.162	0.066
JSH06029	0.422	0.577	0.299	0.142	0.189	0.270	0.223	0.237	0.191	0.256	0.243	0.210
JSH06030	0.321	0.523	0.298	0.334	0.092	0.198	0.231	0.329	0.227	0.247	0.201	0.097
JSH06031	0.183	0.198	0.250	0.094	0.117	0.214	0.192	0.191	0.062	0.049	0.174	0.033
JSH06032	0.483	0.477	0.431	0.247	0.185	0.321	0.374	0.171	0.266	0.290	0.197	0.271
JSH06033	0.348	0.280	0.320	0.085	0.121	0.135	0.291	0.175	0.116	0.171	0.112	0.070
JSH06034	0.200	0.219	0.270	0.122	0.127	0.122	0.131	0.244	0.122	0.100	0.167	0.036
JSH06035	0.293	0.284	0.317	0.111	0.143	0.157	0.273	0.200	0.095	0.195	0.297	0.063
JSH06036	0.148	0.119	0.261	0.067	0.093	0.095	0.138	0.199	0.084	0.037	0.230	0.032
JSH06037	0.293	0.238	0.305	0.080	0.024	0.172	0.233	0.259	0.106	0.126	0.170	0.133
JSH06038	0.204	0.074	0.218	0.063	0.126	0.091	0.201	0.132	0.054	0.062	0.101	0.009
JSH06039	0.201	0.057	0.244	0.084	0.115	0.060	0.157	0.123	0.042	0.049	0.102	0.048
JSH06040	0.190	0.126	0.260	0.065	0.097	0.087	0.124	0.202	0.041	0.090	0.126	0.019
JSH06041	0.180	0.091	0.228	0.056	0.074	0.106	0.199	0.139	0.034	0.063	0.099	0.040
JSH06042	0.189	0.173	0.272	0.098	0.056	0.156	0.168	0.201	0.060	0.086	0.203	0.075

4.2.1.3 连云港市

1. 近岸海域水质优良率变化趋势

2020年,连云港市近岸海域水质优良(一类、二类)、三类、四类、劣四类面积比例分别为67.2%、14.3%、7.7%、10.8%。

2021年,连云港市近岸海域水质优良(一类、二类)、三类、四类、劣四类面积比例分别为88.7%、6.5%、1.5%、3.3%。

2022年,连云港市近岸海域水质优良(一类、二类)、三类、四类、劣四类面积比例分别为93.8%、2.7%、0.7%、2.8%。

2023年,连云港市近岸海域水质优良(一类、二类)、三类、四类、劣四类面积比例分别为96.8%、2.5%、0.7%、0%。

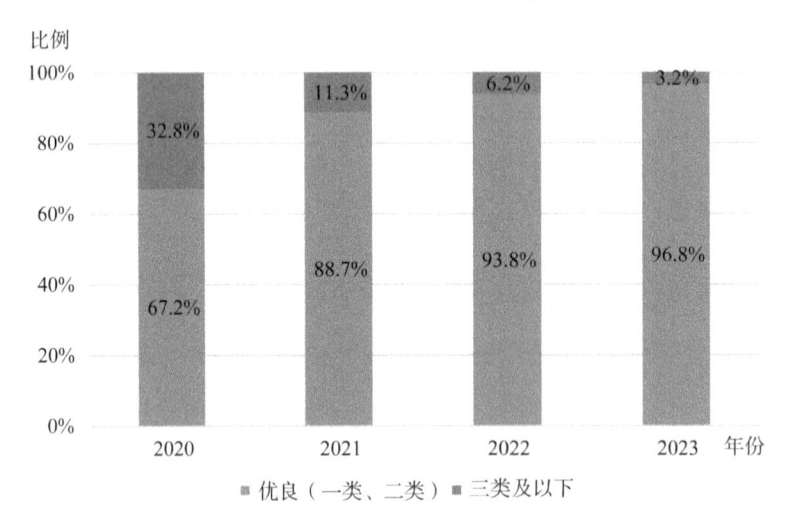

图 4.2-6 2020 年至 2023 年连云港市近岸海域海水水质分布情况

2. 近岸海域水质变化趋势

采用连云港市2020年至2023年近岸海域国控点位水质监测数据,根据不同季节开展连云港市近岸海域水质变化情况分析。

(1) 春季

2020年至2023年春季,连云港市近岸海域18个国控点位水质,一类水质点位个数分别为7个、16个、5个和14个,二类水质点位个数分别为4个、1个、7个和1个,三类水质点位个数分别为3个、1个、3个和1个,四类水质点位个数分别为1个、0个、1个和2个,劣四类水质点位个数分别为3个、0个、2个和0个。由此可见,从春季水质变化趋势上看,2021年和2023年近岸海域水质相对较好,2021年至2023年水质较2020年有所改善,三类及三类以下水质点位数量占比有所降低,见表4.2-6及图4.2-7。

表 4.2-6　2020—2023 年连云港市春季近岸海域水质分析

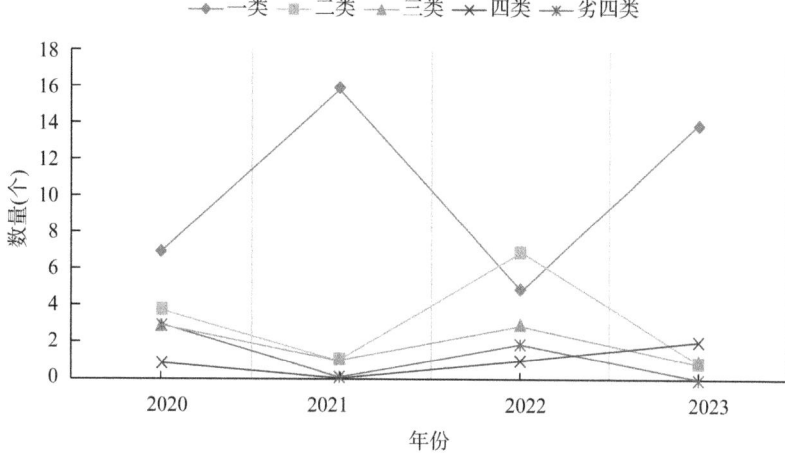

年份	一类 数量	一类 占比	二类 数量	二类 占比	三类 数量	三类 占比	四类 数量	四类 占比	劣四类 数量	劣四类 占比
2020	7	38.9%	4	22.2%	3	16.7%	1	5.6%	3	16.7%
2021	16	88.9%	1	5.6%	1	5.6%	0	0.0%	0	0.0%
2022	5	27.8%	7	38.9%	3	16.7%	1	5.6%	2	11.1%
2023	14	77.8%	1	5.6%	1	5.6%	2	11.1%	0	0.0%

图 4.2-7　2020—2023 年连云港市春季近岸海域水质分析

（2）夏季

2020 年至 2023 年夏季，连云港市近岸海域 18 个国控点位水质，一类水质点位个数分别为 3 个、9 个、12 个和 15 个，二类水质点位个数分别为 1 个、7 个、4 个和 3 个，三类水质点位个数分别为 4 个、0 个、0 个和 0 个，四类水质点位个数分别为 2 个、0 个、1 个和 0 个，劣四类水质点位个数分别为 8 个、2 个、1 个和 0 个。由此可见，从夏季水质变化趋势上看，2023 年近岸海域水质相对较好，2021 年至 2023 年水质较 2020 年有所改善，三类及三类以下水质点位数量占比有所降低，见表 4.2-7 和图 4.2-8。

表 4.2-7　2020—2023 年连云港市夏季近岸海域水质分析

年份	一类 数量	一类 占比	二类 数量	二类 占比	三类 数量	三类 占比	四类 数量	四类 占比	劣四类 数量	劣四类 占比
2020	3	16.7%	1	5.6%	4	22.2%	2	11.1%	8	44.4%
2021	9	50.0%	7	38.9%	0	0.0%	0	0.0%	2	11.1%
2022	12	66.7%	4	22.2%	0	0.0%	1	5.6%	1	5.6%
2023	15	83.3%	3	16.7%	0	0.0%	0	0.0%	0	0.0%

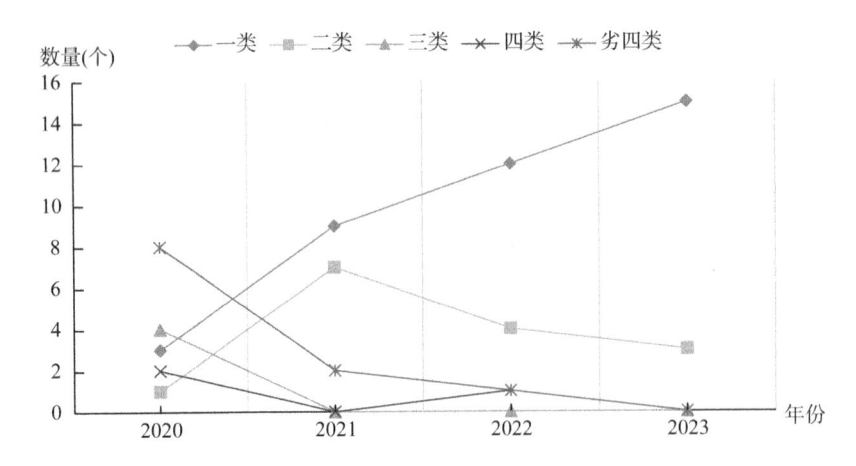

图 4.2-8　2020—2023 年连云港市夏季近岸海域水质分析

(3) 秋季

2020 年至 2023 年秋季，连云港市近岸海域 18 个国控点位水质，一类水质点位个数分别为 6 个、7 个、18 个和 17 个，二类水质点位个数分别为 6 个、7 个、0 个和 1 个，三类水质点位个数分别为 4 个、3 个、0 个和 0 个，四类水质点位个数分别为 2 个、0 个、0 个和 0 个，劣四类水质点位个数分别为 0 个、1 个、0 个和 0 个。由此可见，从秋季水质变化趋势上看，2022 年、2023 年近岸海域水质相对较好，2021 年至 2023 年水质较 2020 年有所改善，三类及三类以下水质点位数量占比有所降低，见表 4.2-8 和图 4.2-9。

表 4.2-8　2020—2023 年连云港市秋季近岸海域水质分析

年份	一类 数量	一类 占比	二类 数量	二类 占比	三类 数量	三类 占比	四类 数量	四类 占比	劣四类 数量	劣四类 占比
2020	6	33.3%	6	33.3%	4	22.2%	2	11.1%	0	0.0%
2021	7	38.9%	7	38.9%	3	16.7%	0	0.0%	1	5.6%
2022	18	100.0%	0	0.0%	0	0.0%	0	0.0%	0	0.0%
2023	17	94.4%	1	5.6%	0	0.0%	0	0.0%	0	0.0%

3. 近岸海域无机氮浓度变化趋势

采用连云港市 2020 年至 2023 年近岸海域国控点位水质监测数据，开展连云港市近岸海域无机氮变化情况分析。

自 2020 年至 2023 年，每年 54 次监测数据中，超三类及以上海水水质标准的次数分别为 26 次、7 次、4 次和 3 次，2023 年超三类及以上水质标准的次数最少。根据各国控点位无机氮浓度分布情况可以发现，无机氮浓度整体呈下降趋势。

对每年春季、夏季、秋季三次监测结果进行统计，连云港市 18 个国控站点无机氮浓度范围在 0.010~4.463 mg/L，最小值为 JSH07001 的 2021 年春季监测结果，最大值为 JSH07007 的 2020 年夏季监测结果。春季无机氮浓度范围为 0.010~0.656 mg/L，平均值 0.160 mg/L；夏季无机氮浓度范围为 0.012~4.463 mg/L，平均值 0.302 mg/L；秋季无机氮浓度范围为 0.024~0.779 mg/L，平均值 0.170 mg/L，可以发现夏季无机氮浓度水平

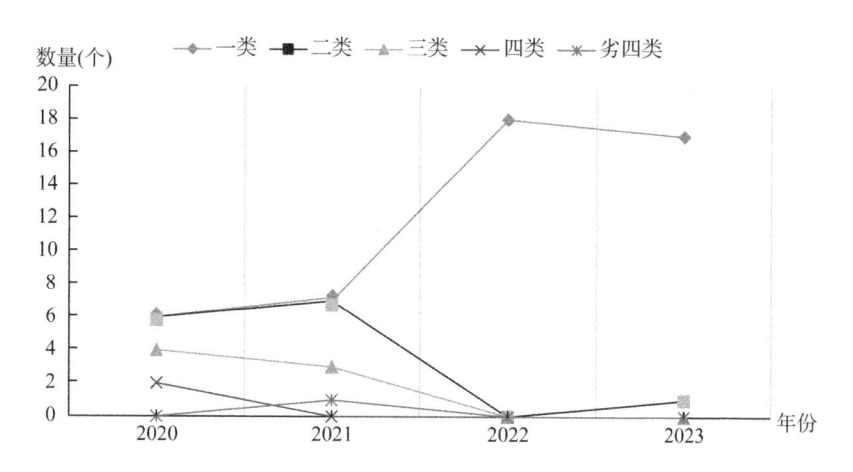

图 4.2-9　2020—2023 年连云港市秋季近岸海域水质分析

较高,春季较低,见表 4.2-9。

4.2.1.4　盐城市

1. 近岸海域水质优良率变化趋势

2020 年至 2023 年,盐城市近岸海域水质优良(一类、二类)面积比例分别为 34.6%、86.9%、88.4%、94.5%。

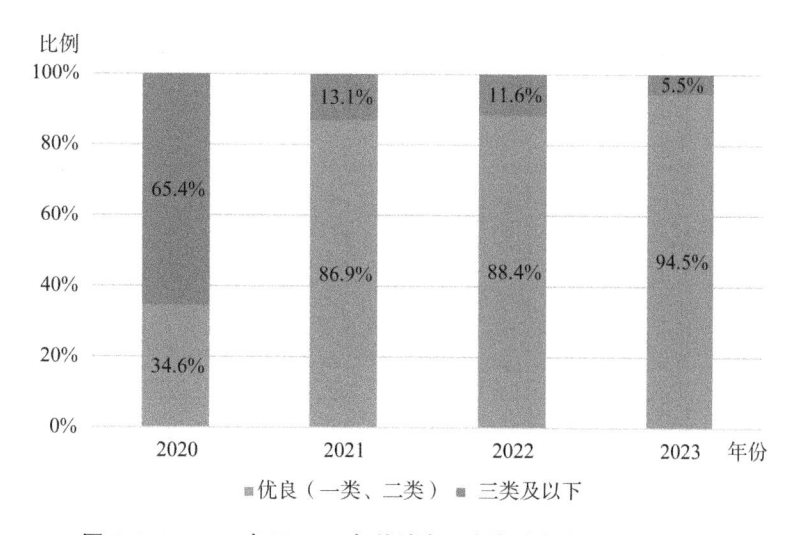

图 4.2-9　2020 年至 2023 年盐城市近岸海域海水水质分布情况

表 4.2-9　2020—2023 年连云港市近岸海域国控点无机氮浓度统计表（单位：mg/L）

国控点位	2020年 春	2020年 夏	2020年 秋	2021年 春	2021年 夏	2021年 秋	2022年 春	2022年 夏	2022年 秋	2023年 春	2023年 夏	2023年 秋
JSH07001	0.061	0.142	0.179	0.010	0.107	0.105	0.037	0.046	0.057	0.026	0.031	0.106
JSH07002	0.095	0.267	0.282	0.133	0.048	0.098	0.075	0.076	0.084	0.046	0.149	0.167
JSH07003	0.555	0.388	0.422	0.165	0.686	0.098	0.290	1.269	0.030	0.377	0.276	0.140
JSH07004	0.080	0.368	0.197	0.027	0.291	0.200	0.024	0.087	0.079	0.040	0.042	0.073
JSH07005	0.275	0.536	0.102	0.109	0.154	0.338	0.042	0.290	0.050	0.086	0.126	0.180
JSH07006	0.234	0.335	0.184	0.118	0.045	0.282	0.017	0.050	0.034	0.224	0.037	0.130
JSH07007	0.656	4.463	0.265	0.392	0.663	0.218	0.439	0.414	0.120	0.402	0.121	0.218
JSH07008	0.288	0.765	0.359	0.143	0.285	0.155	0.071	0.143	0.117	0.131	0.213	0.143
JSH07009	0.515	0.512	0.301	0.120	0.030	0.779	0.096	0.163	0.077	0.040	0.088	0.164
JSH07010	0.282	0.791	0.366	0.077	0.230	0.186	0.029	0.154	0.042	0.101	0.101	0.118
JSH07012	0.342	0.562	0.206	0.118	0.079	0.192	0.107	0.287	0.075	0.057	0.117	0.194
JSH07013	0.281	0.360	0.295	0.109	0.037	0.345	0.141	0.083	0.046	0.099	0.088	0.102
JSH07014	0.414	1.153	0.029	0.123	0.131	0.388	0.248	0.146	0.155	0.464	0.232	0.136
JSH07015	0.343	0.944	0.024	0.020	0.247	0.250	0.306	0.146	0.044	0.135	0.082	0.194
JSH07016	0.122	0.089	0.227	0.119	0.012	0.072	0.041	0.103	0.098	0.069	0.018	0.099
JSH07017	0.136	0.315	0.307	0.050	0.219	0.134	0.054	0.090	0.085	0.037	0.077	0.185
JSH07018	0.170	0.442	0.084	0.104	0.186	0.114	0.069	0.203	0.081	0.086	0.106	0.161
JSH07019	0.152	0.128	0.406	0.011	0.013	0.084	0.033	0.065	0.080	0.020	0.027	0.069

2. 近岸海域水质变化趋势

采用盐城市2020年至2023年近岸海域国控点位水质监测数据,根据不同季节开展盐城市近岸海域水质变化情况分析。

（1）春季

2020年至2023年春季,盐城市近岸海域38个国控点位水质,一类水质点位个数分别为3个、12个、8个和13个,二类水质点位个数分别为7个、14个、18个和17个,三类水质点位个数分别为15个、7个、8个和7个,四类水质点位个数分别为9个、5个、4个和1个,劣四类水质点位个数分别为4个、0个、0个和0个,由此可见,从春季水质变化趋势上看,2023年近岸海域水质相对较好,2021年至2023年水质较2020年有所改善,三类及三类以下水质点位数量占比有所降低,见表4.2-10和图4.2-11。

表4.2-10　2020—2023年盐城市春季近岸海域水质分析

年份	一类 数量	一类 占比	二类 数量	二类 占比	三类 数量	三类 占比	四类 数量	四类 占比	劣四类 数量	劣四类 占比
2020	3	7.9%	7	18.4%	15	39.5%	9	23.7%	4	10.5%
2021	12	31.6%	14	36.8%	7	18.4%	5	13.2%	0	0.0%
2022	8	21.1%	18	47.4%	8	21.1%	4	10.5%	0	0.0%
2023	13	34.2%	17	44.7%	7	18.4%	1	2.6%	0	0.0%

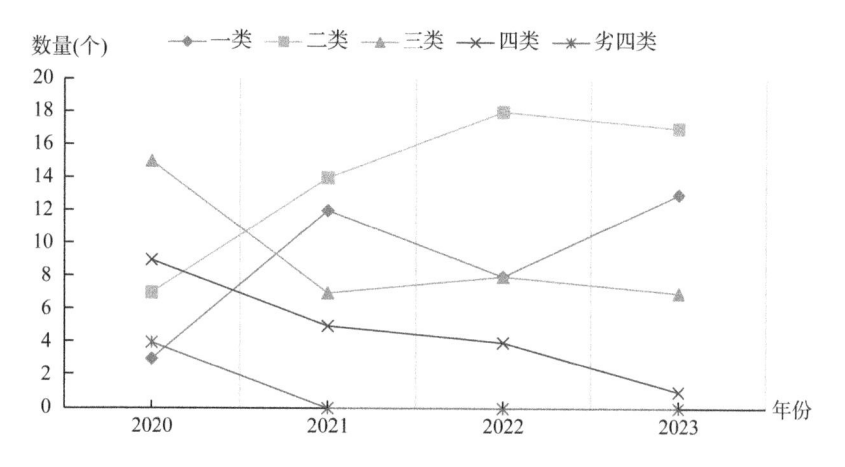

图4.2-11　2020—2023年盐城市春季近岸海域水质分析

（2）夏季

2020年至2023年夏季,盐城市近岸海域38个国控点位水质,一类水质点位个数分别为3个、31个、28个和29个,二类水质点位个数分别为6个、7个、10个和8个,三类水质点位个数分别为13个、0个、0个和1个,四类水质点位个数分别为10个、0个、0个和0个,劣四类水质点位个数分别为6个、0个、0个和0个,由此可见,从夏季水质变化趋势上看,2021年和2023年近岸海域水质相对较好,2021年至2023年水质较2020年有所改善,三类及三类以下水质点位数量占比有所降低,见表4.2-11和图4.2-12。

表 4.2-11 2020—2023 年盐城市夏季近岸海域水质分析

年份	一类 数量	一类 占比	二类 数量	二类 占比	三类 数量	三类 占比	四类 数量	四类 占比	劣四类 数量	劣四类 占比
2020	3	7.9%	6	15.8%	13	34.2%	10	26.3%	6	15.8%
2021	31	81.6%	7	18.4%	0	0.0%	0	0.0%	0	0.0%
2022	28	73.7%	10	26.3%	0	0.0%	0	0.0%	0	0.0%
2023	29	76.3%	8	21.1%	1	2.6%	0	0.0%	0	0.0%

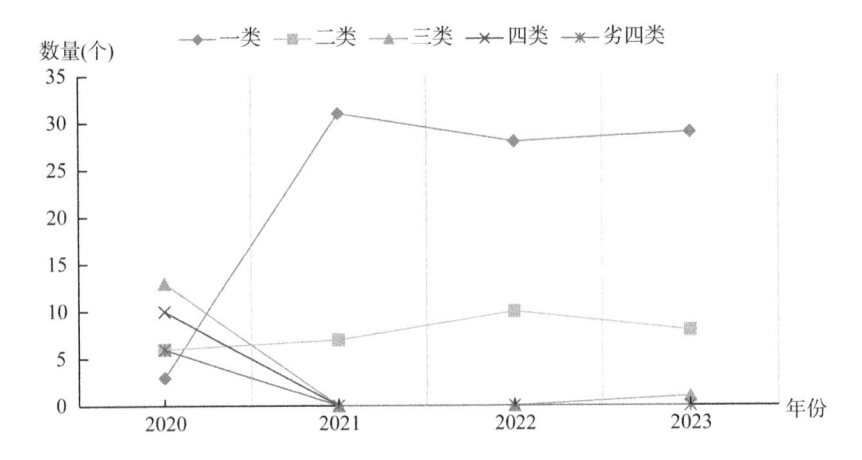

图 4.2-12 2020—2023 年盐城市夏季近岸海域水质分析

(3) 秋季

2020 年至 2023 年秋季,盐城市近岸海域 38 个国控点位水质,一类水质点位个数分别为 1 个、22 个、12 个和 20 个,二类水质点位个数分别为 8 个、12 个、24 个和 17 个,三类水质点位个数分别为 17 个、4 个、2 个和 1 个,四类水质点位个数分别为 9 个、0 个、0 个和 0 个,劣四类水质点位个数分别为 3 个、0 个、0 个和 0 个。由此可见,从秋季水质变化趋势上看,2022 年和 2023 年近岸海域水质相对较好,2021 年至 2023 年水质较 2020 年有所改善,三类及三类以下水质点位数量占比有所降低,见表 4.2-12 和图 4.2-13。

表 4.2-12 2020—2023 年连云港市秋季近岸海域水质分析

年份	一类 数量	一类 占比	二类 数量	二类 占比	三类 数量	三类 占比	四类 数量	四类 占比	劣四类 数量	劣四类 占比
2020	1	2.6%	8	21.1%	17	44.7%	9	23.7%	3	7.9%
2021	22	57.9%	12	31.6%	4	10.5%	0	0.0%	0	0.0%
2022	12	31.6%	24	63.2%	2	5.3%	0	0.0%	0	0.0%
2023	20	52.6%	17	44.7%	1	2.6%	0	0.0%	0	0.0%

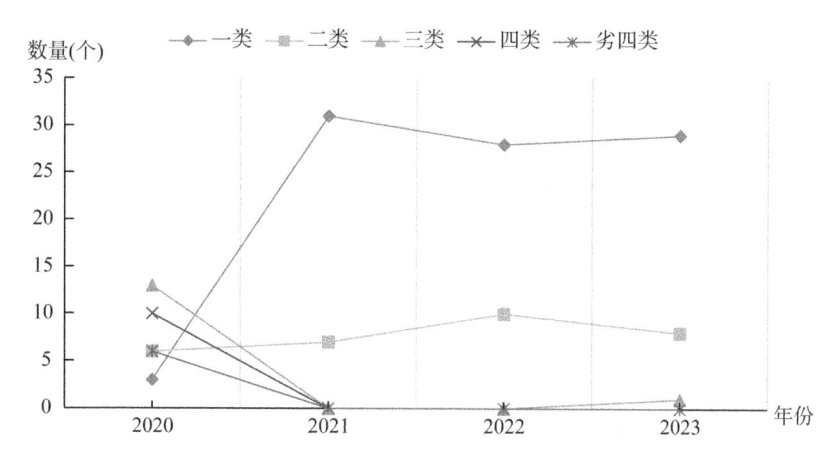

图 4.2-13　2020—2023 年盐城市秋季近岸海域水质分析

3. 近岸海域无机氮浓度变化趋势

采用盐城市 2020 年至 2023 年近岸海域国控点位水质监测数据,开展盐城市近岸海域无机氮变化情况分析。

自 2020 年至 2023 年,每年 114 次监测数据中,超三类及以上海水水质标准的次数分别为 75 次、16 次、13 次和 9 次,2023 年超三类及以上水质标准的次数最少。根据各国控点位无机氮浓度分布情况可以发现,无机氮浓度整体呈下降趋势。

对每年春季、夏季、秋季三次监测结果进行统计,盐城市 38 个国控站点无机氮浓度范围在 0.021～0.644 mg/L,最小值为 JSH10028 的 2023 年夏季监测结果,最大值为 JSH10038 的 2020 年夏季监测结果。春季无机氮浓度范围为 0.035～0.530 mg/L,平均值 0.275 mg/L;夏季无机氮浓度范围为 0.021～0.644 mg/L,平均值 0.183 mg/L;秋季无机氮浓度范围为 0.035～0.615 mg/L,平均值 0.228 mg/L,可以发现夏季无机氮浓度水平较高,夏季较低。

表 4.2-13　2020—2023 年盐城市近岸海域国控点无机氮浓度统计表（单位：mg/L）

国控点位	2020年 春	2020年 夏	2020年 秋	2021年 春	2021年 夏	2021年 秋	2022年 春	2022年 夏	2022年 秋	2023年 春	2023年 夏	2023年 秋
JSH10001	0.403	0.337	0.326	0.238	0.085	0.114	0.235	0.152	0.215	0.294	0.161	0.223
JSH10002	0.349	0.159	0.338	0.248	0.072	0.188	0.266	0.151	0.098	0.158	0.083	0.099
JSH10003	0.447	0.476	0.375	0.372	0.218	0.340	0.320	0.206	0.168	0.299	0.214	0.178
JSH10004	0.214	0.247	0.579	0.157	0.094	0.146	0.266	0.131	0.353	0.217	0.088	0.035
JSH10005	0.453	0.475	0.313	0.196	0.157	0.201	0.199	0.195	0.212	0.351	0.264	0.253
JSH10006	0.513	0.578	0.467	0.416	0.185	0.346	0.452	0.213	0.235	0.215	0.191	0.235
JSH10007	0.351	0.407	0.409	0.228	0.077	0.160	0.210	0.163	0.149	0.264	0.098	0.204
JSH10008	0.373	0.348	0.236	0.380	0.138	0.205	0.097	0.191	0.183	0.207	0.082	0.087
JSH10009	0.338	0.198	0.414	0.132	0.127	0.071	0.152	0.047	0.153	0.225	0.039	0.197
JSH10010	0.505	0.542	0.474	0.369	0.225	0.212	0.202	0.210	0.184	0.317	0.278	0.292
JSH10011	0.251	0.271	0.289	0.188	0.046	0.122	0.250	0.069	0.120	0.150	0.049	0.142
JSH10012	0.464	0.643	0.445	0.331	0.176	0.154	0.376	0.278	0.279	0.358	0.195	0.373
JSH10013	0.454	0.592	0.465	0.409	0.255	0.349	0.350	0.217	0.219	0.347	0.277	0.276
JSH10014	0.247	0.229	0.393	0.155	0.079	0.198	0.315	0.162	0.091	0.178	0.061	0.144
JSH10015	0.207	0.196	0.244	0.119	0.069	0.164	0.239	0.090	0.077	0.138	0.055	0.094
JSH10017	0.337	0.341	0.300	0.228	0.230	0.148	0.299	0.160	0.379	0.222	0.122	0.105
JSH10018	0.177	0.197	0.195	0.099	0.113	0.124	0.139	0.063	0.064	0.121	0.148	0.049
JSH10019	0.359	0.485	0.536	0.417	0.223	0.205	0.281	0.260	0.264	0.384	0.221	0.273
JSH10020	0.415	0.274	0.378	0.299	0.120	0.082	0.291	0.112	0.130	0.238	0.057	0.219
JSH10021	0.347	0.311	0.375	0.243	0.071	0.196	0.257	0.151	0.093	0.201	0.054	0.173

续表

国控点位	2020年 春	2020年 夏	2020年 秋	2021年 春	2021年 夏	2021年 秋	2022年 春	2022年 夏	2022年 秋	2023年 春	2023年 夏	2023年 秋
JSH10022	0.295	0.212	0.368	0.198	0.165	0.198	0.282	0.162	0.127	0.202	0.033	0.131
JSH10023	0.299	0.081	0.297	0.295	0.070	0.224	0.356	0.084	0.149	0.157	0.083	0.134
JSH10026	0.429	0.417	0.421	0.428	0.144	0.281	0.332	0.234	0.222	0.292	0.116	0.255
JSH10027	0.402	0.297	0.444	0.344	0.131	0.293	0.418	0.166	0.150	0.219	0.136	0.213
JSH10028	0.317	0.244	0.224	0.119	0.106	0.134	0.080	0.051	0.137	0.208	0.021	0.106
JSH10029	0.507	0.529	0.391	0.384	0.240	0.107	0.290	0.199	0.218	0.310	0.315	0.273
JSH10030	0.419	0.452	0.321	0.323	0.152	0.261	0.140	0.087	0.219	0.271	0.184	0.251
JSH10031	0.399	0.413	0.403	0.268	0.112	0.256	0.367	0.171	0.130	0.188	0.055	0.204
JSH10032	0.290	0.256	0.385	0.194	0.054	0.044	0.277	0.108	0.118	0.217	0.053	0.196
JSH10033	0.391	0.212	0.236	0.209	0.111	0.138	0.271	0.159	0.228	0.167	0.079	0.172
JSH10034	0.185	0.288	0.329	0.190	0.138	0.163	0.219	0.126	0.119	0.204	0.155	0.079
JSH10035	0.367	0.289	0.357	0.282	0.061	0.128	0.104	0.085	0.177	0.236	0.109	0.161
JSH10036	0.308	0.318	0.333	0.200	0.039	0.142	0.100	0.116	0.158	0.163	0.058	0.163
JSH10037	0.179	0.149	0.370	0.290	0.126	0.270	0.311	0.120	0.120	0.187	0.062	0.200
JSH10038	0.530	0.644	0.615	0.425	0.259	0.346	0.416	0.294	0.276	0.351	0.160	0.249
JSH10039	0.369	0.303	0.362	0.211	0.055	0.214	0.243	0.082	0.123	0.194	0.072	0.160
JSH10040	0.334	0.163	0.242	0.228	0.088	0.204	0.035	0.074	0.170	0.186	0.044	0.169
JSH10041	0.231	0.161	0.370	0.155	0.062	0.156	0.238	0.077	0.086	0.130	0.059	0.060

4.2.2 入海河流水质优良情况

4.2.2.1 全省总体情况

"十三五"期间,江苏省主要入海河流全面消除劣Ⅴ类断面,26 个入海河流国考断面年均水质达到或优于Ⅲ类比例为 69.2%。"十四五"时期,入海河流国控断面由"十三五"期间的 26 个增加至 32 个,对近年来江苏省入海河流国省控断面水质进行统计分析:

2021 年,江苏省入海河流水质总体处于良好状态,32 个国考入海河流断面年均水质达到或好于Ⅲ类比例为 87.5%,同比提高 15.6 个百分点,Ⅳ类断面比例为 12.5%,无Ⅴ类及劣于Ⅴ类断面。

2022 年,江苏省入海河流水质状况总体为优,国考入海河流断面年均水质达到或好于Ⅲ类比例为 93.9%,较 2021 年提高 6.4 个百分点。

2023 年,江苏省入海河流水质总体为优,国考入海河流断面年均水质达到或好于Ⅲ类比例为 97.0%,与 2022 年相比,上升 3.1 个百分点。

图 4.2-14　2020—2023 年江苏省入海河流水质优良情况

4.2.2.2 南通市

2020 年,南通市 6 条主要入海河流中,通吕运河和通启运河达到Ⅲ类标准,如泰运河、掘苴河、栟茶运河、北凌河达到Ⅳ类标准,无Ⅴ类及劣于Ⅴ类断面。

2021 年,南通市 9 条主要入海河流中,北凌河、如泰运河、通启运河、通吕运河等 7 条入海河流入海断面水质达到或优于Ⅲ类标准,栟茶运河、掘苴河入海断面水质符合Ⅳ类标准,无Ⅴ类及劣于Ⅴ类断面。

2022 年,南通市 9 条主要入海河流断面水质全部达到或优于Ⅲ类标准,水质达到或好于Ⅲ类标准的比例较上年上升 22.2 个百分点。

2023 年,南通市 9 条主要入海河流断面水质全部达到或优于Ⅲ类标准。

图 4.2-15　2020—2023 年南通市入海河流水质优良情况

4.2.2.3　连云港市

2020 年,连云港市 15 条入海河流优Ⅲ比例为 80.0%,无劣Ⅴ类断面。

2021 年,连云港市 14 条入海河流共计 16 个监测断面,优Ⅲ类水质比例达 87.5%,无劣Ⅴ断面。入海流河中除烧香河的烧香北闸和排淡河的大板跳闸水质为Ⅳ类外,其余断面水质均为Ⅲ类。

2022 年,连云港市 17 个国考入海河流断面水质优Ⅲ比例 88.3%,19 个省考(含 17 个国考)入海河流断面水质优Ⅲ比例 89.5%,无劣Ⅴ类断面。

2023 年,连云港市 17 个国考入海河流断面水质优Ⅲ比例 94.1%,19 个省考(含 17 个国考)入海河流断面水质优Ⅲ比例 94.7%,无劣Ⅴ类断面。

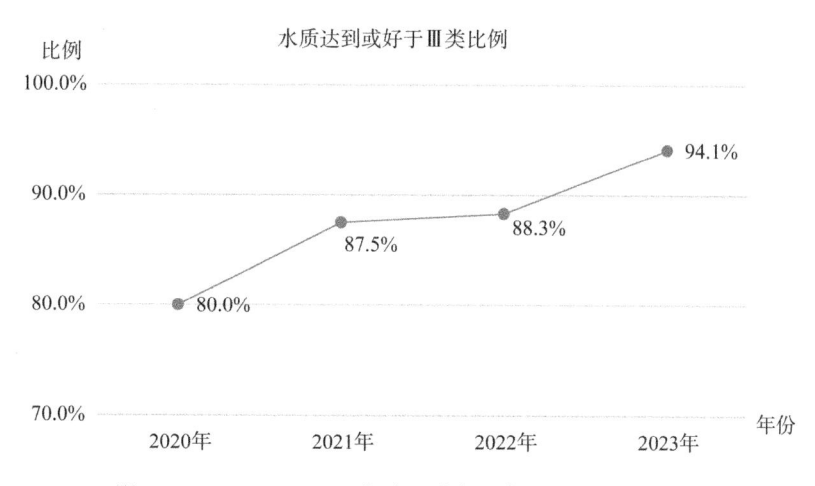

图 4.2-16　2020—2023 年连云港市入海河流水质优良情况

4.2.2.4 盐城市

2020年,盐城市10个入海河流断面达到或优于Ⅲ类水断面8个,比例为80.0%,无劣Ⅴ类断面。

2021年,盐城市21个入海河流断面达到或优于Ⅲ类水断面19个,比例为90.5%,无劣Ⅴ类断面。

2022年,盐城市21个入海河流断面达到或优于Ⅲ类水断面21个,比例为100%,无劣Ⅴ类断面。

2023年,盐城市21个入海河流断面达到或优于Ⅲ类水断面21个,比例为100%,无劣Ⅴ类断面。

图4.2-17 2020—2023年盐城市入海河流水质优良情况

4.2.3 主要入海河流总氮变化趋势

4.2.3.1 全省总体情况

统计江苏省22条纳入全省近岸海域综合治理攻坚战考核的入海河流断面水质总氮监测数据,对2020—2023年监测结果进行分析发现:从总氮浓度增长的重点入海河流数量上来看,22个入海河流国控断面2021年、2022年和2023年总氮浓度均值较2020年上升的断面数量分别为15个(占比68%)、12个(占比55%)、8个(占比36%)。

从总氮浓度增长的重点入海河流地区分布上来看,南通市3个主要入海河流国控断面2021年、2022年和2023年总氮浓度均值较2020年上升的断面数量分别为1个(占比33%)、1个(占比33%)、2个(占比67%);连云港市12个主要入海河流国控断面(含与盐城市共考的灌河陈港断面)2021年、2022年和2023年总氮浓度均值较2020年上升的断面数量分别为9个(占比75%)、6个(占比50%)、2个(占比17%);盐城市8个主要入海河流国控断面(含与连云港市共考的灌河陈港断面)2021年、2022年和2023年总氮浓度均值较2020年上升的断面数量分别为5个(占比63%)、5个(占比63%)、4个(占比50%)。

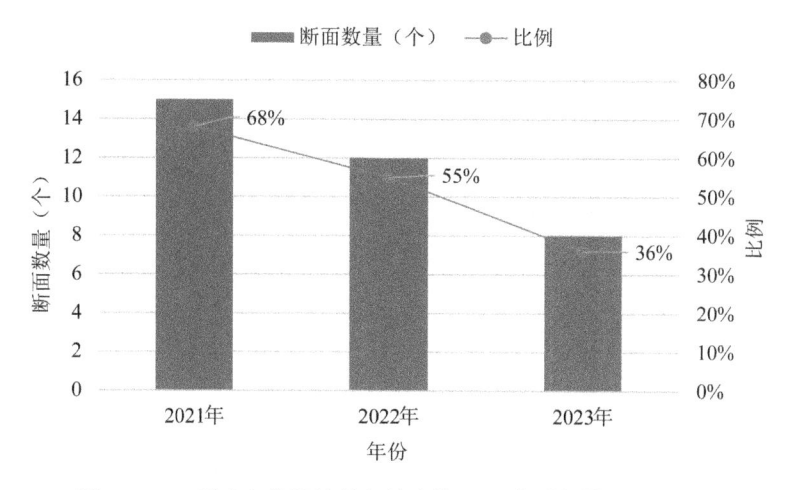

图 4.2-18　重点入海河流总氮浓度较 2020 年增长情况(江苏省)

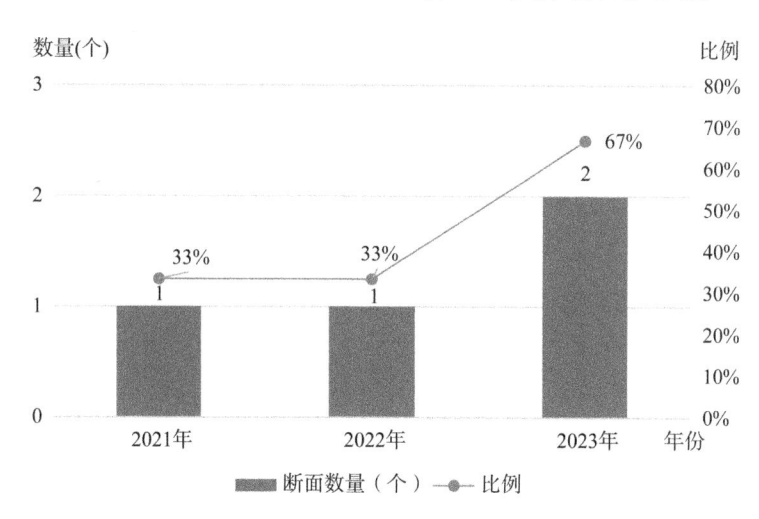

图 4.2-19　重点入海河流总氮浓度较 2020 年增长情况(南通市)

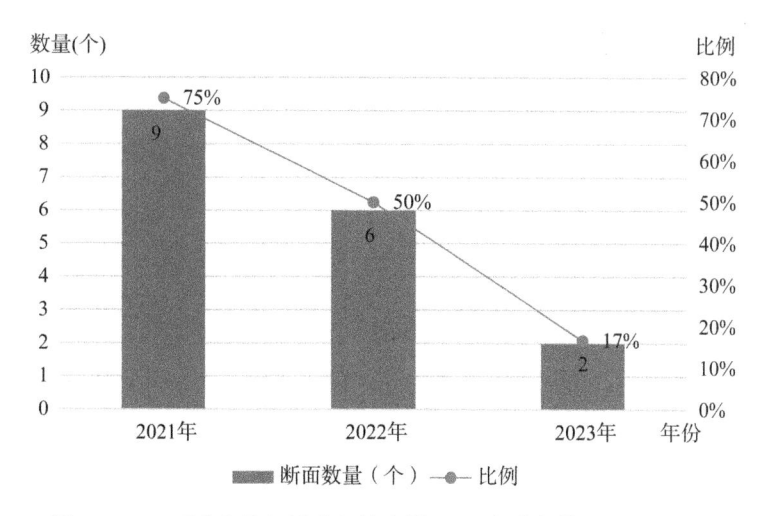

图 4.2-20　重点入海河流总氮浓度较 2020 年增长情况(连云港市)

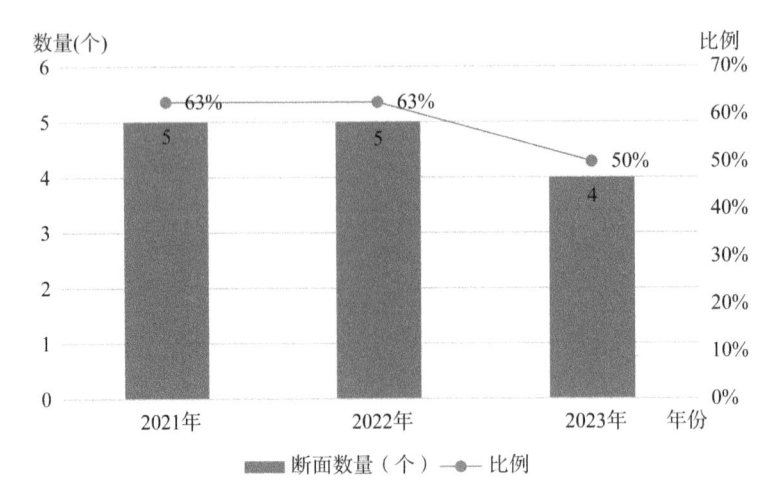

图 4.2-21　重点入海河流总氮浓度较 2020 年增长情况(盐城市)

4.2.3.2　南通市

统计南通市 3 条纳入全省近岸海域综合治理攻坚战考核的入海河流断面水质总氮监测数据,对 2020—2023 年监测结果进行分析发现(图 4.2-22):

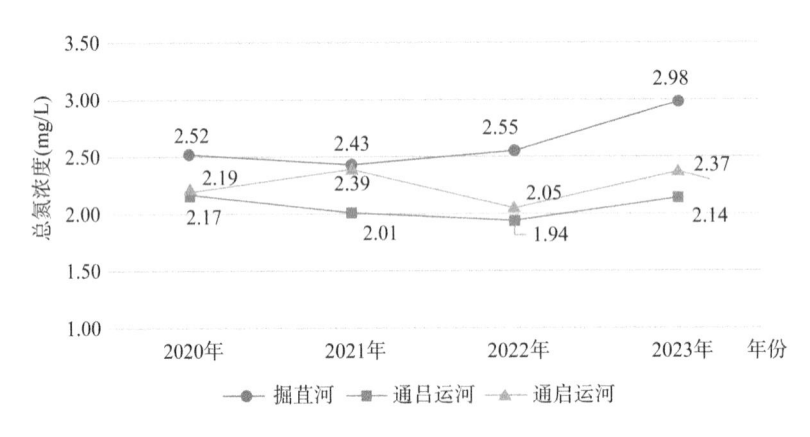

图 4.2-22　南通市主要入海河流总氮浓度变化情况

(1) 掘苴河环东闸口断面年均浓度范围为 2.43～2.98 mg/L,最低浓度出现在 2021 年,最高浓度出现在 2023 年。2021 年至 2023 年总氮年平均浓度较 2020 年同期分别降低 0.09 mg/L(降幅 3.6%)、增加 0.03 mg/L(增幅 1.2%)、增加 0.46 mg/L(增幅 18.3%),总氮浓度整体较 2020 年呈上升趋势。

(2) 通吕运河大洋港桥断面年均浓度范围为 1.94～2.17 mg/L,最低浓度出现在 2022 年,最高浓度出现在 2020 年。2021 年至 2023 年总氮年平均浓度较 2020 年同期分别降低 0.16 mg/L(降幅 7.4%)、降低 0.23 mg/L(降幅 10.6%)、降低 0.03 mg/L(降幅 1.4%),总氮浓度整体较 2020 年呈下降趋势。

(3) 通启运河塘芦港闸断面年均浓度范围为 2.05～2.39 mg/L,最低浓度出现在

2022年,最高浓度出现在2021年。2021年至2023年总氮年平均浓度较2020年同期分别增加0.20 mg/L(增幅9.1%)、降低0.14 mg/L(降幅6.4%)、增加0.18 mg/L(增幅8.2%),总氮浓度整体较2020年呈上升趋势。

4.2.3.3 连云港市

统计连云港市12条纳入全省近岸海域综合治理攻坚战考核的入海河流断面水质总氮监测数据(其中包含与盐城市共考的灌河陈港断面),对2020—2023年监测结果进行分析发现(图4.2-23):

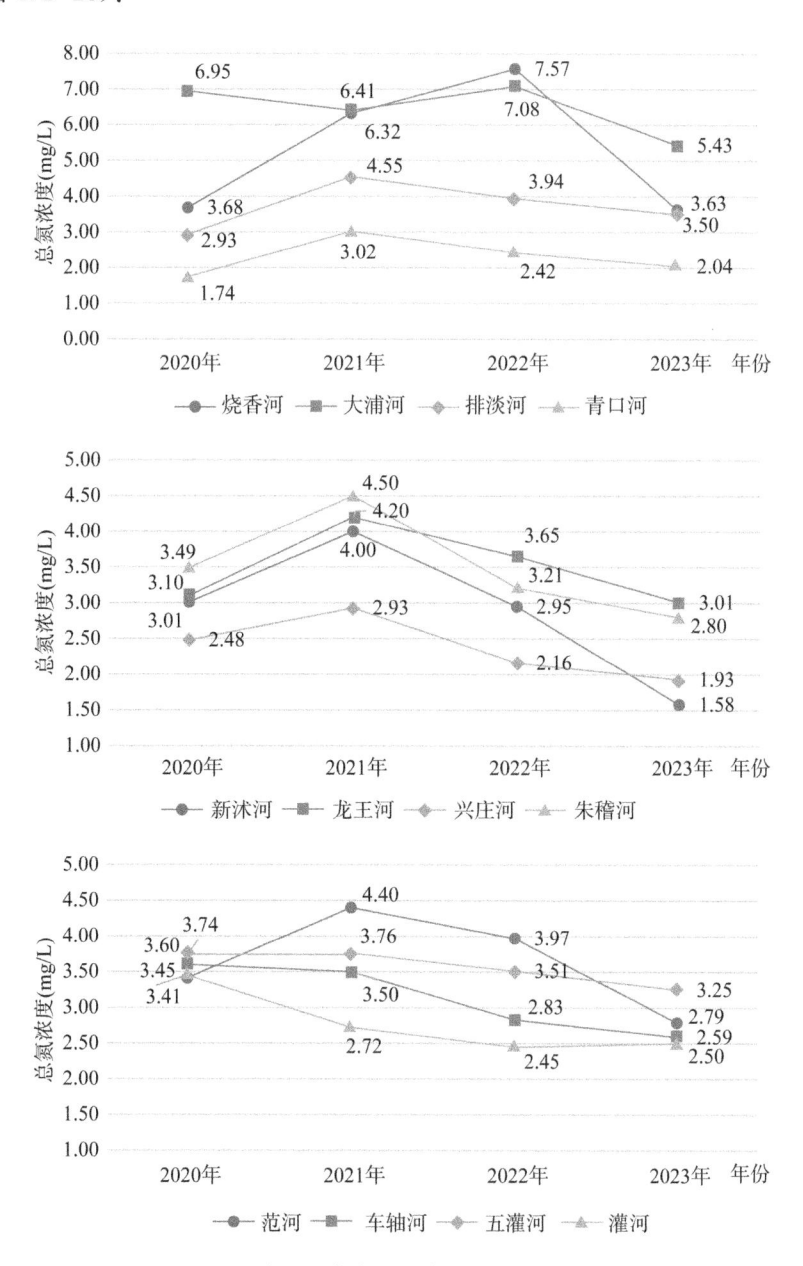

图4.2-23 连云港市主要入海河流总氮浓度变化情况

(1) 烧香河烧香北闸断面年均浓度范围为 3.63～7.57 mg/L,最低浓度出现在 2023 年,最高浓度出现在 2022 年。2021 年至 2023 年总氮年平均浓度较 2020 年同期分别增加 2.64 mg/L(增幅 71.7%)、增加 3.89 mg/L(增幅 105.7%)、降低 0.05 mg/L(降幅 1.4%),总氮浓度整体呈先上升后下降趋势。

(2) 大浦河大浦闸断面年均浓度范围为 5.43～7.08 mg/L,最低浓度出现在 2023 年,最高浓度出现在 2022 年。2021 年至 2023 年总氮年平均浓度较 2020 年同期分别降低 0.54 mg/L(降幅 7.8%)、增加 0.13 mg/L(增幅 1.9%)、降低 1.52 mg/L(降幅 21.9%),总氮浓度整体较 2020 年呈下降趋势。

(3) 排淡河大板跳闸断面年均浓度范围为 2.93～4.55 mg/L,最低浓度出现在 2020 年,最高浓度出现在 2021 年。2021 年至 2023 年总氮年平均浓度较 2020 年同期分别增加 1.62 mg/L(增幅 55.3%)、增加 1.01 mg/L(增幅 34.5%)、增加 0.57 mg/L(增幅 19.5%),总氮浓度整体较 2020 年呈上升趋势。

(4) 青口河坝头桥断面年均浓度范围为 1.74～3.02 mg/L,最低浓度出现在 2020 年,最高浓度出现在 2021 年。2021 年至 2023 年总氮年平均浓度较 2020 年同期分别增加 1.28 mg/L(增幅 73.6%)、增加 0.68 mg/L(增幅 39.1%)、增加 0.30 mg/L(增幅 17.2%),总氮浓度整体较 2020 年呈上升趋势。

(5) 新沭河墩尚水漫桥断面年均浓度范围为 1.58～4.00 mg/L,最低浓度出现在 2023 年,最高浓度出现在 2021 年。2021 年至 2023 年总氮年平均浓度较 2020 年同期分别增加 0.99 mg/L(增幅 32.9%)、降低 0.06 mg/L(降幅 2.0%)、降低 1.43 mg/L(降幅 47.5%),总氮浓度整体较 2020 年呈下降趋势。

(6) 龙王河海头大桥断面年均浓度范围为 3.01～4.20 mg/L,最低浓度出现在 2023 年,最高浓度出现在 2021 年。2021 年至 2023 年总氮年平均浓度较 2020 年同期分别增加 1.10 mg/L(增幅 35.5%)、增加 0.55 mg/L(增幅 17.7%)、降低 0.09 mg/L(降幅 2.9%),总氮浓度整体较 2020 年呈先上升后下降趋势。

(7) 兴庄河兴庄桥断面年均浓度范围为 1.93～2.93 mg/L,最低浓度出现在 2023 年,最高浓度出现在 2021 年。2021 年至 2023 年总氮年平均浓度较 2020 年同期分别增加 0.45 mg/L(增幅 18.1%)、降低 0.32 mg/L(降幅 12.9%)、降低 0.55 mg/L(降幅 22.2%),总氮浓度整体较 2020 年呈下降趋势。

(8) 朱稽河郑园桥断面年均浓度范围为 2.80～4.50 mg/L,最低浓度出现在 2023 年,最高浓度出现在 2021 年。2021 年至 2023 年总氮年平均浓度较 2020 年同期分别增加 1.01 mg/L(增幅 28.9%)、降低 0.28 mg/L(降幅 8.0%)、降低 0.69 mg/L(降幅 19.8%),总氮浓度整体较 2020 年呈下降趋势。

(9) 范河范河桥断面年均浓度范围为 2.79～4.40 mg/L,最低浓度出现在 2023 年,最高浓度出现在 2021 年。2021 年至 2023 年总氮年平均浓度较 2020 年同期分别增加 0.99 mg/L(增幅 29.0%)、增加 0.56 mg/L(增幅 16.4%)、降低 0.62 mg/L(降幅 18.2%),总氮浓度整体较 2020 年呈先上升后下降趋势。

(10) 车轴河四队桥断面年均浓度范围为 2.59～3.60 mg/L,最低浓度出现在 2023 年,最高浓度出现在 2020 年。2021 年至 2023 年总氮年平均浓度较 2020 年同期分别降低 0.10 mg/L(降幅 2.8%)、降低 0.77 mg/L(降幅 21.4%)、降低 1.01 mg/L(降幅 28.1%),总氮浓度整体较 2020 年呈下降趋势。

(11) 五灌河燕尾闸断面年均浓度范围为 3.25～3.76 mg/L,最低浓度出现在 2023 年,最高浓度出现在 2021 年。2021 年至 2023 年总氮年平均浓度较 2020 年同期分别增加 0.02 mg/L(增幅 0.5%)、降低 0.23 mg/L(降幅 6.1%)、降低 0.49 mg/L(降幅 13.1%),总氮浓度整体较 2020 年呈下降趋势。

(12) 灌河陈港断面年均浓度范围为 2.45～3.45 mg/L,最低浓度出现在 2022 年,最高浓度出现在 2020 年。2021 年至 2023 年总氮年平均浓度较 2020 年同期分别降低 0.73 mg/L(降幅 21.2%)、降低 1.00 mg/L(降幅 29.0%)、降低 0.95 mg/L(降幅 27.5%),总氮浓度整体较 2020 年呈下降趋势。

4.2.3.4 盐城市

统计盐城市 8 条纳入全省近岸海域综合治理攻坚战考核的入海河流断面水质总氮监测数据(其中包含与连云港市共考的灌河陈港断面),对 2020—2023 年监测结果进行分析发现(图 4.2-24):

(1) 射阳河射阳河闸断面年均浓度范围为 2.42～2.59 mg/L,最低浓度出现在 2020 年,最高浓度出现在 2021 年。2021 年至 2023 年总氮年平均浓度较 2020 年同期分别增加 0.17 mg/L(增幅 7.0%)、增加 0.07 mg/L(增幅 2.9%)、增加 0.10 mg/L(增幅 4.1%),总氮浓度整体较 2020 年呈上升趋势。

(2) 黄沙港黄沙港闸断面年均浓度范围为 2.35～2.59 mg/L,最低浓度出现在 2021 年,最高浓度出现在 2022 年。2021 年至 2023 年总氮年平均浓度较 2020 年同期分别降低 0.05 mg/L(降幅 2.1%)、增加 0.19 mg/L(增幅 7.9%)、增加 0.06 mg/L(增幅 2.5%),总氮浓度整体较 2020 年呈上升趋势。

(3) 新洋港新洋港闸断面年均浓度范围为 2.10～2.85 mg/L,最低浓度出现在 2023 年,最高浓度出现在 2021 年。2021 年至 2023 年总氮年平均浓度较 2020 年同期分别增加 0.44 mg/L(增幅 18.3%)、增加 0.10 mg/L(增幅 4.1%)、降低 0.31 mg/L(降幅 12.9%),总氮浓度整体较 2020 年呈先上升后下降趋势。

(4) 东台河富民桥断面年均浓度范围为 1.92～2.36 mg/L,最低浓度出现在 2022 年,最高浓度出现在 2020 年。2021 年至 2023 年总氮年平均浓度较 2020 年同期分别降低 0.02 mg/L(降幅 0.8%)、降低 0.44 mg/L(降幅 18.6%)、降低 0.12 mg/L(降幅 5.1%),总氮浓度整体较 2020 年呈下降趋势。

(5) 斗龙港斗龙港闸断面年均浓度范围为 2.27～2.75 mg/L,最低浓度出现在 2023 年,最高浓度出现在 2021 年。2021 年至 2023 年总氮年平均浓度较 2020 年同期分别增加 0.45 mg/L(增幅 19.6%)、增加 0.12 mg/L(增幅 5.2%)、降低 0.03 mg/L(降幅 1.3%),总氮浓度整体较 2020 年呈下降趋势。

(6) 川东港川东闸断面年均浓度范围为 2.65～3.67 mg/L,最低浓度出现在 2020 年,最高浓度出现在 2021 年。2021 年至 2023 年总氮年平均浓度较 2020 年同期分别增加 1.02 mg/L(增幅 38.5%)、增加 0.28 mg/L(增幅 10.6%)、增加 0.28 mg/L(增幅

10.6%),总氮浓度整体较 2020 年呈上升趋势。

（7）王港河王港闸断面年均浓度范围为 2.52～3.02 mg/L,最低浓度出现在 2022 年,最高浓度出现在 2021 年。2021 年至 2023 年总氮年平均浓度较 2020 年同期分别增加 0.20 mg/L(增幅 7.1%)、降低 0.30 mg/L(降幅 10.6%)、增加 0.03 mg/L(增幅 1.1%),总氮浓度整体较 2020 年呈上升趋势。

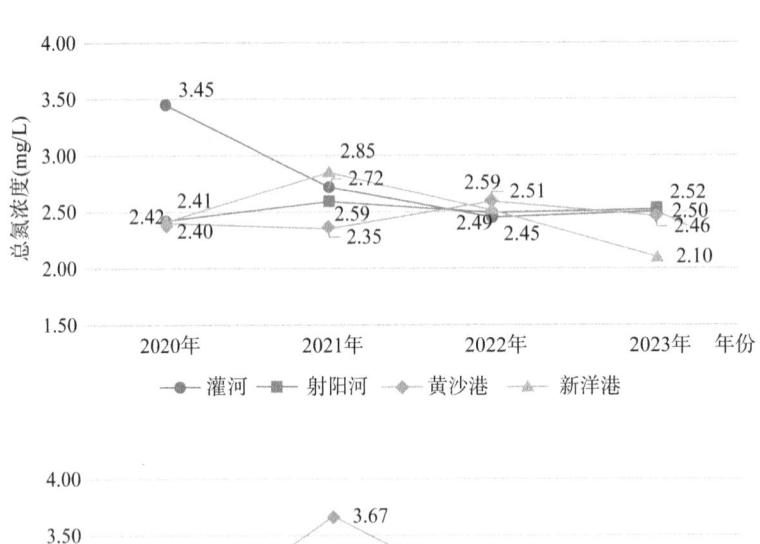

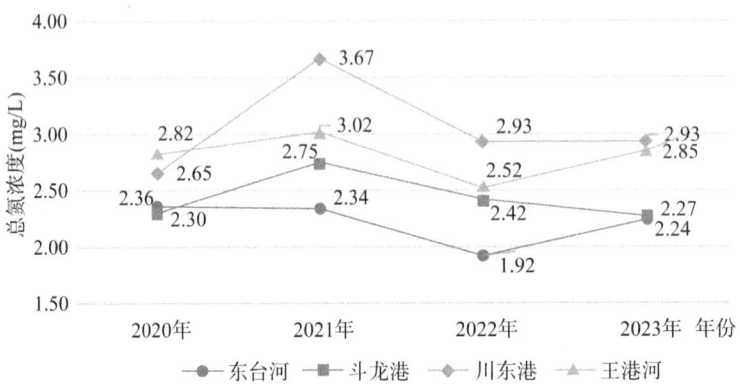

图 4.2-24 盐城市主要入海河流总氮浓度变化情况

表4.2-14 22个入海河流国考断面总氮浓度变化趋势

序号	所在地区	河流名称	入海断面名称	总氮年平均浓度(mg/L) 2020年	2021年	2022年	2023年	2021年较2020年 浓度增减量(mg/L)	增减幅度	2022年较2020年 浓度增减量(mg/L)	增减幅度	2023年较2020年 浓度增减量(mg/L)	增减幅度
1	南通市	掘苴河	环苴闸口	2.52	2.43	2.55	2.98	−0.09	−3.6%	0.03	1.2%	0.46	18.3%
2	南通市	通吕运河	大洋港桥	2.17	2.01	1.94	2.14	−0.16	−7.4%	−0.23	−10.6%	−0.03	−1.4%
3	南通市	通启运河	塘芦港闸	2.19	2.39	2.05	2.37	0.20	9.1%	−0.14	−6.4%	0.18	8.2%
4	连云港市	烧香河	烧香北闸	3.68	6.32	7.57	3.63	2.64	71.7%	3.89	105.7%	−0.05	−1.4%
5	连云港市	大浦河	大浦闸	6.95	6.41	7.08	5.43	−0.54	−7.8%	0.13	1.9%	−1.52	−21.9%
6	连云港市	排淡河	大板跳闸	2.93	4.55	3.94	3.50	1.62	55.3%	1.01	34.5%	0.57	19.5%
7	连云港市	青口河	坝头桥	1.74	3.02	2.42	2.04	1.28	73.6%	0.68	39.1%	0.30	17.2%
8	连云港市	新沭河	墩尚水漫桥	3.01	4.00	2.95	1.58	0.99	32.9%	−0.06	−2.0%	−1.43	−47.5%
9	连云港市	龙王河	海头大桥	3.10	4.20	3.65	3.01	1.10	35.5%	0.55	17.7%	−0.09	−2.9%
10	连云港市	兴庄河	兴庄闸	2.48	2.93	2.16	1.93	0.45	18.1%	−0.32	−12.9%	−0.55	−22.2%
11	连云港市	朱稽河	郑园桥	3.49	4.50	3.21	2.80	1.01	28.9%	−0.28	−8.0%	−0.69	−19.8%
12	连云港市	范河	范河桥	3.41	4.40	3.97	2.79	0.99	29.0%	0.56	16.4%	−0.62	−18.2%
13	连云港市	车轴河	四队桥	3.60	3.50	2.83	2.59	−0.10	−2.8%	−0.77	−21.4%	−1.01	−28.1%
14	连云港市	五灌河	燕尾闸	3.74	3.76	3.51	3.25	0.02	0.5%	−0.23	−6.1%	−0.49	−13.1%
15	连云港市/盐城市	灌河	陈港	3.45	2.72	2.45	2.50	−0.73	−21.2%	−1.00	−29.0%	−0.95	−27.5%
16	盐城市	射阳河	射阳河闸	2.42	2.59	2.49	2.52	0.17	7.0%	0.07	2.9%	0.10	4.1%
17	盐城市	黄沙港	黄沙港闸	2.40	2.35	2.59	2.46	−0.05	−2.1%	0.19	7.9%	0.06	2.5%
18	盐城市	新洋港	新洋港闸	2.41	2.85	2.51	2.10	0.44	18.3%	0.10	4.1%	−0.31	−12.9%
19	盐城市	东台河	富民桥	2.36	2.34	1.92	2.24	−0.02	−0.8%	−0.44	−18.6%	−0.12	−5.1%
20	盐城市	斗龙港	斗龙港闸	2.30	2.75	2.42	2.27	0.45	19.6%	0.12	5.2%	−0.03	−1.3%
21	盐城市	川东港	川东闸	2.65	3.67	2.93	2.93	1.02	38.5%	0.28	10.6%	0.28	10.6%
22	盐城市	王港河	王港闸	2.82	3.02	2.52	2.85	0.20	7.1%	−0.30	−10.6%	0.03	1.1%

4.2.3.5 纳入攻坚战考核的入海河流

《重点海域综合治理攻坚战行动方案》提出,到 2025 年国控河流入海断面总氮浓度与 2020 年相比保持负增长,江苏共有 3 个入海河流断面纳入考核,分别是掘苴河环东闸口断面、通启运河塘芦港闸断面、通吕运河大洋港闸断面,均位于南通市。

1. 掘苴河环东闸口断面总氮浓度趋势分析

统计掘苴河环东闸口断面 2020—2023 年水质监测数据,从多年变化趋势来看,2020 年以来,环东闸口断面总氮浓度先下降后上升,由 2020 年的 2.52 mg/L 下降至 2021 年最低值 2.43 mg/L,之后连续上升,在 2023 年达到 2.98 mg/L,总体上呈上升趋势(图 4.2-25)。

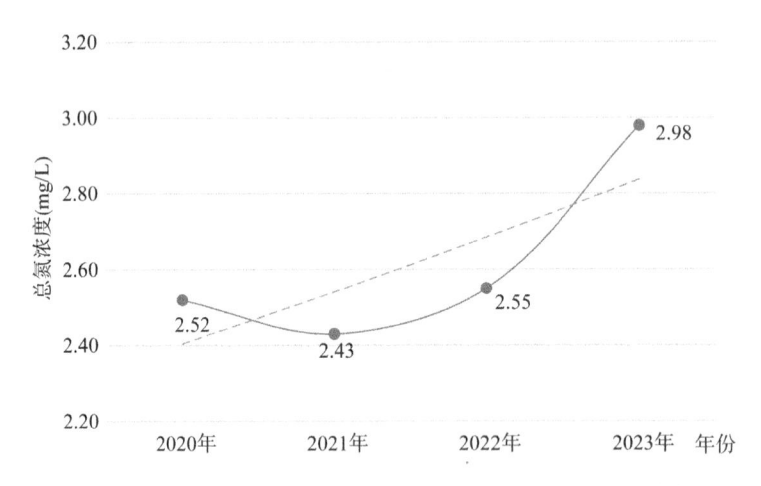

图 4.2-25 掘苴河环东闸口断面 2020—2023 年总氮浓度变化

由图 4.2-26 可知,从不同季度来看,除 2020 年以外,2021 与 2022 年总氮浓度均呈现冬春高,夏秋低的特点。具体而言,2020 年环东闸口断面第三和第四季度总氮浓度较高,均高于 2020 年总氮浓度年均值。2021 年环东闸口断面第一季度总氮浓度最高,高于 2020 年总氮浓度年均值。2022 年亦呈现相同特点,第一季度和第四季度总氮浓度高于 2020 年年均值。2023 年第一季度、第三季度、第四季度总氮浓度明显高于 2020 年年均值,2023 年四个季度较 2020 年同期分别增长了 58.6%、18.0%、9.0% 以及下降了 5.5%。

从不同月份来看,2020 年、2021 年以及 2023 年总氮汛期影响较为明显。2023 年总氮浓度则呈现"W"形趋势,7 月份浓度最高,1 月份、12 月份浓度较高。相比于基准年 2020 年总氮浓度,2023 年共有 4 个月总氮浓度低于 2.52 mg/L,达标率达 33.3%;2022 年共有 7 个月总氮浓度达标,比例达 58.3%;2021 年共有 8 个月总氮浓度达标,比例达 66.7%。总氮浓度高于 2.52 mg/L 的月份主要集中在 1—2 月、7—8 月和 12 月份,主要受汛期雨季、冬季温度偏低等因素影响,见图 4.2-27 和表 4.2-15。

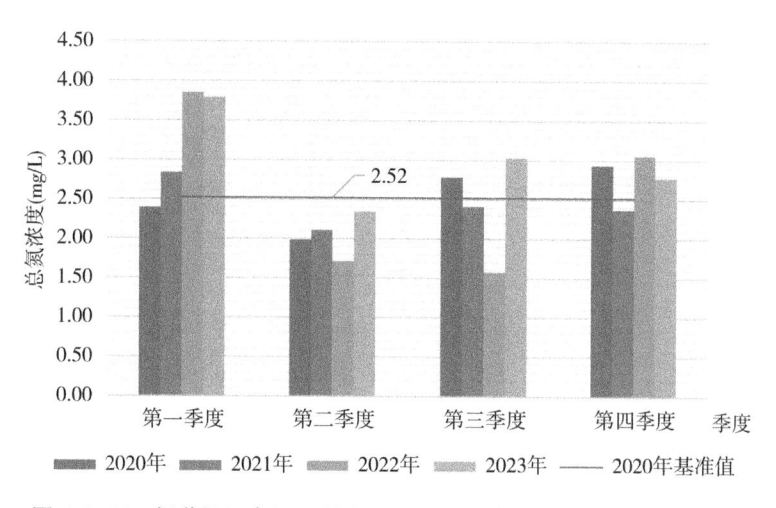

第四章　江苏入海河流总氮污染问题识别

图 4.2-26　掘苴河环东闸口断面 2020—2023 年不同季度总氮浓度变化

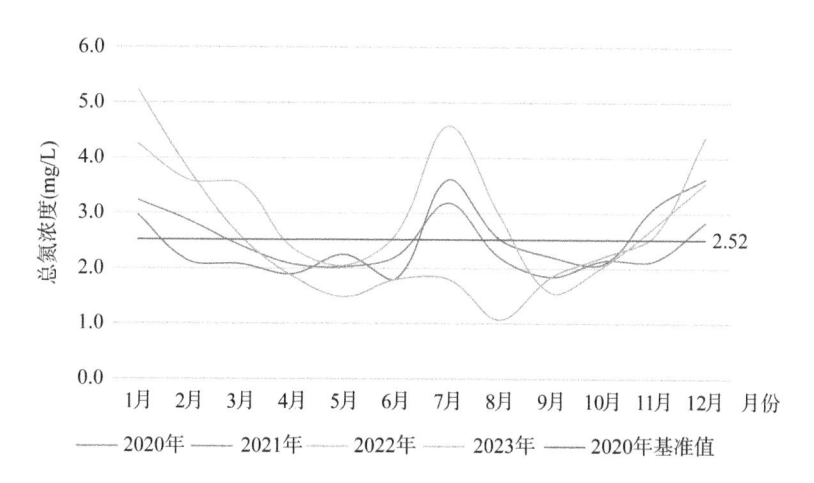

图 4.2-27　掘苴河环东闸口断面 2020—2023 年不同月份总氮浓度变化

表 4.2-15　掘苴河环东闸口断面 2020—2023 年逐月总氮浓度一览表　　单位：mg/L

月份	2020 年	2021 年	2022 年	2023 年
1 月	2.96	3.23	5.22	4.25
2 月	2.13	2.86	3.76	3.59
3 月	2.08	2.41	2.58	3.53
4 月	1.90	2.08	1.86	2.37
5 月	2.25	2.03	1.48	2.05
6 月	1.81	2.21	1.80	2.61
7 月	3.60	3.18	1.81	4.58
8 月	2.53	2.20	1.07	2.95

续表

月份	2020年	2021年	2022年	2023年
9月	2.21	1.85	1.85	1.56
10月	2.08	2.14	2.21	2.03
11月	3.10	2.14	2.59	2.75
12月	3.62	2.83	4.38	3.54
第一季度	2.39	2.83	3.85	3.79
第二季度	1.99	2.11	1.71	2.34
第三季度	2.78	2.41	1.58	3.03
第四季度	2.93	2.37	3.06	2.77
年均值	2.52	2.43	2.55	2.98

2. 通吕运河大洋港桥断面总氮浓度趋势分析

统计通吕运河大洋港桥断面2020—2023年水质监测数据，从多年变化趋势来看，2020年以来，大洋港桥断面总氮浓度先下降、后上升，由2020年的2.17 mg/L下降至2022年最低值1.94 mg/L，之后在2023年上升至2.14 mg/L，总体上呈下降趋势（图4.2-28）。

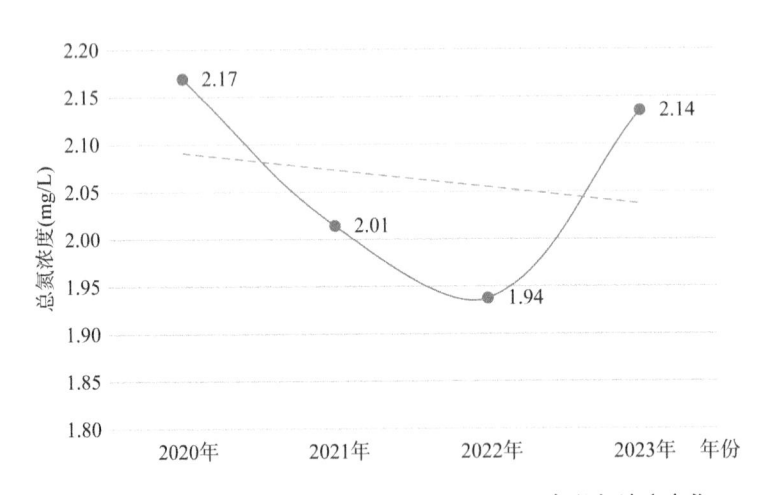

图4.2-28 通吕运河大洋港桥断面2020—2023年总氮浓度变化

从不同季度来看，除2020年以外，其他年份呈现冬春高，夏秋低的特点。2020年大洋港桥断面第一季度和第二季度总氮浓度较高，高于2020年总氮浓度年均值。2021年大洋港桥断面第一季度总氮浓度最高，高于2020年总氮浓度年均值。2022年大洋港桥断面第四季度总氮浓度最高，高于2020年总氮浓度年均值。2023年大洋港桥断面第一季度总氮浓度高于2020年年均值，2023年四个季度较2020年同期分别降低了13.6%、10.3%以及上升了9.1%、16.0%（图4.2-29）。

从不同月份来看，2021—2023年逐月总氮浓度呈现波动下降趋势，相比于基准年

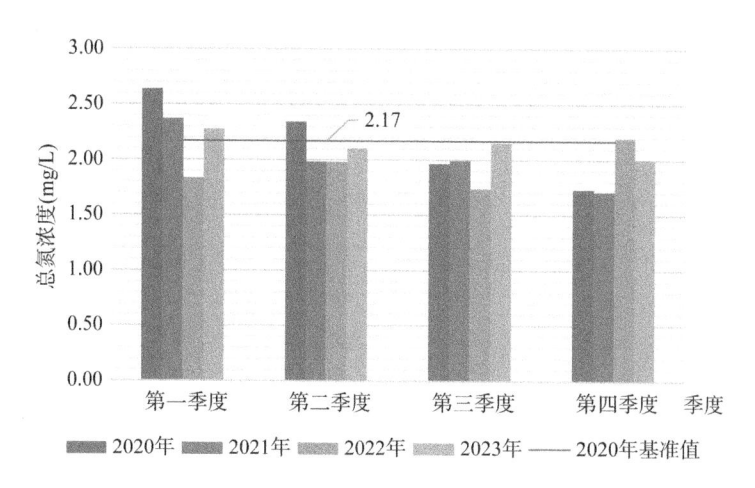

图 4.2-29　通吕运河大洋港桥断面 2020—2023 年不同季度总氮浓度变化

2020年总氮浓度,2023 年共有 7 个月总氮浓度低于 2.17 mg/L,达标率达 58.3%;2022年共有 10 个月总氮浓度达标,比例达 83.3%;2021 年共有 8 个月总氮浓度达标,比例达 66.7%。总氮浓度高于 2.17 mg/L 的月份主要集中在 1—3 月、6—7 月和 12 月份,主要受汛期雨季、冬季温度偏低等因素影响(图 4.2-30、表 4.2-16)。

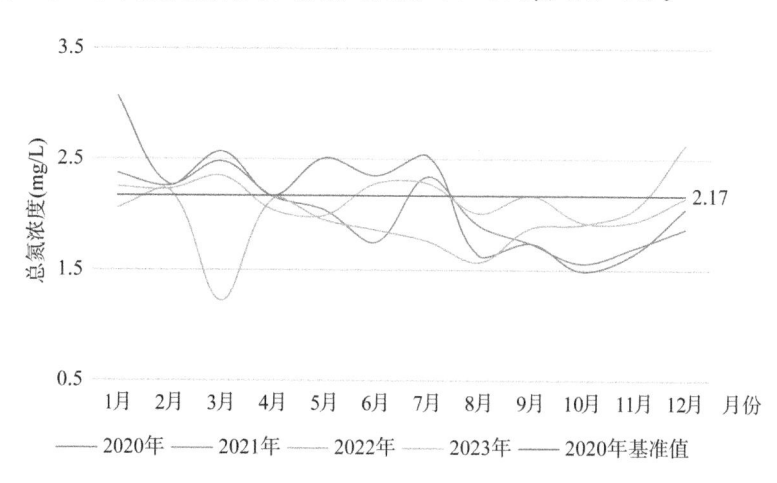

图 4.2-30　通吕运河大洋港桥断面 2020—2023 年不同月份总氮浓度变化

表 4.2-16　通吕运河大洋港桥断面 2020—2023 年逐月总氮浓度一览表　　单位:mg/L

月份	2020 年	2021 年	2022 年	2023 年
1 月	3.07	2.37	2.06	2.25
2 月	2.27	2.26	2.22	2.23
3 月	2.57	2.48	1.22	2.35
4 月	2.17	2.16	2.14	2.04
5 月	2.51	2.04	1.95	1.99

续表

月份	2020 年	2021 年	2022 年	2023 年
6 月	2.35	1.75	1.86	2.28
7 月	2.53	2.34	1.76	2.28
8 月	1.63	1.9	1.57	2.01
9 月	1.74	1.74	1.88	2.17
10 月	1.49	1.56	1.91	1.93
11 月	1.65	1.7	2.05	1.94
12 月	2.05	1.87	2.63	2.15
第一季度	2.64	2.37	1.83	2.28
第二季度	2.34	1.98	1.98	2.10
第三季度	1.97	1.99	1.74	2.15
第四季度	1.73	1.71	2.20	2.01
年均值	2.17	2.01	1.94	2.14

3. 通启运河塘芦港闸断面总氮浓度趋势分析

统计通启运河塘芦港闸断面 2020—2023 年水质监测数据(图 4.2-31),从多年变化趋势来看,2020 年以来,塘芦港闸断面总氮浓度为"N"形变化特点,由 2020 年的 2.19 mg/L 上升至 2021 年最高值 2.39 mg/L,之后下降至 2022 年最低值 2.05 mg/L,此后在 2023 年又上升至 2.37 mg/L,总体上呈上升趋势。

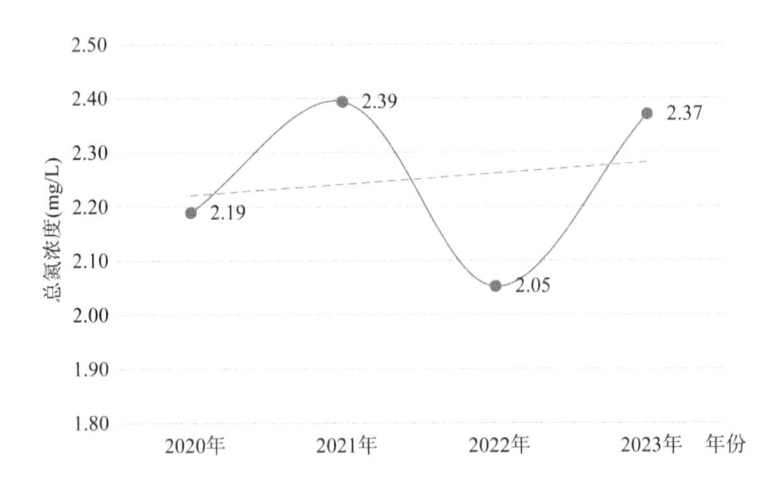

图 4.2-31 通启运河塘芦港闸断面 2020—2023 年总氮浓度变化

从不同季度来看,2021—2023 年呈现冬春高,夏秋低的特点(图 4.2-32)。2020 年塘芦港闸断面第一季度和第二季度总氮浓度较高,高于 2020 年总氮浓度年均值。2021 年塘芦港闸断面第一季度、第三季度和第四季度总氮浓度较高,高于 2020 年总氮浓度年均值。2022 年塘芦港闸断面第一季度、第四季度总氮浓度较高,高于 2020 年总氮浓度年均值。2023年塘芦港闸断面第一季度、第三季度总氮浓度高于2020年年均值,2023年四个季度较2020年同期分别增加19.4%、降低6.1%、增加19.7%和0.5%。

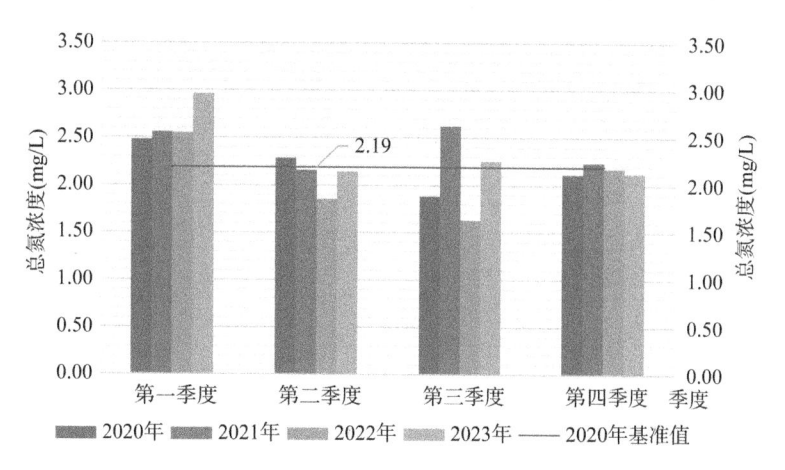

图4.2-32 通启运河塘芦港闸断面2020—2023年不同季度总氮浓度变化

从不同月份来看,2021年至2023年逐月总氮浓度呈现波动上升趋势。相比于基准年2020年总氮浓度,2023年共有5个月总氮浓度低于2.19 mg/L,达标率达41.7%;2022年共有7个月总氮浓度达标,比例达58.3%;2021年共有3个月总氮浓度达标,比例达25%。总氮浓度高于2.19 mg/L主要集中在1—3月、6—7月和12月份,主要受汛期雨季、冬季温度偏低等因素影响(图4.2-33、表4.2-17)。

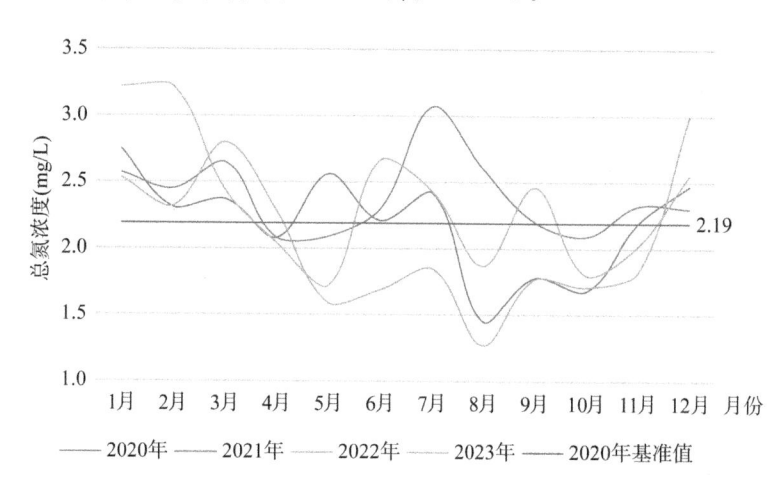

图4.2-33 通启运河塘芦港闸断面2020—2023年不同月份总氮浓度变化

表4.2-17 通启运河塘芦港闸断面2020—2023年逐月总氮浓度一览表　　单位:mg/L

月份	2020年	2021年	2022年	2023年
1月	2.75	2.57	2.53	3.22
2月	2.31	2.45	2.32	3.22

续表

月份	2020 年	2021 年	2022 年	2023 年
3 月	2.37	2.65	2.80	2.44
4 月	2.08	2.08	2.28	2.04
5 月	2.56	2.09	1.59	1.72
6 月	2.21	2.30	1.69	2.67
7 月	2.42	3.07	1.85	2.43
8 月	1.45	2.60	1.27	1.87
9 月	1.78	2.20	1.77	2.46
10 月	1.68	2.09	1.71	1.80
11 月	2.19	2.32	1.82	2.02
12 月	2.47	2.30	3.00	2.55
第一季度	2.48	2.56	2.55	2.96
第二季度	2.28	2.16	1.85	2.14
第三季度	1.88	2.62	1.63	2.25
第四季度	2.11	2.24	2.18	2.12
年均值	2.19	2.39	2.05	2.37

4.3 江苏省入海河流总氮污染问题识别

2021年,江苏省22个入海河流国考断面中有15个断面总氮浓度均值较2020年上升,占比68.2%;2022年有12个断面总氮浓度均值较2020年上升,占比54.5%,2023年有8个断面总氮浓度均值较2020年上升,占比36.4%,入海河流总氮污染问题不容忽视,综合重点入海河流污染问题,江苏省近岸海域总氮污染主要存在以下几个方面问题。

4.3.1 沿海地区城市总氮控制的不足

1. 涉氮工业企业污染问题

江苏省是工业大省,其沿海三市的工业源的总氮排放量大,工业排放对入海河流的总氮污染影响不容忽视,环境风险隐患较大。工业污染源对入海河流水质的影响主要是由于工业企业"雨污分流、清污分流、污污分流"体系建设不完善,导致未经处理或处理不达标的生产废水、受污染的雨水、清净下水进入地表水体环境造成污染(图4.3-1),主要体现在:

(1)工业企业在雨水收集与排放方面,例如未设置初期雨水收集单元,或收集单元容积不能够满足实际需求,或初期雨水收集不完全(如未收集罐区、设备围堰区初期雨水),均可能导致未能有效收集的受污染的初期雨水进入雨水管道,排入厂区外地表水体环境。

(2)工业企业在管网建设、废水收集方面,例如未针对高氨氮、高盐分、高毒害、高浓度难降解废水采用分类收集,或废水输送未全程采用压力管道,致使废水存在下渗、跑冒滴漏,或废水输送管道存在破损导致废水外流,均可能导致未经处理或处理不达标的工业废水进入地表水体环境。

(3)工业企业在废水处理方面,例如废水处理工艺不具备含氮特征污染物的去除能力,或无相应废水脱氮处理设施,或污水处理设施运行管理粗放、监测监控不到位,均可能导致排水总氮难以稳定达标,造成地表水体总氮污染。

图 4.3-1　工业企业含氮污水排放问题

2. 城镇污水收集和面源污染问题

城镇地区的污水管网建设不到位,导致城市污水直接入河。污水管网规划未能充分预计到截污纳管、城市扩容、外来人口等因素造成的污水收集量的增加,导致部分污水干管高水位运行,存在污水溢流入河现象。部分地区早期建设的污水管网存在雨污混接、漏接、脱节破损、异物淤积等问题,部分生活污水通过雨水管网进入河道(图 4.3-2)。

图 4.3-2　城镇污水收集和面源污染问题

4.3.2　沿海地区农业农村污染治理的不足

1. 农村生活污水治理问题

农村生活污水收集处理率较低,农村生活污水污染问题严重,江苏省入海河流断面附近以农村为主,多数村庄没有完善的污水收集系统,部分居民房使用下水管道直排河道,区域农村生活污水收集处理率不高。农村生活污水处理设施较为分散,容易因为运维和管理不到位,出现出水水质不稳定、水质异常、达标排放率偏低等问题,导致农村生活污水直接入河影响水质(图4.3-3)。

图4.3-3 农村生活污水治理问题

2. 农业面源污染控制问题

农业面源污染具有范围广、情况复杂、防治难度大等特点,农田化肥流失等农业面源污染是造成水体富营养化的重要原因,并且有可能成为长期制约河道水环境质量改善的限制因素。

(1)农业种植

江苏省水田种植面积占比较大,农户为了提高农业产能,种植过程中施用的过剩的肥料和农药,难以收集、处理,各类污染物随雨水、地表水的冲刷进入河道,间接影响干流水体。同时,农田退水中的肥料溶解水、秸秆浸泡水、土壤浸泡水等氮含量较高,受降雨等因素影响,农田退水容易进入河流水体,造成总氮波动。农田岸坡种植直接影响河道行洪排涝,且耕种过程中的施肥、翻土也会造成岸坡水土流失,引发河道淤积、岸坡坍塌,氮也会随之进入水体(图4.3-4)。

图 4.3-4 农业种植面源污染问题

(2) 畜禽养殖

一些地区畜禽养殖规模较大,粪污收集设施不完备、储运系统不完善、处理能力不匹配,导致仍有畜禽养殖粪污直接进入地表水体。而且,畜禽粪便、污水大都存在未经无公害化处理直接还田的情况,后随降雨进入周边环境水体中,导致总氮污染加重。养殖场雨污分流措施不完善现象普遍存在,蓄粪池、氧化塘等基本未采取防渗措施,或防渗性不强,"跑、冒、滴、漏"现象普遍存在,特别在雨季塘水外泄会造成二次污染(图 4.3-5)。

图 4.3-5 畜禽养殖粪污污染问题

(3) 水产养殖

一些地区水产养殖规模较大,养殖塘内分布大量的绿藻,藻类生物量高,在强光照、高水温水体中光合作用强度大,相应地在夜晚或阴天时,其呼吸代谢量也大,对水体的营养盐需求较高,当水体肥力不稳定或营养不平衡时,藻类生命周期短,倒藻频繁,从而导致死藻毒素不断周期性地释放到水体,养殖水便向黑褐色水和转水的方向发展,水色变成暗黑色或者乳白色。随着浮游植物的大量死亡和有机质的分解,水质变得浑浊,池水变得腥臭,有毒物质不断积累,养殖水体的水质指标(溶解氧,氨氮,亚硝酸盐等)严重超标,养殖尾水每年定期排放至周边地表水体,造成总氮污染(图 4.3-6)。

图 4.3-6　水产养殖尾水污染问题

4.3.3　其他总氮控制方面的不足

江苏省属于平原河网地区,水体流动性及自净能力弱,区域遍布众多河道,河道最终汇为支流,进入干流,最终入海。虽各类支流与干流之间因防洪等各种因素,以堰闸、泵站等水利设施形式相连,非必要条件下堰闸、泵站不开启,内河水网与干流形成隔断(图 4.3-7)。但在水利设施开启时,或因在大雨、台风等气候条件下,河道水位上升,河网富余水量通过干流雨水排口流入干流,则会带入内河水体污染物,影响干流水质。同时,城区内河优先考虑防洪抗灾能力建设,两岸多以石材护坡为主,水生态系统较脆弱,水生植物较难以在坡面生长,水生态多样性欠佳,进而降低了河道的自净能力,更易产生污染物富集。

图 4.3-7　河道水利闸控设施

江苏沿海地区分布有大量的码头、堆场等污染源,但由于缺乏管理和未有实质性处理措施,污染物直接排入周边环境,间接进入入海河流或其他地表水体。此外,船舶通行等水上交通产生的船舶油污、生活污水、压舱洗舱等污染源仍有部分直排、偷排入河等现象,以及固体废弃物未有效收集或随意堆放、丢弃,从而造成水体污染,对水质产生负面影响(图4.3-8)。

图4.3-8 总氮污染其他成因(垃圾堆放、港口码头)

第五章 江苏省典型入海河流总氮污染治理与管控实证研究

为贯彻落实党的二十大精神和习近平生态文明思想,保护海洋生态环境,生态环境部、国家发展和改革委员会等7部门联合印发《重点海域综合治理攻坚战行动方案》(环海洋〔2022〕11号),要求加强陆海统筹和区域协同,加强沿海城市重污染海湾入海河流整治,组织制定"一河一策"入海河流治理方案,因地制宜加强总氮排放控制,实施入海河流总氮削减工程。2023年2月,生态环境部办公厅印发《关于做好重点海域入海河流总氮等污染治理与管控的意见》(环办海洋〔2023〕3号),要求深入打好重点海域综合治理攻坚战,陆海统筹加强入海河流总氮等污染物的治理与管控。

为加强海洋生态环境保护,《江苏省"十四五"海洋生态环境保护规划》要求重点对"十三五"期间断面水质尚未稳定达标的北凌河、栟茶运河、掘苴河、如泰运河、兴庄河、烧香河、川东港、东台港、灌河等河流制定"一河一策"达标方案,开展入海河流氮磷和其他新污染物等的专项治理,以2020年监测值为基准,确保断面总氮浓度只降不升,总磷排放浓度满足各河流水环境质量目标要求。2022年5月,江苏省深入打好污染防治攻坚战指挥部办公室印发《江苏省近岸海域综合治理攻坚战实施方案》,要求到2025年,省控及以上入海河流断面全面消除劣Ⅴ类水质,22个入海河流国考断面总氮浓度与2020年相比只降不升,其中掘苴河环东闸口断面总氮控制目标为小于2.52 mg/L。本章以掘苴河为例,开展典型入海河流总氮污染治理与管控实证研究,通过分析如东县水文情势、水质现状、污染来源等基础资料,提出掘苴河总氮污染治理与管控建议。

5.1 研究区概况

5.1.1 自然环境

(1)地理位置

如东县位于江苏省东南部,南通市域东北部,长江三角洲北翼。县境南部毗邻南通市通州区,东北濒临黄海,西连长江流域的内陆地区,与如皋市接壤,西北与海安市毗连。县境陆地西起袁庄镇曹家庄村西端,东止如东县盐场东堤,长达 68 km;南起掘港镇朱家园村南河,北止栟茶新垦区,宽达 46 km。陆域面积 2 009.76 km²,海域面积近 6 000 km²,境内海岸线全长 102.59 km,约占全省海岸线总长度的 1/9,如东县是南通市陆海面积最大的县级行政区。

(2)地形地貌

如东县属典型的江海冲积平原,境内地势平坦,从西向东略有倾斜。地面高程(废黄河高程系,下同)一般在海拔 3.5~4.5 m 之间,中部如泰运河一线则在 5 m 左右;新区内地势低洼、河塘众多,地面高程一般在 2.6~3.6 m 之间,大部分区域高程在 3.0 m 以下。

如东陆地地貌是典型的滨海平原,分属三角洲平原区、海积平原区和古潟湖平原三种类型。三角洲平原主要分布于县域中心区,长沙镇至掘港一线以西、范公堤(长沙镇向西)一线以南,如泰运河(掘港向西)以北;古潟湖平原分布于县域南部,掘港至孙窑一线以西,如泰运河以南;海积平原主要指范公堤以外临海地域。

(3)气候气象

如东属北亚热带海洋性季风气候区,常年主导风向为东南偏东。四季分明,气候温和,年平均风速 3.7 m/s,年平均日照时间 2 153 h,多年平均气温 14.9℃,极高气温 38.3℃,雨水充沛,多年平均降水量 1 000 mm 以上,初夏有梅雨。光照充足,无霜期长,多年平均无霜期 222 天。冬季降雪较少,大风天气较多,春夏多东南风,夏秋多西北风,或有台风影响。

5.1.2　社会经济

如东是江海盐垦文化的代表。秦汉以前县境为长江口沙洲,故称扶海洲。因长江、黄淮冲积成陆后,如东盐业兴起,至明清繁盛一时。民国之后,沿海逐步废灶兴垦。建国后,现代农渔业得到发展。1988 年对外开放后,经济社会持续发展,迈入全国百强县。

2023 年,如东县实现地区生产总值 1 381.13 亿元,分产业看,第一产业增加值 104.18 亿元,第二产业增加值 648.08 亿元,第三产业增加值 628.87 亿元,三次产业结构的比例为 7.5∶46.9∶45.5。

5.1.3　水系及水利工程

如东全县分属长江流域和淮河流域。流域以贯穿县境的如泰运河为界,运河以南为长江流域,约占全县总流域的三分之一;运河以北为淮河流域,约占全县总流域的三分之二。县境长江流域以如泰运河、九圩港、遥望港、江海河等为干河。淮河流域以栟茶运河、南凌河、洋口运河、掘苴河等为干河。

5.2　入海河流基本情况

5.2.1　入海河流流域范围

掘苴河南起如泰运河,北至刘埠水闸,全长 22.1 km,流经城中街道、经济开发区和苴镇街道(外农开发区),是如东县最主要的航运通道。距离下游入海口约 6 km,主要流向为自南向北,最终汇入黄海。枯水期和平水期掘苴河来水主要来自如泰运河,汛期掘苴河作为区域主要行洪排涝通道,沿线各级相连河道汇集雨水后汇入掘苴河。掘苴河流域范围具体见图 5.2-1。

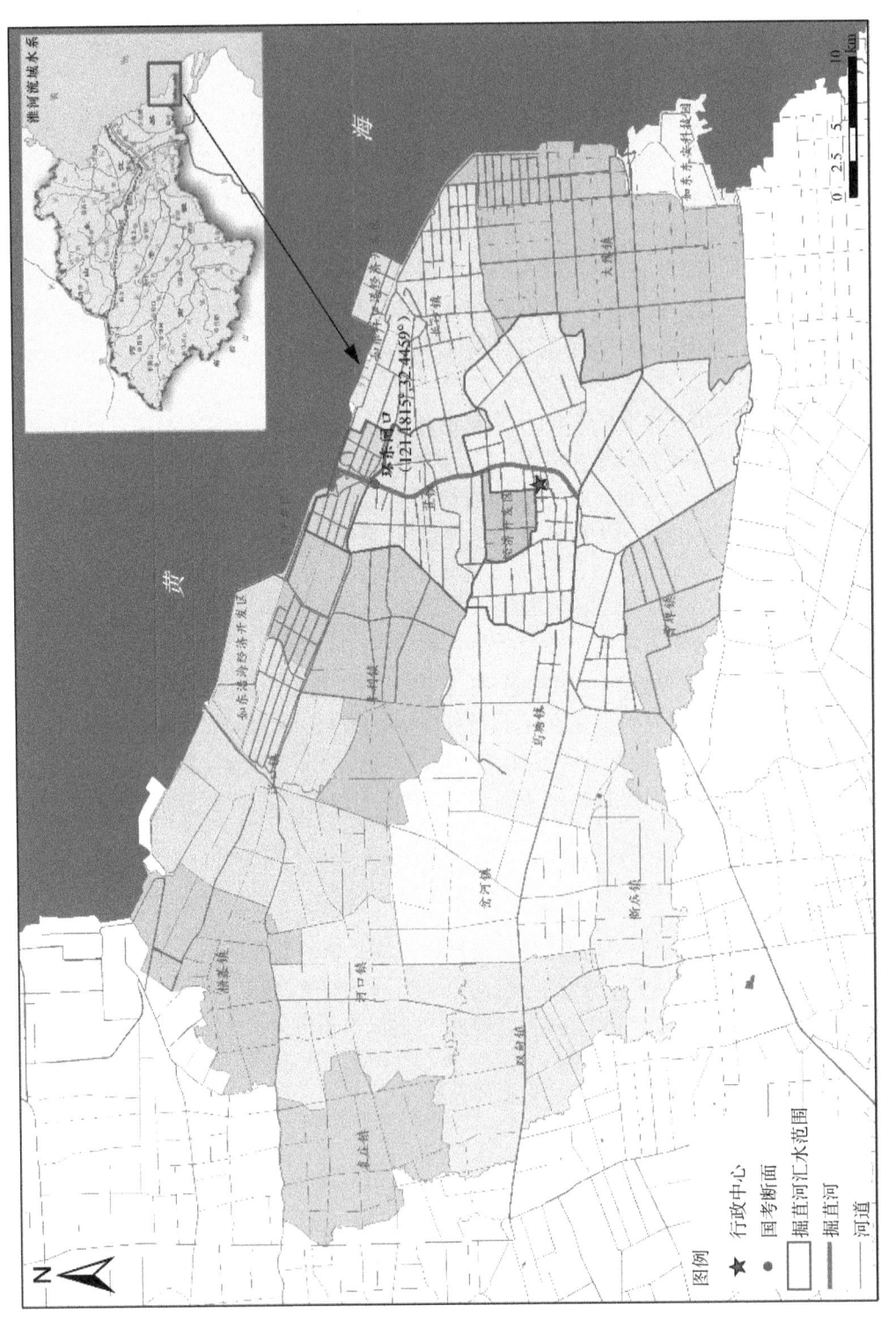

图 5.2-1 掘苴河流域范围

掘苴河主要功能为行洪、排涝、灌溉,排涝面积 186 km², 灌溉面积 1.26 万 hm²。掘苴河河床底宽 12.0～25.0 m, 底高程 −1.0 m, 边坡系数 1∶3.0, 正常水位 2.3 m, 历史最高水位 4.17 m(1960 年 8 月 5 日)。

掘苴河沿线与 27 条河道交汇,其中一级河道 2 条,二级河道 1 条,三级河道 16 条,四级河道 8 条,详见表 5.2-1。枯水期和平水期掘苴河来水主要来自如泰运河,汛期掘苴河作为区域主要行洪排涝通道,沿线各级相连河道汇集雨水后汇入掘苴河。

表 5.2-1 掘苴河沿线交汇河道、支流统计表

序号	河道名称	河道等级	起讫位置	长度(km)
1	如泰运河	一级	如皋界—东安闸	74.16
2	洋口运河	一级	如泰运河—四贯河	23.16
3	长角河	二级	海岸界—幸福河	45.44
4	新光三级河	三级	掘苴河	1.2
5	滨北河	三级	掘苴河—掘九河	3.13
6	窑堤河	三级	掘苴河—掘九河	2.68
7	丰南二线河	三级	掘苴河—如环河	3.2
8	刘埠车口河	三级	掘苴河—刘埠车口河	0.6
9	幸福河	三级	掘苴河—李家河	3.7
10	斗私河	三级	掘苴河	1
11	顾庄车口河	三级	中心河—掘苴河	1.56
12	永丰河	三级	掘苴河—洋口运河	4.85
13	丰收河	三级	掘苴河—洋口运河	5.8
14	南康河	三级	掘苴河	3.6
15	丰东河	三级	掘苴河—如环河	3.25
16	光明河	三级	掘苴河—如环河	5
17	友谊河	三级	掘苴河—洋口运河	5.5
18	苴长河	三级	掘苴河—洋口运河	2.1
19	南幸河	三级	掘苴河—陈福河	1.15
20	凤阳二号河	四级	东凌河—掘苴河	1.7
21	北匡河	四级	直亭河—掘苴河	1.4
22	丫子河	四级	中心河—掘苴河	1.1
23	丰南一线河	四级	如环河—掘苴河	3.1
24	华西河	四级	如环河—掘苴河	4.35
25	光南一线河	四级	掘苴河—中心河	2.3
26	中心河	四级	长角河—掘苴河	1.06
27	苴沙中心河	四级	掘苴河—三队	1.35

掘苴河水系如图 5.2-2 所示。

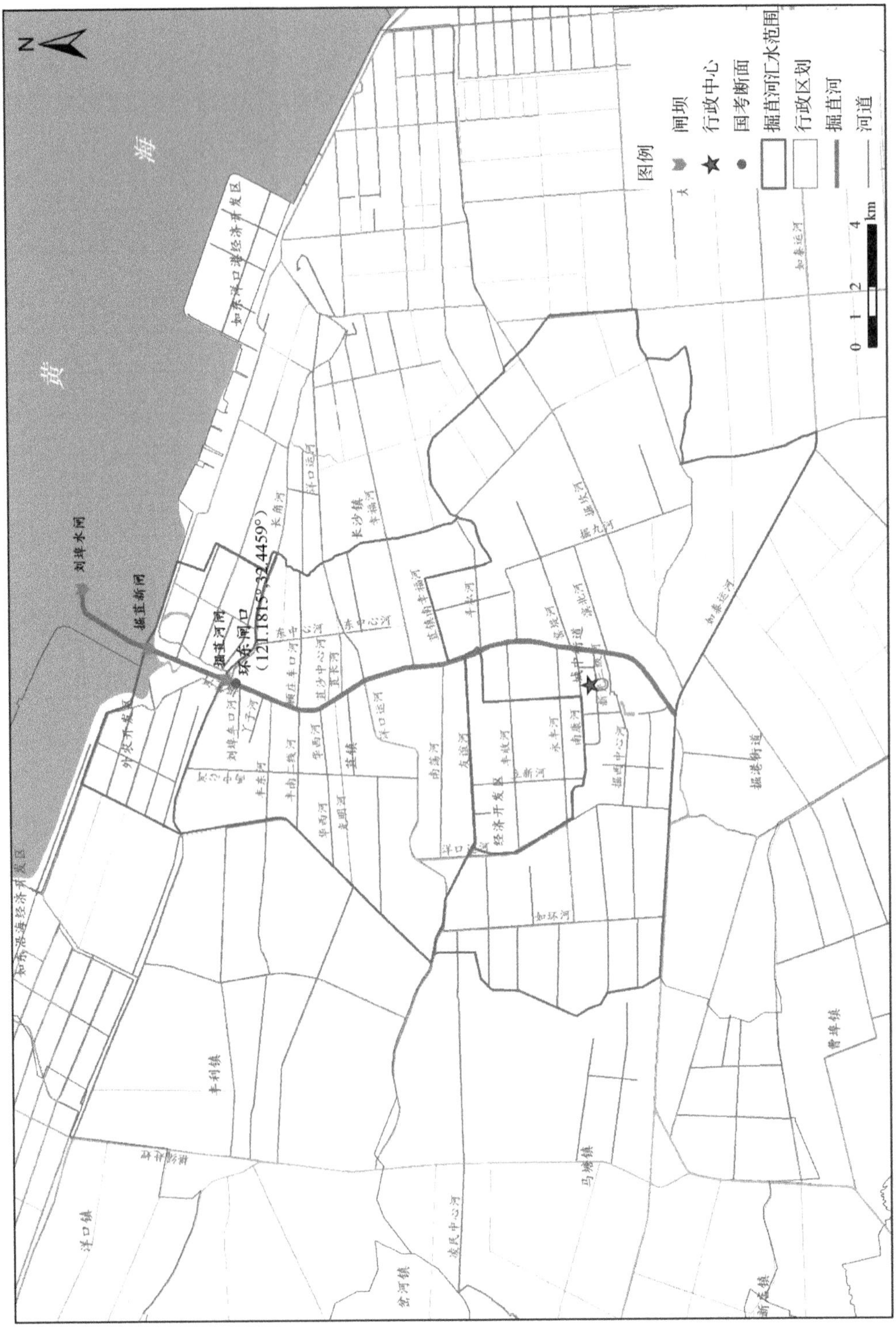

图 5.2-2 如东县掘苴河区域水系图

5.2.2 入海河流国控断面与总氮监测情况

5.2.2.1 断面设置情况

掘苴河干流共设置2个断面,分别为环东闸口断面与北环路桥断面。其中,环东闸口断面为国考断面,北环路桥断面为市考断面。流域内共有2个关联断面,分别为八号桥断面与丁棚桥断面,均为市考断面。另外,干流还分布新光桥、鸡场桥两个自动监测微站,具体断面位置分布见图5.2-3。

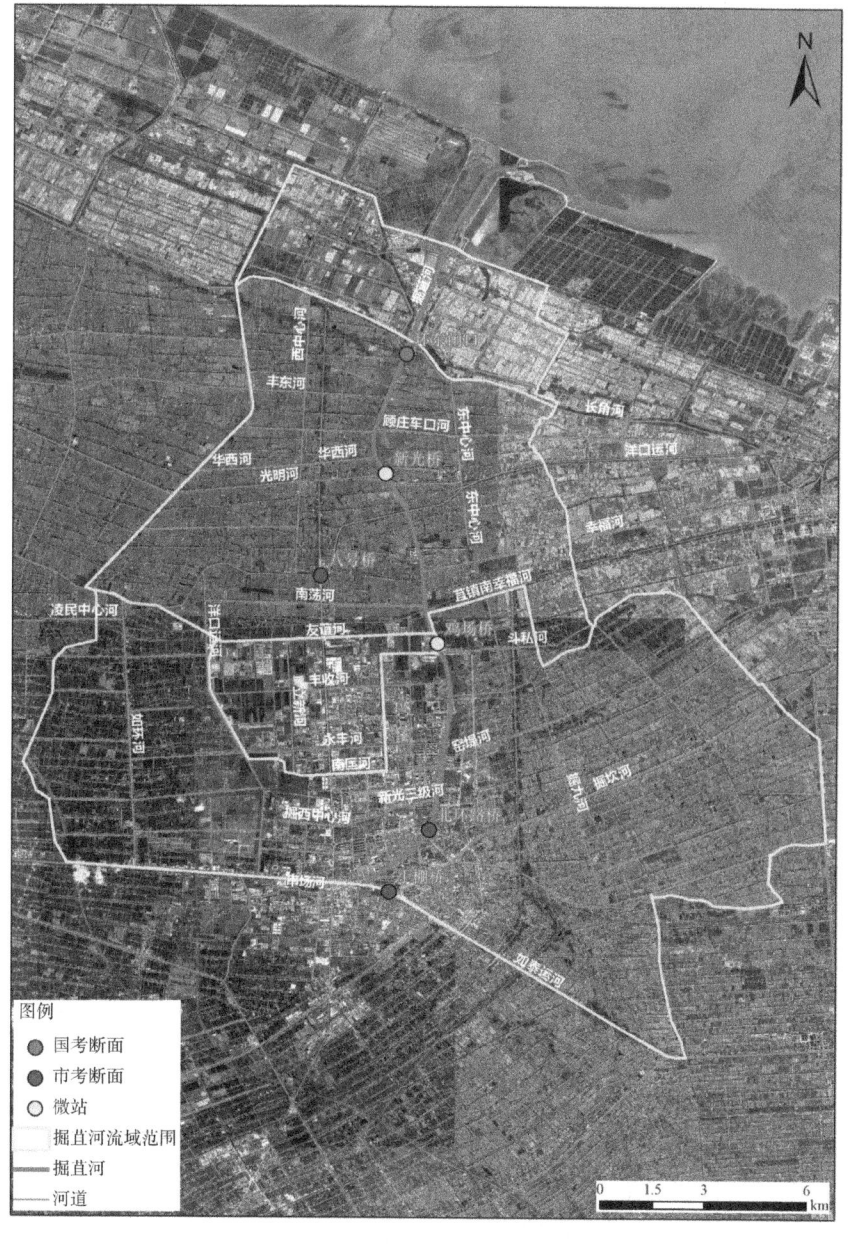

图 5.2-3　掘苴河监测断面位置分布图

(1) 重点断面

掘苴河干流共设置 2 个断面,其中 1 个国控断面,1 个市控断面。所涉及断面基本情况见表 5.2-2。

表 5.2-2 如东县重点断面基本情况统计表

序号	所在水体	断面名称	类别	2022 年水质	工作目标
1	掘苴河	环东闸口	国控	Ⅳ	Ⅲ
2	掘苴河	北环路桥	市控	Ⅲ	Ⅲ

掘苴河环东闸口断面位于如东县苴镇街道(外农开发区)范围内(图 5.2-4),是掘苴河在如东县境内的国控断面,距离下游入海口约 6 km,主要流向为自南向北,最终汇入黄海。环东闸口断面采用手动和自动监测。自动监测项目包括 pH、溶解氧、高锰酸盐指数、氨氮、总磷、总氮、电导率、浊度在内的八项指标,总氮等污染指标为每四小时监测一次。"十三五"期间的总氮监测数据起止为 2018 年至 2020 年。

图 5.2-4 环东闸口断面周边情况

掘苴河北环路桥断面位于如东县掘港镇街道范围内(图 5.2-5),是掘苴河在如东县境内的市控断面,距离如泰运河 2.2 km。北环路桥断面采用手工监测,监测包括 pH、溶解氧、高锰酸盐指数、氨氮、总磷、总氮、石油类、挥发酚、重金属、粪大肠菌群等指标。

(2) 关联断面

此外,在掘苴河管控范围内,涉及两个关联断面,分别为洋口运河的八号桥断面以及如泰运河的丁棚桥断面,二者均为市控断面。

洋口运河八号桥断面位于如东县苴镇街道(外农开发区)范围内(图 5.2-6),是掘苴河在如东县境内的市控断面,距离掘苴河 2.4 km。八号桥断面采用手工监测,监测包括

图 5.2-5　北环路桥断面周边情况

pH、溶解氧、高锰酸盐指数、氨氮、总磷、总氮、石油类、挥发酚、重金属、粪大肠菌群等指标。

图 5.2-6　八号桥断面周边情况

如泰运河丁棚桥断面位于如东县掘港街道范围内(图 5.2-7),是掘苴河在如东县境内的市控断面,距离掘苴河 600 m。丁棚桥断面采用手工监测,监测包括 pH、溶解氧、高锰酸盐指数、氨氮、总磷、总氮、石油类、挥发酚、重金属、粪大肠菌群等指标。

图 5.2-7　丁棚桥断面周边情况

5.2.2.2　入海河流近四年总氮水质状况

根据环东闸口水质自动监测站数据,掘苴河环东闸口国控断面 2018—2022 年水质各项指标变化情况如图 5.2-8 所示。

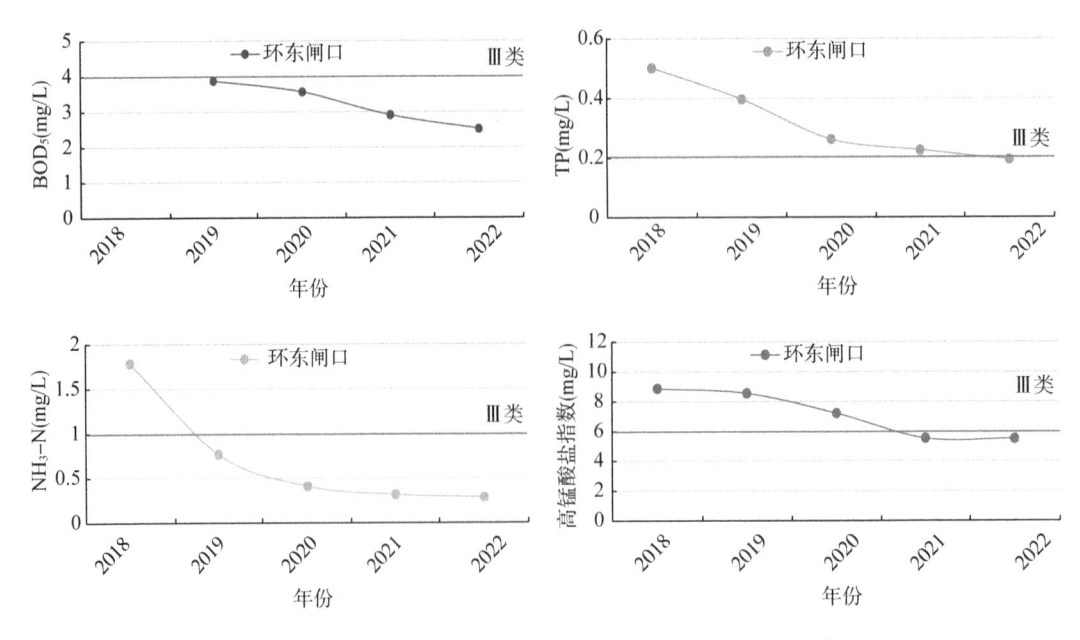

图 5.2-8　2018—2022 年环东闸口断面监测指标浓度变化情况

环东闸口断面 2019—2022 年手工监测数据表明,2019 年水质均值为Ⅴ类,2020 年、2021 年和 2022 年为Ⅳ类水质,水质总体上呈现出逐步改善的趋势,各类污染物浓度均呈现出下降趋势,特别是氨氮浓度有明显降低趋势。"十三五"至"十四五"期间,如东县扎实开展水环境整治,从工业企业达标整治、畜禽养殖场关闭整治、水产养殖污染治理、生活污水收集处理、入河排污口封堵、河道清淤疏浚等各方面分解任务,落实责任,强化督查,水环境质量得到明显改善。

环东闸口断面主要超标因子为高锰酸盐指数、氨氮、生化需氧量和总磷,其中2019年全年均值高锰酸盐指数超标0.15倍,化学需氧量超标0.18倍,总磷超标0.51倍;2020年全年均值高锰酸盐指数超标0.09倍,化学需氧量超标0.02倍,总磷超标0.13倍;2021年仅总磷超标,超标率为0.1倍。

具体而言,总氮呈现季节性波动。一般冬春相对较高,汛期会有明显峰值,呈现"W"形趋势,由于2022年汛期降水较少,总体呈现"U"形状态(图5.2-9)。

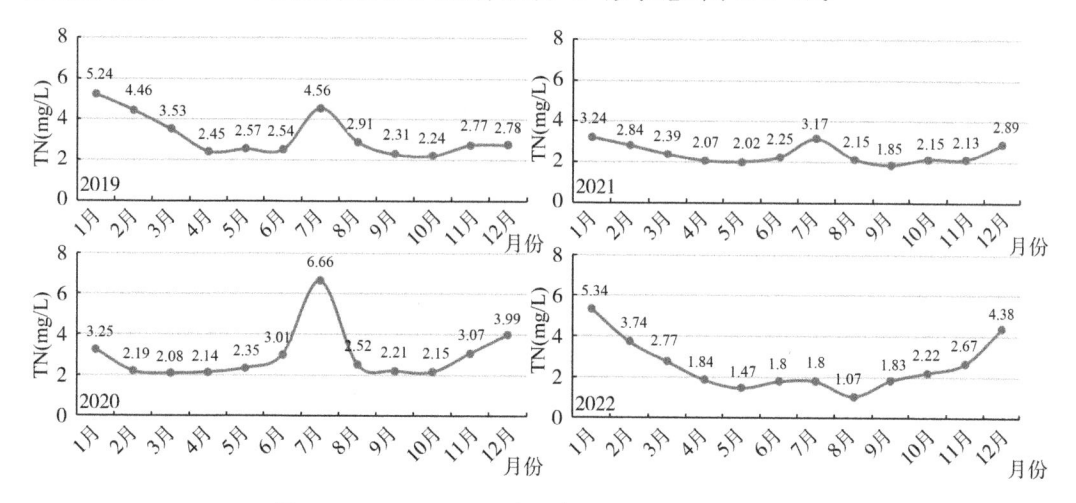

图5.2-9 2019—2022年环东闸口总氮浓度变化情况

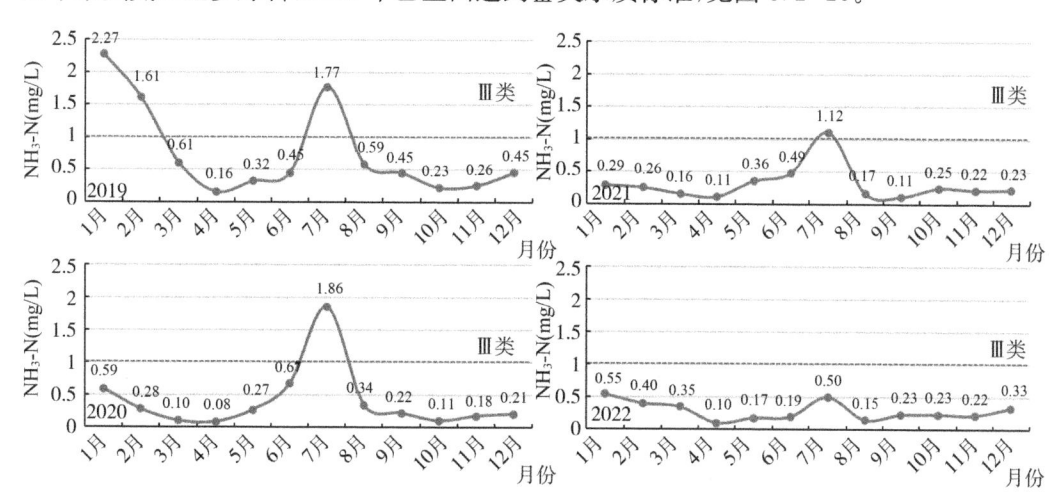

2019—2022年氨氮呈现明显的季节性波动,在2019年1月出现年内最高值,7月出现峰值,达标率达25%;在2020及2021年7月均出现年内最高值,达标率均达91.67%;近年来氨氮已逐步好转,2022年已全面达到Ⅲ类水质标准,见图5.2-10。

图5.2-10 2019—2022年环东闸口氨氮浓度变化情况

5.2.3 入海河流闸坝调度情况

掘苴河上控制建筑物主要有掘苴河闸、掘苴新闸及刘埠水闸(位置见图 5.2-2),作为掘苴河排涝行洪的主要通道。根据资料,掘苴河闸位于范公堤处,于 1958 年建成。设计流量为 282 m³/s。设计水位:上游 3.0 m,下游 −1.0 m。防洪水位:上游 0.2 m,下游 6.29 m。水闸全长 45.9 m,净宽 36.0 m,分 12 孔,每孔宽 3.0 m,见图 5.2-11。

图 5.2-11　掘苴河闸

掘苴河闸经过 50 年运行,启闭设备、管理设施老化,上下游港槽多次淤积,排涝能力下降。在老闸下游 2.7 km 处建掘苴新闸,2008 年竣工,最大设计流量 527 m³/s,净宽 44.0 m,5 孔布置,中孔设通航孔。掘苴新闸现状为内河节制闸,见图 5.2-12。

图 5.2-12　掘苴新闸

但是,掘苴新闸不能满足日益增长的渔船通航数量需求,为解决这一问题,规划建设刘埠渔港,同时配套刘埠水闸。刘埠水闸在掘苴新闸下游约 3 km 处,于 2015 年 4 月开工建设,工程标准挡潮按 100 年一遇洪水位设计,300 年一遇洪水位校核,设计排涝流量为 538 m³/s。水闸净宽 50 m,分 5 孔,中孔设通航孔,具有排涝、挡潮、通航等功能,见图 5.2-13。

图 5.2-13 刘埠水闸

其中掘苴新闸作为主要排水水闸,根据资料 2022 年掘苴新闸开闸共 114 次,排水量达 32 334.07 万 m³,开闸前上游全年平均水位为 2.40 m,开闸后上游全年平均水位为 1.49 m,开闸前下游全年平均水位为 2.39 m,开闸后上游全年平均水位为 1.40 m,具体掘苴新闸开闸水位如表 5.2-3 所示。

表 5.2-3 掘苴新闸调度前后水位变化情况

月份	上游水位(m) 开闸	上游水位(m) 关闸	下游水位(m) 开闸	下游水位(m) 关闸
1	2.46	1.23	2.46	1.06
2	2.42	1.78	2.40	1.71
3	2.33	1.37	2.33	1.29
4	2.32	1.41	2.28	1.34
5	2.45	1.14	2.40	1.10
6	2.35	1.28	2.34	1.21
7	2.38	1.46	2.33	1.35
8	2.29	1.65	2.29	1.54
9	2.44	1.58	2.44	1.43

续表

月份	上游水位(m)		下游水位(m)	
	开闸	关闸	开闸	关闸
10	2.58	1.52	2.58	1.37
11	2.46	1.41	2.48	1.31
12	2.37	2.06	2.39	2.05
年平均	2.40	1.49	2.39	1.40

掘苴新闸排水性质有所不同,包括冲淤保港、排涝、排水、生态活水。其中掘苴新闸排水主要是为了生态活水,用于生态活水的开闸次数占比达70.18%,其次为排水,占比达24.56%,掘苴新闸具体每月开闸性质相应次数如表5.2-4所示。

表5.2-4　掘苴新闸开闸性质对应次数情况

月	冲淤保港	排涝	排水	生态活水
1	—	—	5	—
2	—	—	—	10
3	—	2	—	6
4	—	—	—	11
5	—	—	—	10
6	—	—	4	12
7	—	—	3	21
8	—	—	—	6
9	—	—	9	1
10	—	—	4	—
11	4	—	2	3
12	—	—	1	—
总计	4	2	28	80
占比	3.51%	1.75%	24.56%	70.18%

5.2.4 入海河流径流量年度变化情况

根据江苏省水文水资源勘测局的数据,2010年,掘苴河如东县入海口年径流量为3.03亿m^3,2011年为3.22亿m^3,2012年为2.44亿m^3,2013年为2.23亿m^3,2014年为4.21亿m^3。出现该变化可能与气候变化、人类活动和水利工程建设有关。2012—2013年间,如东县多次出现干旱天气,降水量减少,造成了掘苴河径流量的下降。与掘苴新闸排水量情况对比可以发现,掘苴新闸排水量与河流年径流量相似,全年排水量具体情况见表5.2-5。

表 5.2-5　掘苴新闸全年排水量情况

年份	全年排水量/亿 m³
2008	0.91
2009	6.20
2010	3.23
2011	4.42
2012	3.06
2013	2.46
2014	4.21
2015	4.15
2016	4.13
2017	4.39
2018	7.94
2019	6.31
2020	9.30
2021	8.72
2022	3.23

从数据上看，在 2010—2011 年期间，掘苴河如东县入海口年径流量略有增加，但在 2012—2013 年期间则出现了明显的下降，2014 年出现了较大幅度的反弹。掘苴新闸全年排水量呈现出相同趋势。2015 年后全年排水量变化较为平缓，至 2018 年升至 7.94 亿 m³，2019 年则出现了明显的下降，2020—2021 年保持较高的排水量，2022 年出现了较大幅度的下降，见图 5.2-14。

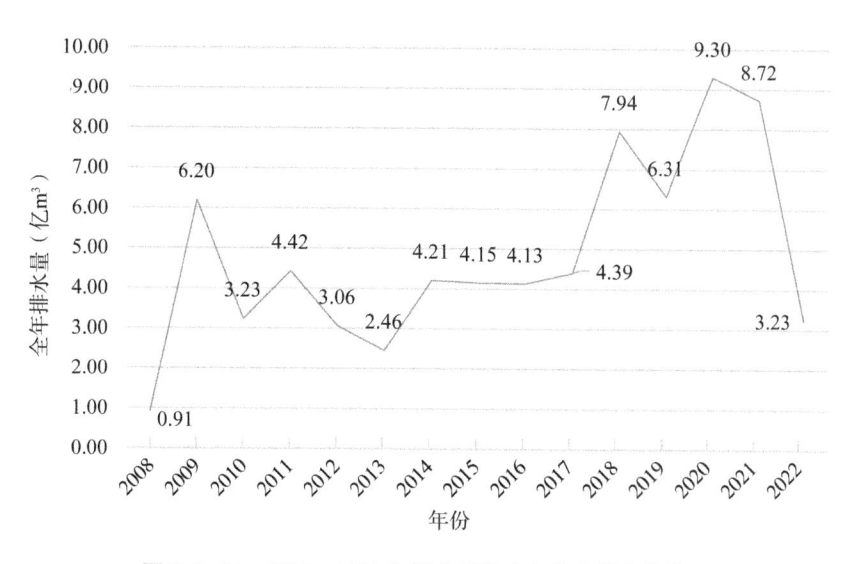

图 5.2-14　2008—2022 年掘苴新闸全年排水量变化情况

5.3 入海河流环境整治成效与问题

5.3.1 入海河流环境整治成效

"十三五"以来,如东县从工业企业达标整治、畜禽养殖场关闭整治、水产养殖污染治理、生活污水收集处理、入河排污口封堵、河道清淤疏浚等各方面开展入海河流环境整治。

1. 工业企业达标整治,降低总氮污染排放。突出电镀、浸胶手套、化工等重点行业整治,大力开展"散乱污"企业专项整治行动,对不满足要求的企业进行关闭清理、整治提升以及立案查处,累计关停电镀企业13家、浸胶手套企业16家、水泥砖瓦企业53家、"散乱污"企业429家。

2. 畜禽养殖综合整治,实现总氮源头削减。有序推进畜禽养殖污染综合治理,全面推动畜禽养殖场实行雨污分流改造和设施设备升级改造,全县畜禽粪污资源化利用率达95%。针对不同地区的畜禽粪污环境承载力和消纳土地配备情况,如东县因地制宜开展分类指导,通过技术赋能,推动资源多元利用。建设畜禽粪污处置中心,以畜禽粪便和"三沼"利用为重点,打通畜禽粪污还田利用通道,大力推广"农户蓄粪+集中处置+大田利用"模式,实行畜禽粪便分户收集、集中处理、循环利用,形成多途径、多形式、多层次推进畜禽养殖废弃物资源化利用的新格局。如东县还出台政策,鼓励有机肥加工企业与大型养殖企业、粪污处理中心对接,以畜禽粪污为生产原料进行有机肥加工,实现畜禽粪污利用的资源化、产业化、商品化。

3. 水产养殖污染治理,推动尾水总氮削减。2018—2020年,如东县先后就南美白对虾规范养殖专项整治、规范整治攻坚、长效管理出台实施意见,统筹推进整治工作。2022年以来,苴镇街道对养殖过渡区10 500亩南美白对虾养殖区域实施尾水达标排放升级改造,累计投入约2 000万元,设立何丫、近海、东海3个尾水处置系统,基本实现尾水管道全覆盖,其中东海社区投资180万元建造"四池三坝"生态净化系统,养殖尾水可通过沉淀池、曝气池、生物净化池、清水池和各池间的过滤坝多次循环,起到净化水质作用。

4. 生活污水收集处理,降低污水总氮负荷。"十四五"以来,如东县累计投入5.5亿元用于集中治理生活污水,新建管网225 km,污水处理能力达2.5万t,先后建成96个"农污治理示范村",新增纳管4.3万余户。栟茶、河口、袁庄、岔河、大豫、外农、双甸主干管网已实现基本覆盖。高效推进农村生活污水治理,建立农村生活污水治理一体化推进、规模化建设和专业化管护的社会化运作模式,农村生活污水行政村治理达90.8%。此外,如东县结合旧城改造同步建设雨污分流管网系统,加快推进老小区雨污管道调查和雨污管道分流改造,确保污水排入污水收集管网。

5. 河道清淤疏浚,增加河道总氮自净能力。如东县实施拆坝建涵2 100余处,整治农村河道近1 000条段。大力开展生态河道建设,累计建成生态河道140条。苴镇街道2021年投资5 400万元,建成生态河18条35.5 km,整治各类河道、黑臭水体334条179.6 km;2022年投资600余万元新建生态河道11条19.4 km,疏浚丰东河、北友谊河西段4.15 km,整治黑臭水体31条13.6 km。同时调整"河长制"模式,对辖区5条二级河道、42条三级河道、52条四级河道明确71名村级河长,落实河长"长治久管",引入群众参与机制,试点"共建、共治、共管"新模式。

6. 农业面源整治,降低总氮面源污染。结合高标田建设实施农田排灌系统循环生态化改造提升项目,把王潭村丫子河、顾庄北横河、蔡桥村丰东河作为农田退水消纳河,在与掘苴河交汇处设控水闸4座,形成相对封闭水体。目前王潭村已建成退水消纳生态河3条4.5 km,生态排水沟12条5.5 km;同时新建引水站和蓄水回收池,对农田退水进行收集,通过蓄水回收池对一级肥水进行循环利用,在汛期时进行多级生态净化,尾水可回用至农田或排放至外部河道,实现退水循环利用。此外,还对掘苴河两侧1 000 m实施秸秆离田,涉及蔡桥、王潭、凤阳3个行政村,夏季离田打捆10 010捆,离田面积达11 000亩,其他区域全部还田28 300亩。

至2022年,如东县水环境质量实现了大幅提升,掘苴河的水质在5年内实现了3级跳,所在的国考断面达到了100%的优良比例,达到了"十三五"以来历史最好水平。

5.3.2 面临形势与问题

根据《关于做好江苏省重点海域入海河流总氮等污染治理与管控的实施意见》,省生态环境厅要求到2023年6月底前,沿海三市12条总氮浓度较2020年同比增长的国考入海河流断面全部制定实施入海河流"一河一策"治理与管控方案;到2024年底,总氮浓度反弹幅度较大的入海河流治理措施落实有效,总氮等污染物浓度同比稳定下降;到2025年,掘苴河环东闸口断面总氮浓度较2020年实现负增长,即控制在2.52 mg/L以内。

"十三五"以来,掘苴河环东闸口断面掘苴河水质有所改善,各项污染物浓度年均值均能达到Ⅲ类水质目标。"十三五"期间,掘苴河环东闸口断面总氮浓度波动较大,但有所改善。2019年至2020年总氮浓度均值分别为2.75 mg/L和2.52 mg/L,呈下降趋势,见图5.3-1。

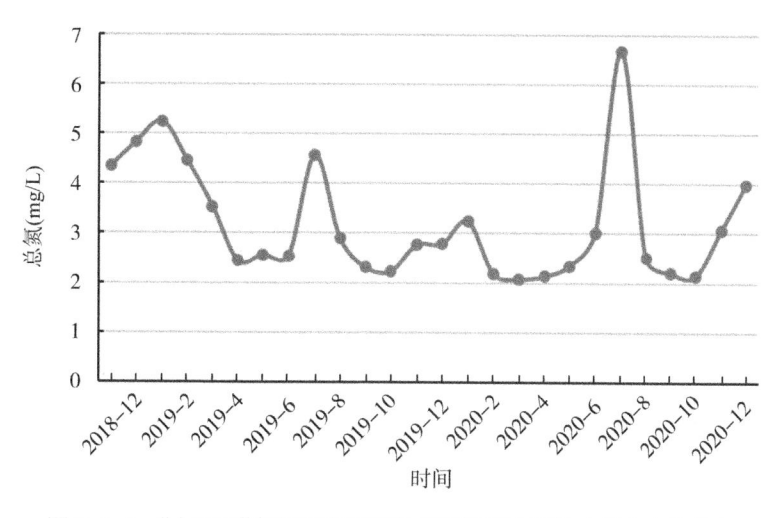

图 5.3-1 "十三五"期间掘苴河环东闸口断面总氮浓度月度变化情况

2021年至2023年掘苴河环东闸口断面总氮浓度仍在每年的1月、7月以及12月出现总氮浓度峰值,最大值出现在2022年1月,达5.34 mg/L。2021年总氮浓度均值为2.43 mg/L,相比于基准年2020年总氮浓度下降了3.57%。2022年总氮浓度均值为2.55 mg/L,相比于基准年2020年总氮浓度上升1.19%,见图5.3-2。

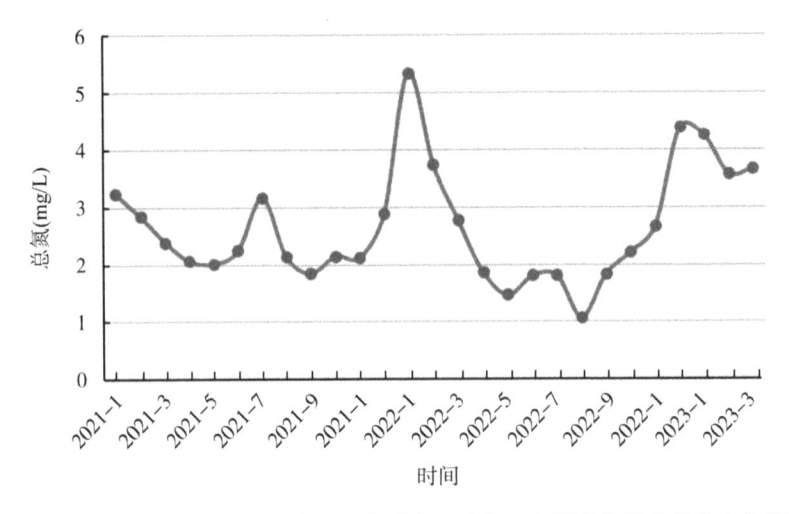

图5.3-2 2021年1月—2023年3月掘苴河环东闸口断面总氮浓度月度变化情况

总体而言,掘苴河总氮改善压力仍然较大。虽然2020年省考及以上断面优Ⅲ比例达到考核要求,但环东闸口断面总氮浓度在枯水期、汛期水质波动明显,主要受闸控调度、上游来水、水动力条件等综合因素影响。"十四五"期间,随着经济社会的不断发展,总氮浓度控制难度增大。为实现掘苴河总氮污染物入海排放总量的管控,需开展掘苴河流域总氮污染特征分析及其对近岸海域水质的影响分析,从溯源分析、症结分析,提出针对性的总氮污染削减建议,以支撑掘苴河区域总氮污染治理与管控。

5.4 入海河流总氮污染输入及影响分析

5.4.1 入海河流总氮污染特征分析

5.4.1.1 环东闸口断面总氮趋势分析

(1)总氮手动监测趋势分析

根据国考水质手动监测数据多年变化趋势来看,2019年以来,环东闸口断面总氮持续改善,年均值呈现下降趋势,由2019年的2.75 mg/L降低至2021年的2.39 mg/L,降幅13.09%,但2022年有所反弹,较2020年增幅达1.19%,见图5.4-1。

从不同季度来看,除2020年以外,2021与2022年均呈现冬春高,夏秋低的特点。具体而言,2020年环东闸口断面第三和第四季度总氮浓度较高,均高于2020年总氮浓度年均值,分别达2.78 mg/L和2.93 mg/L。2021年环东闸口断面第一季度总氮浓度最高,高于2020年总氮浓度年均值,达3.09 mg/L。2022年亦呈现相同特点,第一季度总氮浓度达 3.85 mg/L,增长幅度明显,相比 2020 年和 2021 年同期上升 61.22% 和 24.90%。2022 年总氮年均值反弹主要受第一季度总氮浓度大幅上升的影响,见图 5.4-2。

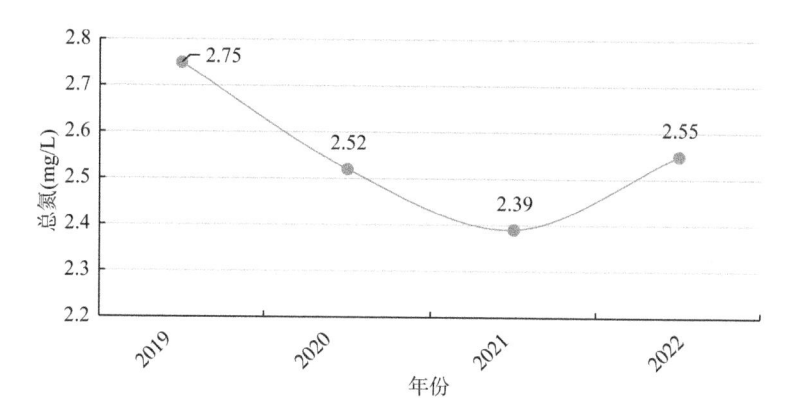

图 5.4-1　环东闸口断面 2019—2022 年总氮手动监测浓度变化

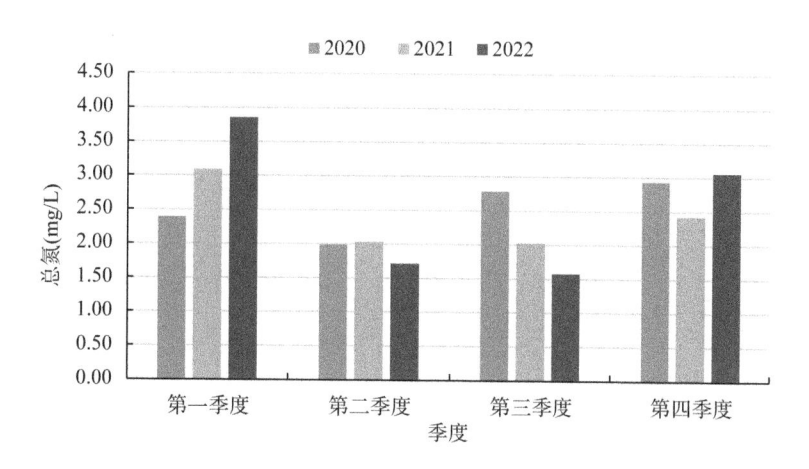

图 5.4-2　近三年掘苴河环东闸口总氮不同季度浓度变化

从不同月份来看,2020 年、2021 年总氮受汛期影响较为明显。2022 年总氮浓度则呈现"W"形趋势,1 月份、12 月份浓度较高。相比于基准年 2020 年总氮浓度,2020 年共有 7 个月总氮浓度低于 2.52 mg/L,达标率达 58.33%,2021 年共有 10 个月总氮浓度达标,比例达 83.33%,2022 年共有 7 个月总氮浓度达标,比例达 58.33%。总氮浓度高于 2.52 mg/L 的月份主要集中在 1 月和 12 月份,主要受冬季温度偏低等因素影响,见图 5.4-3。

从空间上看,环东闸口断面、北环路桥断面、丁棚桥断面和八号桥断面总氮浓度均呈现冬春高、夏秋低的特点。其中环东闸口断面第一季度和第四季度总氮浓度较高,可能与沿程污染输入有关。以丁棚桥断面作为如泰运河的上游来水进行分析,上游来水对环东闸口断面总氮浓度的影响在第二季度和第三季度较为明显,见图 5.4-4。

环东闸口断面第一季度氨氮主要受北环路桥断面影响,第三季度和第四季度主要受八号桥断面影响。以丁棚桥断面作为如泰运河的上游来水进行分析,上游来水对环东闸口断面的影响在第一季度和第四季度较为明显。

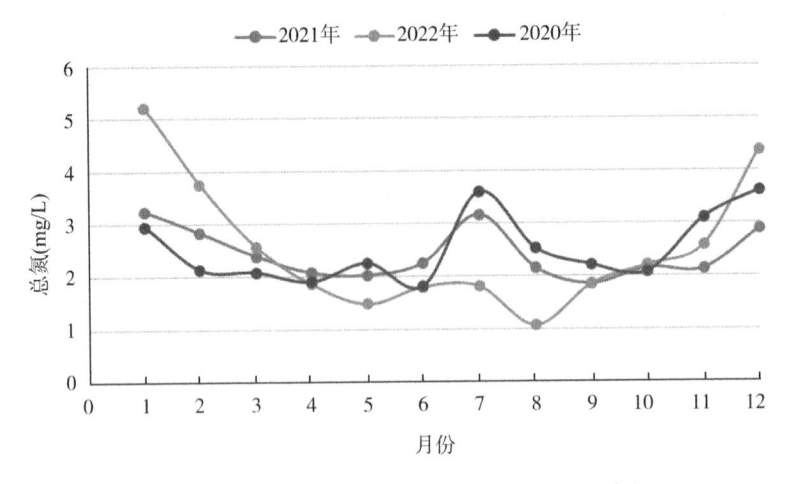

图 5.4-3　掘苴河环东闸口总氮不同月份浓度变化

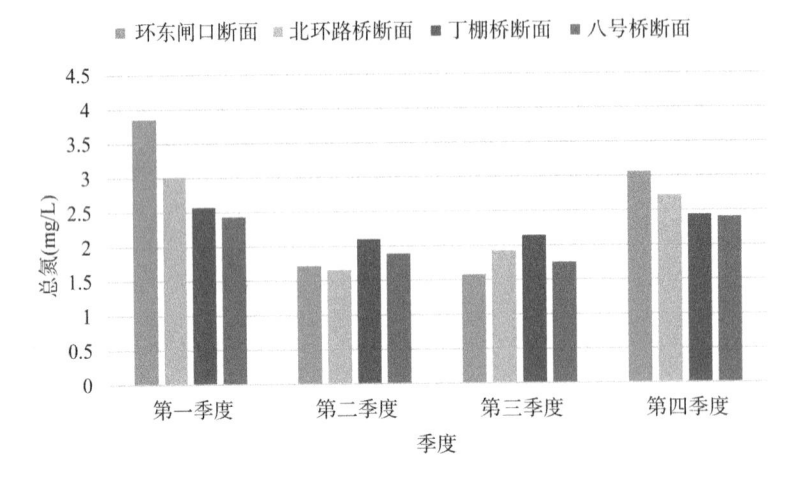

图 5.4-4　2022 年掘苴河相关断面总氮、氨氮季度变化

(2) 总氮自动监测趋势分析

数据来源于南通市国考水质自动监测数据。从近五年的水质数据来看(图 5.4-5)，掘苴河环东闸口断面从 2018 年至 2021 年总氮浓度呈下降趋势，降幅达 47%，但 2022 年总氮浓度有所反弹，较 2021 年增长了 6.21%。

掘苴河环东闸口断面氨氮浓度从 2018 年显著改善，至 2022 年降幅超过 84.09%。2019 年以来稳定达标，2020 年以来基本保持在 0.5 mg/L 以下。

从不同季度上看(图 5.4-6)，掘苴河环东闸口断面第一季度(1—3 月)的总氮浓度较高，第二季度(4—6 月)总氮浓度较低，进入第三季度(7—9 月)以来总氮浓度一般有所反弹，第四季度(10—12 月)则保持波动状态。总体呈现冬春高、夏秋低的特征。

2019—2022 年第一季度总氮浓度呈现"U"形，2020 年与 2019 年同期相比下降了43.08%，后不断上升，2021 年与 2022 年增幅分别达 12.63%、40.07%。

2019—2022年第二季度总氮浓度呈现下降态势,降幅分别为0.79%、15.6%和18.96%;

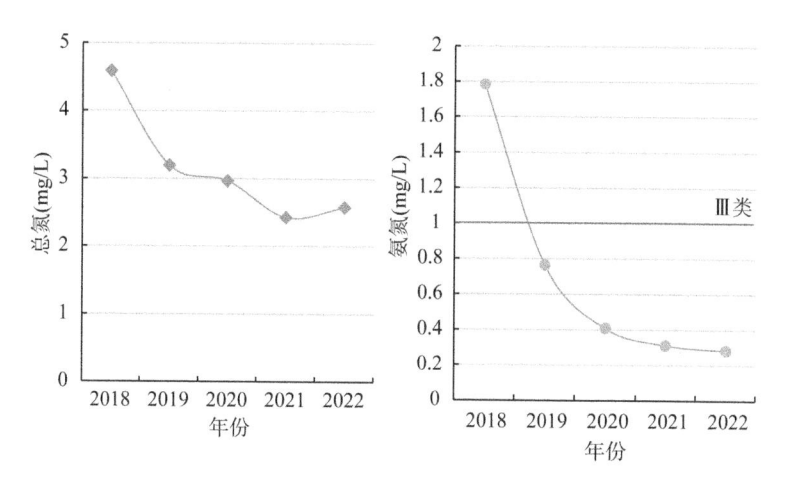

图 5.4-5　环东闸口断面 2018—2022 年总氮、氨氮自动监测浓度变化情况

2019—2022年第三季度总氮浓度呈现倒"U"形状态,2020年同期上升了16.56%,而后不断下降,2021年与2022年降幅分别达37.11%和34.31%;

2019—2022年第四季度总氮浓度呈现波动状态,2020年同期上升了18.07%,2021年同期下降了22.15%,随后反弹,2022年增幅达到29.29%。可见环东闸口断面总氮浓度冬春季影响较大。

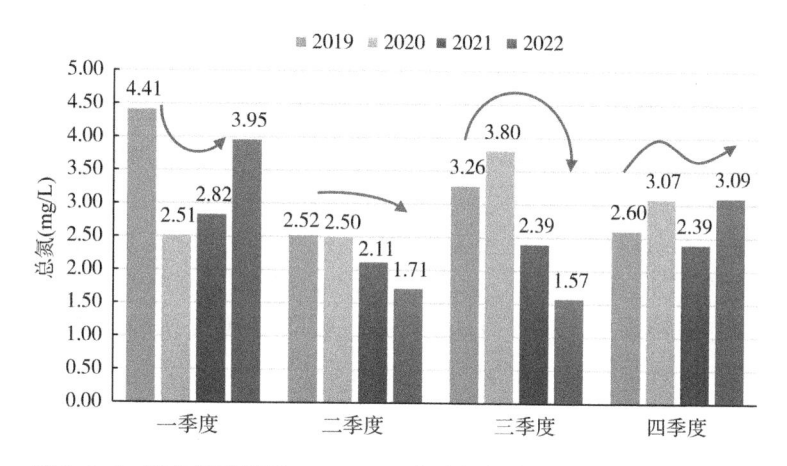

图 5.4-6　环东闸口断面 2019—2022 年总氮自动监测浓度季度变化情况

从不同月份来看,环东闸口断面2019年总氮浓度峰值出现在1月、7月,分别达5.24 mg/L和4.56 mg/L;2020年总氮浓度峰值出现在1月、7月和12月,分别达3.25 mg/L、6.66 mg/L、3.99 mg/L;2021年总氮浓度处于低位,峰值仅出现在7月,达3.17 mg/L;2022年总氮峰值出现在1月与7月,分别达5.34 mg/L和4.38 mg/L。总氮浓度变化与降雨量变化趋势一致,初步判断夏季总氮浓度主要受汛期影响。

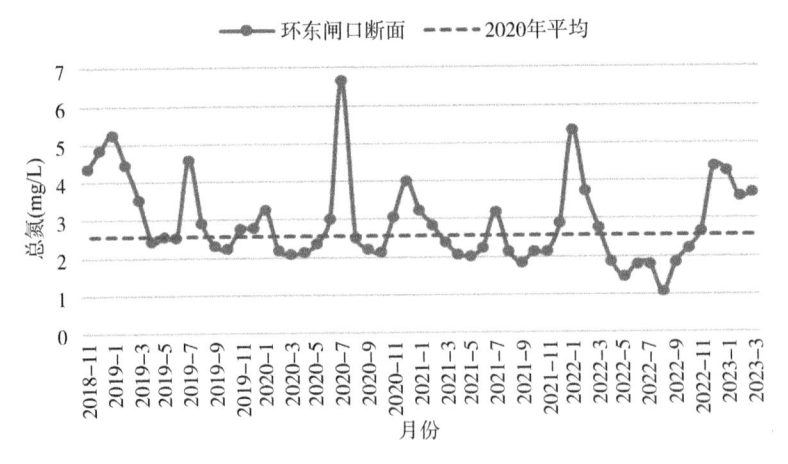

图 5.4-7　环东闸口断面总氮自动监测浓度逐月变化情况

如图 5.4-7 所示,2020 年 1—3 月份的总氮平均浓度呈现增长趋势。4—9 月呈现下降态势,其中 6、7 月呈现倒"U"形,降幅范围为 17%~73%,7 月份降幅最大,为 73%。10 月份的总氮平均浓度较为平稳,增长幅度为 3%。11 月份的总氮平均浓度有所下降,降幅为 13%,12 月份总氮平均浓度有所反弹,增长幅度为 10%。

2022 年与 2021 年相比,1—10 月份变化特征与基准年变化相似,1—3 月增长幅度范围为 16%~65%,4—9 月降幅范围为 1%~50%,而 11—12 月增长幅度有所上升,分别为 25% 和 52%。

5.4.1.2　掘苴河冬季总氮浓度影响分析

根据掘苴河环东闸口断面多年的总氮浓度趋势以及掘苴河总氮浓度呈现冬季高的特点分析,总氮浓度主要受降水、气温、入海控制闸开闸排水、污染源排放等情况影响。

(1) 降水量影响

根据降水量与排水量变化情况可知,掘苴新闸排水量受降水量变化影响,1—2 月、10—12 月的降水量较低,河道水位处也在较低水平,导致掘苴新闸排水量减少,环东闸口断面总氮浓度处于较高水平。3—7 月随着降水量的增加,河道补水增多,排水频次升高,有利于掘苴河总氮稀释与降解,见图 5.4-8 和图 5.4-9。

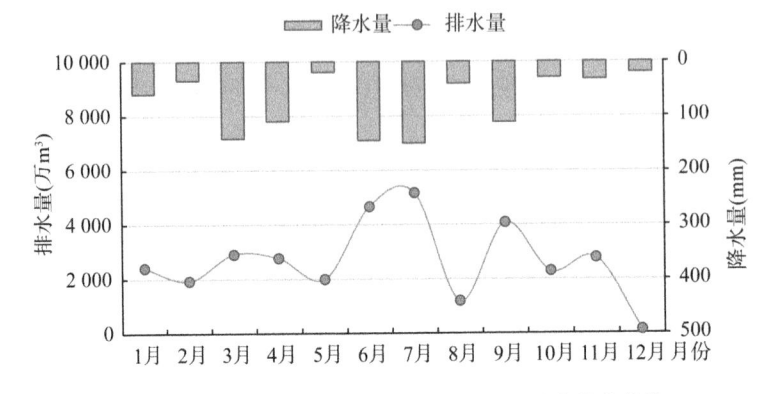

图 5.4-8　2022 年如东县降水量与掘苴新闸排水量变化情况

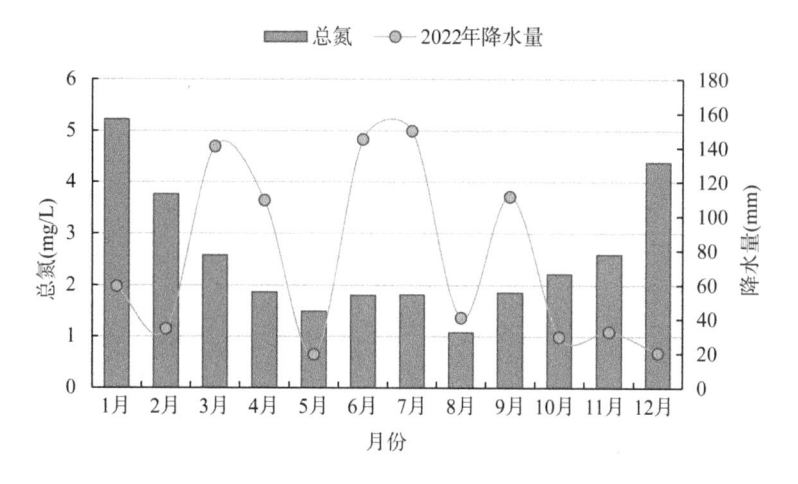

图 5.4-9　2022 年如东县降水量与环东闸口总氮浓度变化情况

（2）气温影响

2022 年如东县气温与总氮浓度变化情况分析可知（图 5.4-10），冬季气温较低，总氮浓度呈现较高水平。随着气温逐渐降低，掘苴河内生物活动消耗也随之下降，研究显示当温度低于 15℃时，反硝化速率明显降低；温度低至 5℃时，反硝化将趋于停止，导致冬季总氮浓度偏高。夏季河流微生物的硝化及反硝化过程加强，对氮的去除能力较强。

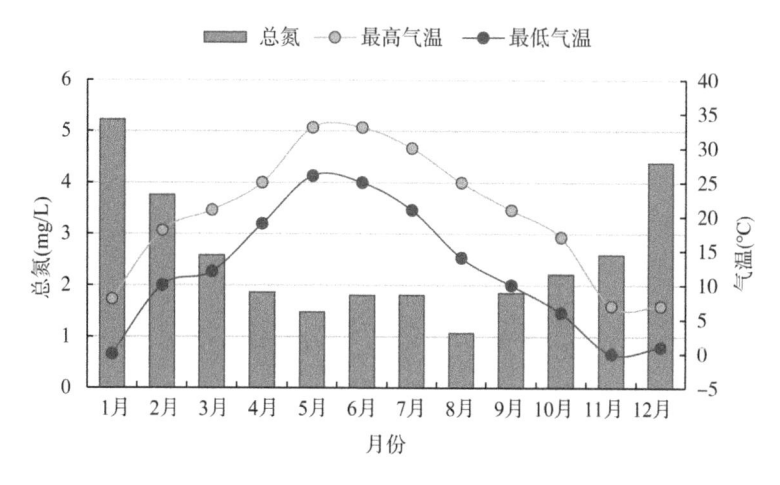

图 5.4-10　2022 年如东县气温与环东闸口总氮浓度变化情况

（3）入海控制闸影响

掘苴河排水主要受掘苴新闸影响，此外，区域内闸坝和退水涵闸若干，分别位于斗私河、长角河、南荡河等支流汇入口处。根据掘苴新闸排水次数与总氮浓度变化可知，掘苴新闸排水次数较多的月份，总氮浓度较低。受闸坝控制，区域在枯水期水系水动力条件不足，水体基本处于静止状态，不利于营养物质转移交换，自净能力差，引起局部水体总氮浓度偏高，见图 5.4-11。

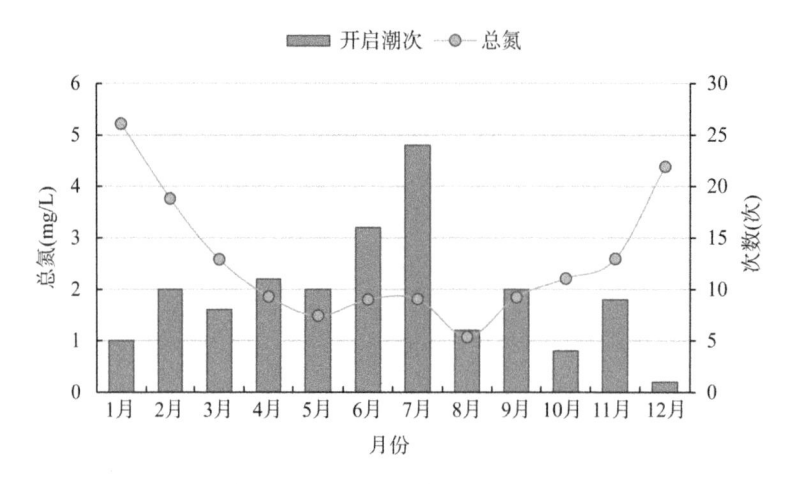

图 5.4-11　2022 年掘苴新闸开启潮次与环东闸口总氮浓度变化情况

(4) 污染源影响

除自然因素影响外,区域内污染源排放是总氮浓度变化的重要因素。对于污水处理厂,其总氮出水浓度较为稳定,范围为 6.67~10 mg/L,其中冬季 1 月和 12 月总氮出水浓度分别为 9.77 mg/L 和 10 mg/L,浓度偏高,可能受温度影响,污水处理厂总氮去除能力减弱。对于农业生产活动,11 月左右水稻收割后,秸秆浸泡使水总氮浓度较高。一定程度导致区域污染源排放总量升高,而河流水量减少以及自净能力降低,导致总氮浓度升高。

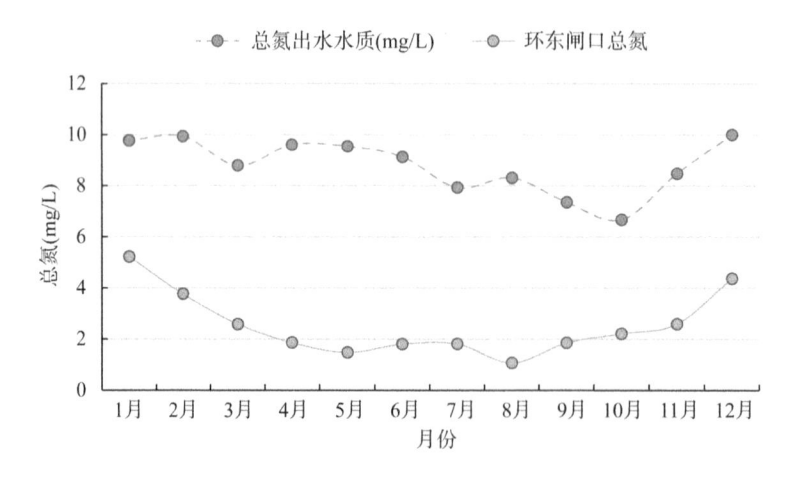

图 5.4-12　污水处理厂总氮出水浓度与环东闸口总氮变化情况

5.4.1.3　掘苴河总氮沿程变化分析

丁棚桥断面和北环路桥位于掘苴河上游,八号桥断面位于掘苴河中游,环东闸口断面位于掘苴河下游。根据南通如东县生态环境局 2022 年逐月手动监测数据,分析污染物沿程变化规律(图 5.4-13、图 5.4-14)。

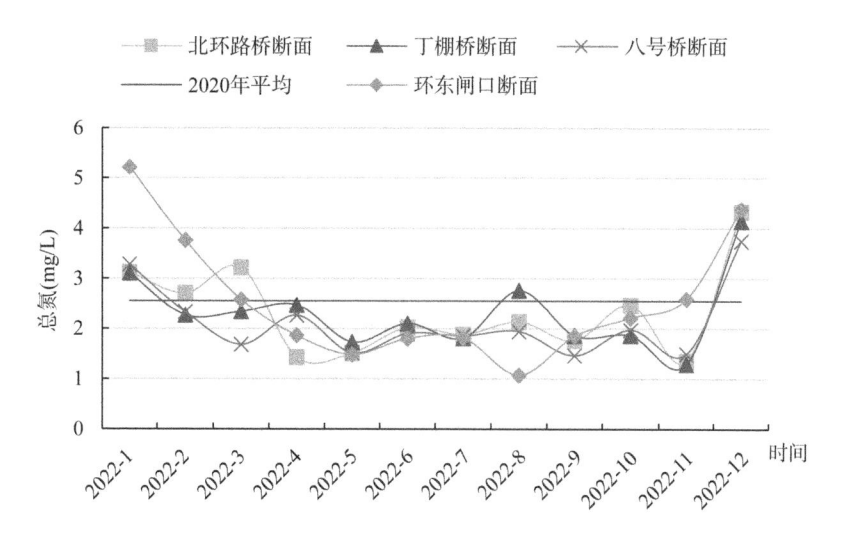

图 5.4-13　掘苴河管控范围相关断面总氮浓度逐月变化情况

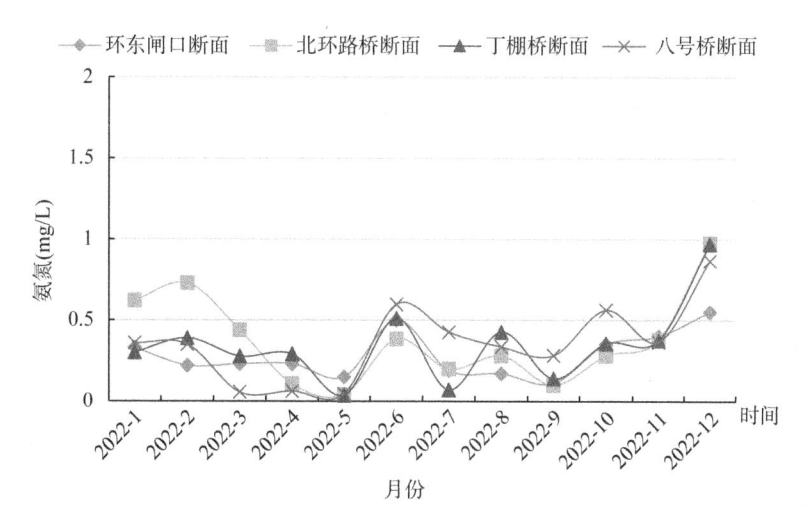

图 5.4-14　掘苴河管控范围相关断面氨氮浓度逐月变化情况

从不同月份来看，环东闸口断面在1月、2月、11月和12月总氮平均浓度高于北环路桥断面、丁棚桥断面以及八号桥断面。在5月、6月、7月四个断面浓度较为相近，范围为1.48～2.10 mg/L，但环东闸口断面浓度均为四个断面的最低值。环东闸口断面8月份总氮浓度则与其他断面呈现相反态势，达到全年最低值，为1.07 mg/L。而后环东闸口断面浓度不断上升。其余断面也呈现波动上升态势，至2022年12月，四个断面总氮浓度较为相近，范围为3.75～4.38 mg/L，其中八号桥断面浓度最低，环东闸口断面浓度最高。根据丁鹏桥断面水质情况，上游来水总氮在1月、8月、12月明显偏高，会对掘苴河总氮造成一定影响。

环东闸口断面氨氮浓度均位于区间低水平，在1月份以及12月浓度较高分别达0.33 mg/L和0.55 mg/L。相比之下，北环路桥断面1—3月份氨氮浓度较高，八号桥断面6—12月份氨氮浓度较高。

从空间上看,2022年北环路桥断面、丁棚桥断面和八号桥断面总氮浓度在5—7月趋同。北环路桥断面氨氮浓度呈现冬春高、夏秋低的特征。丁棚桥断面、八号桥断面以及环东闸口断面呈现夏冬高的特征。春季北环路桥断面影响较大,冬季丁棚桥与八号桥断面影响较大。总体而言,需同步关注上游如泰运河来水影响以及掘苴河沿线影响。

综合分析降水、水温、入海控制闸开闸排水等情况,掘苴河入海控制闸长时间未开闸、河水滞留,河道自净能力不足,加上沿线生产生活废水的排放导致掘苴河总氮浓度增加。

5.4.2 入海河流总氮排海通量分析

掘苴新闸排水量与江苏省水文水资源勘测局统计的年径流量相似,利用掘苴新闸排水量作为掘苴河入海径流量,分析掘苴河总氮浓度排海量。

从年际变化来看(图5.4-15),2018—2022年掘苴河排水总量分别为7.94、6.31、9.30、8.72、3.23亿 m^3,多年均值为7.10亿 m^3。近年掘苴河排水总量年际变化较大,2018—2021年呈现波动状态,2022年水量骤降,相比于2021年减少5.49亿 m^3,降低了62.95%。由此,2018—2022年掘苴河总氮排海通量分别为3 646.93、2 017.66、2 759.97、2 118.65、758.33 t。受水量影响明显,2022年较2021年减少了1 360.32 t,降低64.21%。

从季度变化来看,掘苴河2022年各季度总氮排海通量较为平均,各季度占比分别为37%、22%、24%和17%。

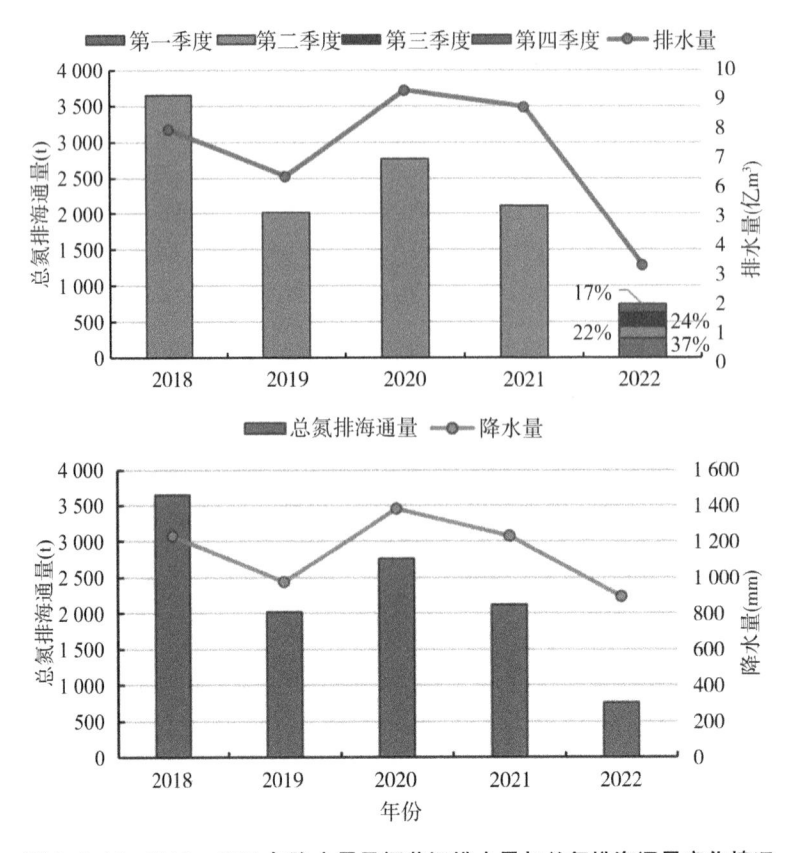

图5.4-15 2018—2022年降水量及掘苴河排水量与总氮排海通量变化情况

从 2022 年年内变化来看(图 5.4-16),总氮排海通量年内波动较大,汛期与非汛期排海通量差异明显,最小总氮排海通量出现在 12 月,达 5.69 t;最大总氮排海通量出现在 1 月,达 129.00 t。1 月份总氮通量较高主要是因为 1 月份总氮浓度较高。虽然 3 月、4 月降雨量较大,但总氮浓度较低。由于掘苴河排水量受闸坝调度影响明显,8 月份总氮排海通量出现骤降,而后 9 月份由于降水量明显上升,为进行排涝,排水量随之上升,9 月份总氮排海通量大幅上升。总体而言,掘苴河排水量、总氮通量逐月变化过程与降雨过程具有较强的相关性。

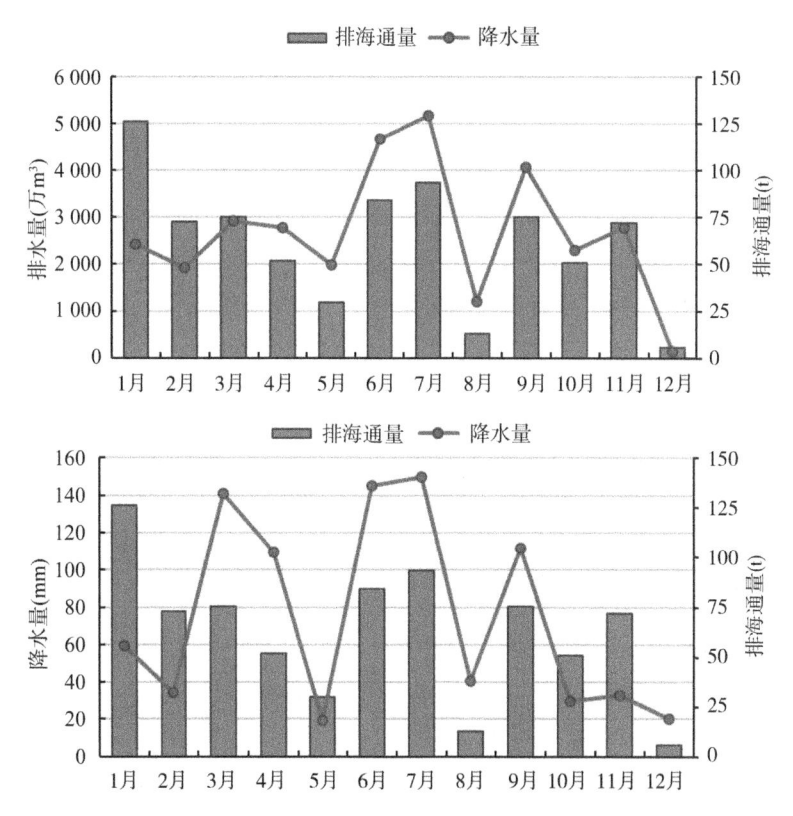

图 5.4-16 2022 年降水量及掘苴河排水量与总氮排海通量逐月变化情况

5.4.3 入海河流总氮排放对近岸海域水质影响分析

5.4.3.1 近岸海域水质情况分析

根据南通市 2018—2021 年生态环境质量状况公报以及南通市生态环境局 2022 年水环境工作情况介绍,南通市近岸海域水质优良达标比例不断上升(图 5.4-17),从 2018 年的 75% 已上升至 2022 年的 87%。2020 年、2021 年主要超标因子仍为无机氮和活性磷酸盐。

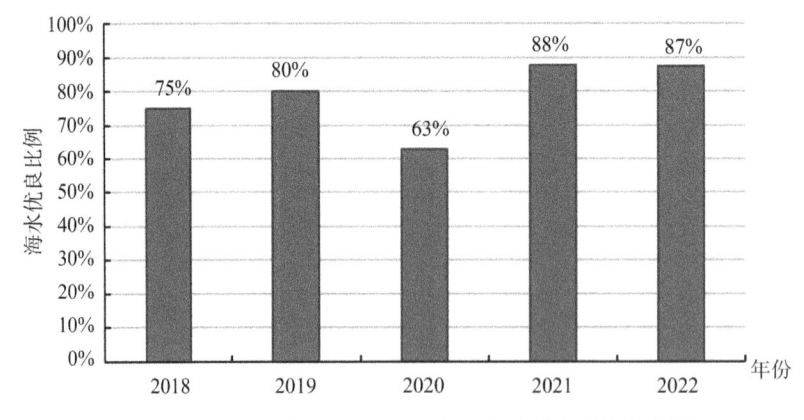

图 5.4-17　南通市 2018—2022 年近岸海域水质优良比例

掘苴河临近的近岸海域水质国控点位为 H32YQ066/JSH06013。其中 H32YQ066 为 2019 年以前编号，2020 年起站点编号为 JSH06013，距离掘苴河入海口约 11.5 km。根据我国国家海洋环境监测中心海水水质监测信息公开系统数据（图 5.4-18），2019—2022 年近岸海域春季（每年 5 月）无机氮浓度较低，2019—2022 年能稳定达到《海水水质标准》(GB 3097—1997)三类水质标准，2019、2021 和 2022 年能达到二类水质标准。

2018—2022 年夏季无机氮浓度较高，优良比例有待提高。2018 年—2020 年无机氮浓度超过三类水质标准，分别超标了 0.41、0.58、1.10 倍。2021 年无机氮浓度有所改善，达到二类水质标准，2022 年有所反弹，为四类海水水质标准。

2018—2022 年秋季无机氮浓度较为平稳，能够稳定达到三类水质标准。2019 年和 2022 年能够达到二类水质标准。

从不同季节监测结果看，春季、夏季和秋季无机氮并无明显变化规律，2018 年春季无机氮浓度最高达到 0.55 mg/L；部分年份如 2019 年、2020 年和 2022 年夏季的无机氮浓度高于春季和秋季。2021 年则呈现上升趋势，但均能达到三类水质标准。

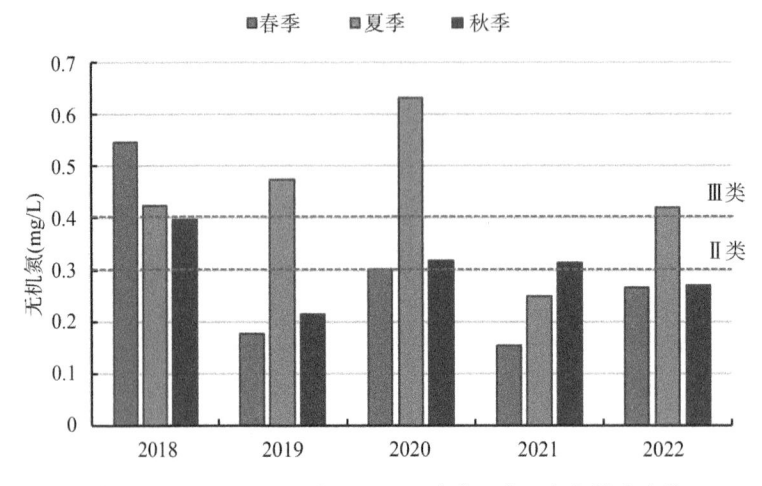

图 5.4-18　H32YQ066/ JSH06013 点位五年无机氮浓度变化

对比近五年总氮排海通量(图 5.4-19),2018—2021 年无机氮浓度与总氮排海通量变化较为一致。2022 年掘苴新闸排水量骤降,总氮排海通量大幅降低,而近岸海域国控点位无机氮浓度有所上升。其原因包括:(1) 受夏季汛期影响较大,相比于春、秋两季,夏季总氮排海通量与无机氮浓度较高。(2) 无机氮浓度上升可能受其他入海河流排海量影响,对区域附近小洋口总氮排海通量进行分析,小洋口所属栟茶运河 2022 年的总氮排海通量达 1 073.60 t,比掘苴河总氮排海通量高了 29.36%。

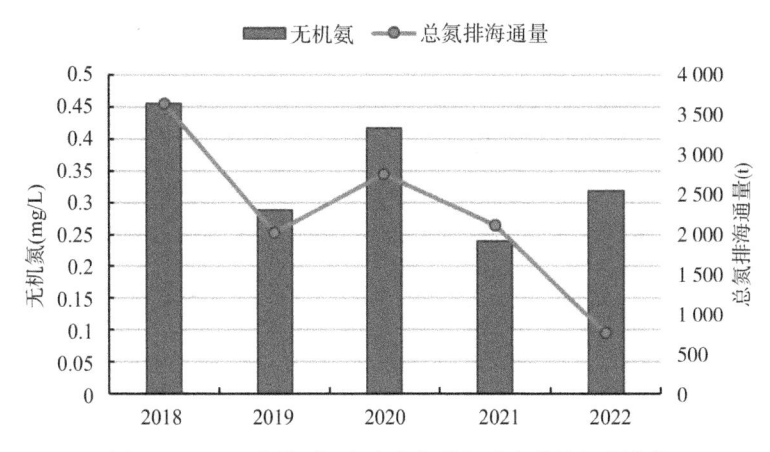

图 5.4-19　近岸海域无机氮与掘苴河总氮排海通量变化

根据各近岸海域国控站点 2022 年年均浓度空间插值结果可知(图 5.4-20),附近海域无机氮浓度范围在 0.42~0.45 mg/L。

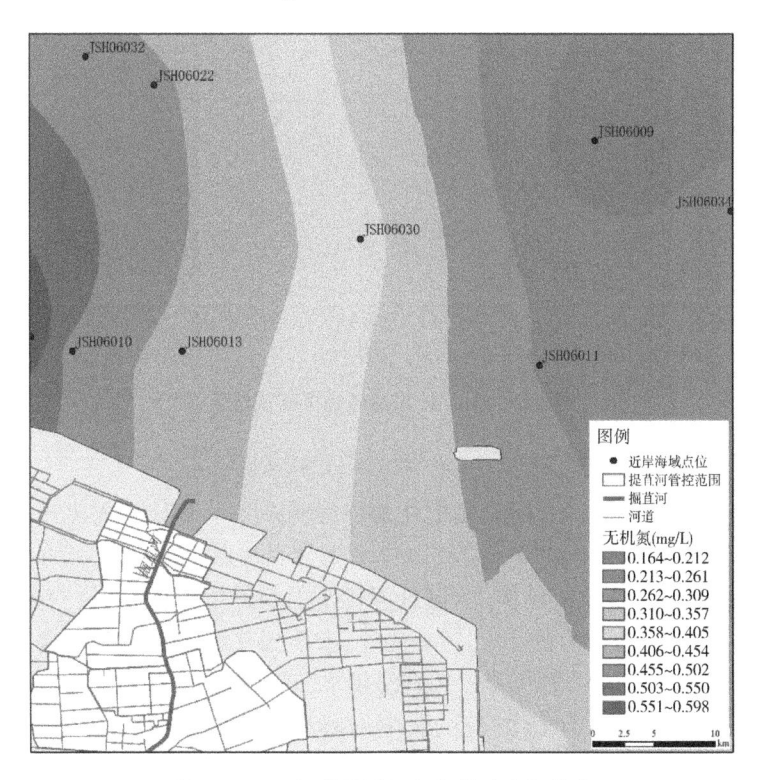

图 5.4-20　近岸海域无机氮浓度空间分布

5.4.3.2 邻近近岸海域水质影响评估

(1) 构建 MIKE21 总氮模拟模型

构建 MIKE21 掘苴河近岸海域总氮模拟模型,以模拟掘苴河总氮排放对近岸海域的影响。模型构建需要的径流量等水文数据,主要来源于《南通市水文年鉴》《南通市水资源公报》等;所需要水质数据来源于如东县生态环境局、中国环境监测站等;地形数据、水系数据等来源于中国科学院资源环境科学与数据平台、地理空间数据云平台等。模型入流边界设置在环东闸口断面附近,模型共 1 562 个网格。选择时间步长间隔,使 CFL 数小于 1。模型采用低阶高速算法,运行时间步长为 3 600 秒,步数为 48,模拟总时长为两天。选择对 JSH06030、JSH06011 两个点位,81 小时的潮位实测数据与模拟结果进行对比,如图 5.4-21 所示。结果表明:两个点位的潮位模拟结果与实测潮位数据具有较好的拟合效果,该数学模型计算结果可反应出各断面的潮位变化。

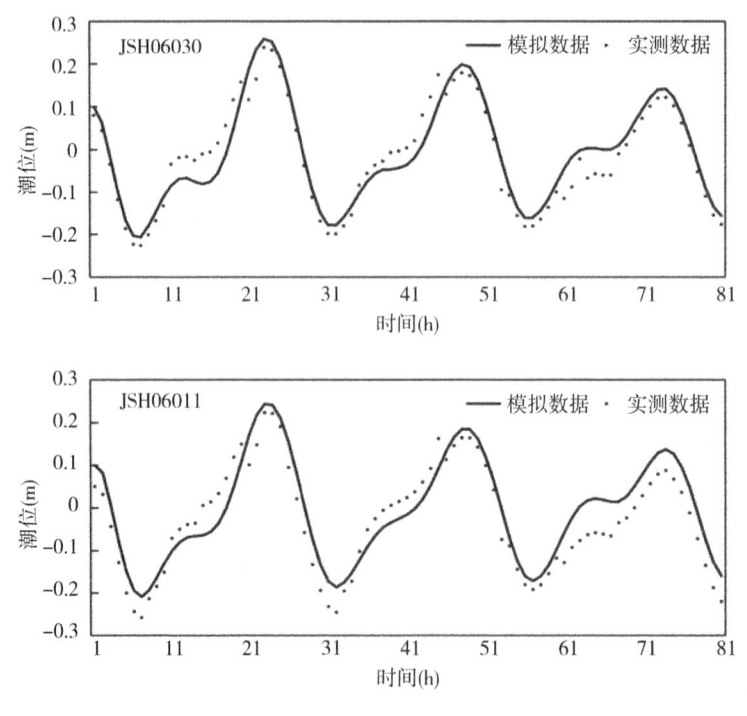

图 5.4-21 近岸海域潮位率定结果

(2) 排水影响模拟分析

由于海域关注无机氮指标,用总氮浓度乘以经验系数 0.6 代替无机氮浓度。基于模型结果,以掘苴河邻近海域国控站点 JSH06013 为代表站点,统计了单独排水引起的浓度值及其在实际浓度中的占比。总体上,掘苴河排水引起的浓度值增量约在 0.047 mg/L,约占 2022 年无机氮浓度均值的 14.8%。此外,由于掘苴河入海负荷包含了如泰运河上游来水以及掘苴河沿线排水,若仅考虑掘苴河排水影响中掘苴河沿线排水部分,则掘苴河沿线排水对邻近海域 JSH06013 站位的影响引起的浓度值增量约在 0.005 mg/L,约占

2022年无机氮实际浓度的1.6%。

5.5 入海河流总氮污染溯源分析

研究在加密监测基础上，主要结合了流域模型模拟、现场排查等方式，进行了深入溯源分析，识别总氮污染主要来源，进一步细化明确总氮控制的重点区域、重点对象等，精准识别后续治理与管控的重点对象，流程图如图 5.5-1 所示。

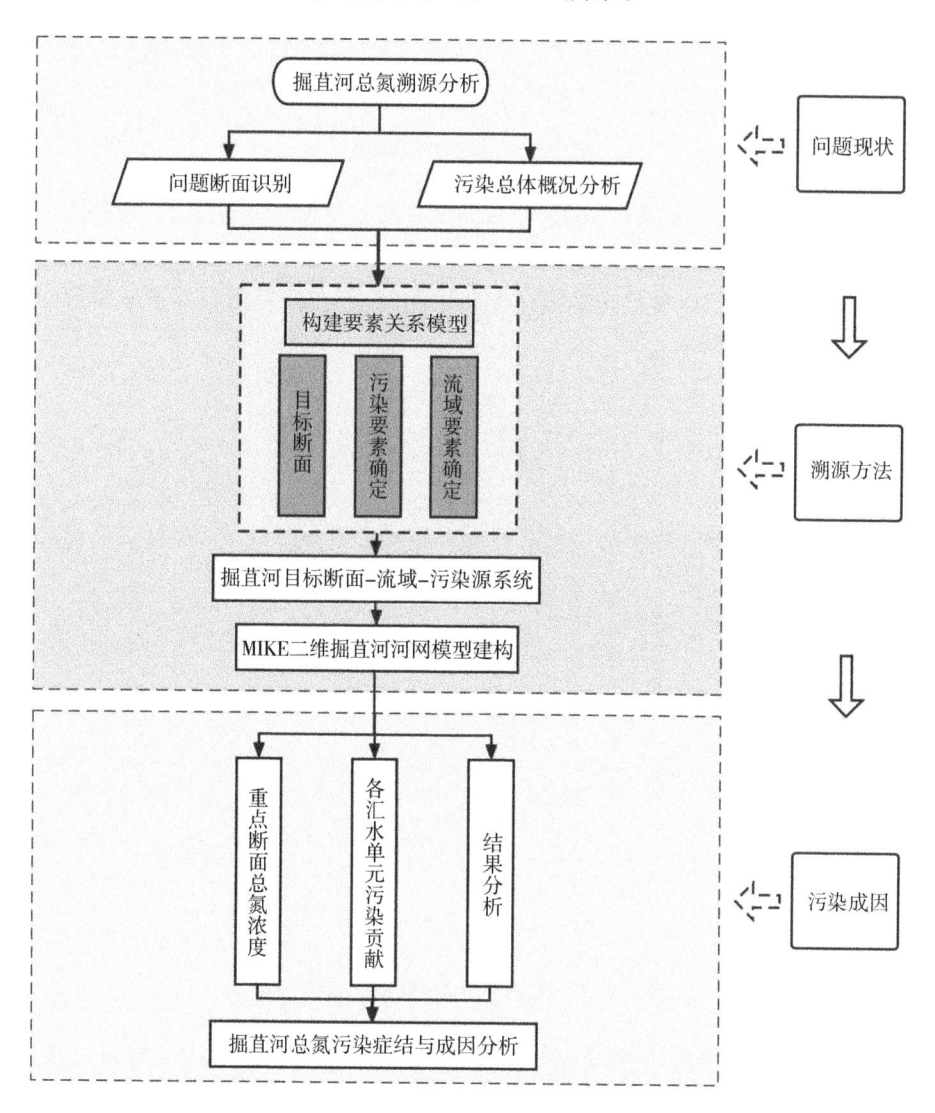

图 5.5-1　掘苴河总氮污染溯源流程图

5.5.1　入海河流总氮污染控制单元分区

基于水质监测断面追溯污染要素，建立要素关系模型。本次掘苴河总氮污染溯源的要素关系模型构建如图 5.5-2 所示，主要包括干支流河段子系统、汇水单元子系统、污染源子系统。

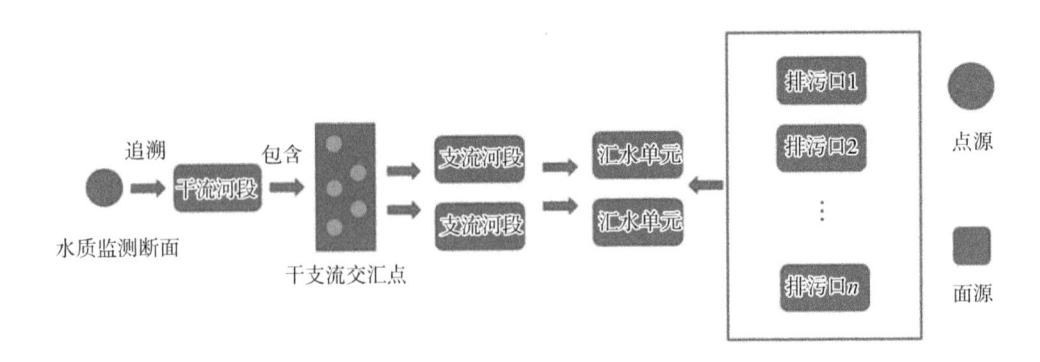

图 5.5-2　要素关系模型

首先确定掘苴河河段子系统，根据如东县掘苴河上下游干支流关系，划分两个河段等级，使用相同等级的汇水单元进行空间裁切，并与汇水单元等同的编码方式建立河段之间的空间流向与等级关系，以此确定总氮空间传输路径，形成掘苴河目标流域分等级的河流关系网络，如图 5.5-3 所示。

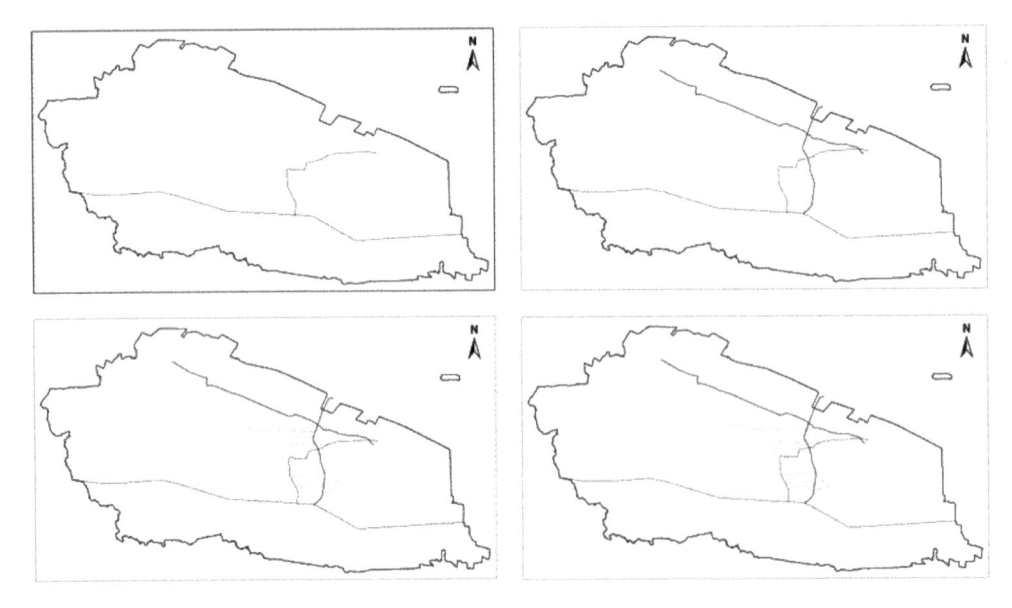

图 5.5-3　掘苴河管控区域河网划分结果

由已建监测断面-小流域-污染源要素子系统获知，筛选区主要由掘苴河、如泰运河及周围支流构成的 14 个子流域组成。根据干支流交汇点确定汇水单元，将点源和面源进行空间位置确认和划归 14 个汇水单元，具体如表 5.5-1 和图 5.5-4 所示。

表 5.5-1　汇水单元一览表

序号	汇水单元	序号	汇水单元
1	城区	8	光明河南
2	幸福河南	9	东中心河

续表

序号	汇水单元	序号	汇水单元
3	洋口运河西	10	苴镇
4	八号桥西	11	丰东河南
5	八号桥东	12	丰东河北
6	幸福河北	13	环东闸口断面东
7	光南片区	14	环东闸口断面西

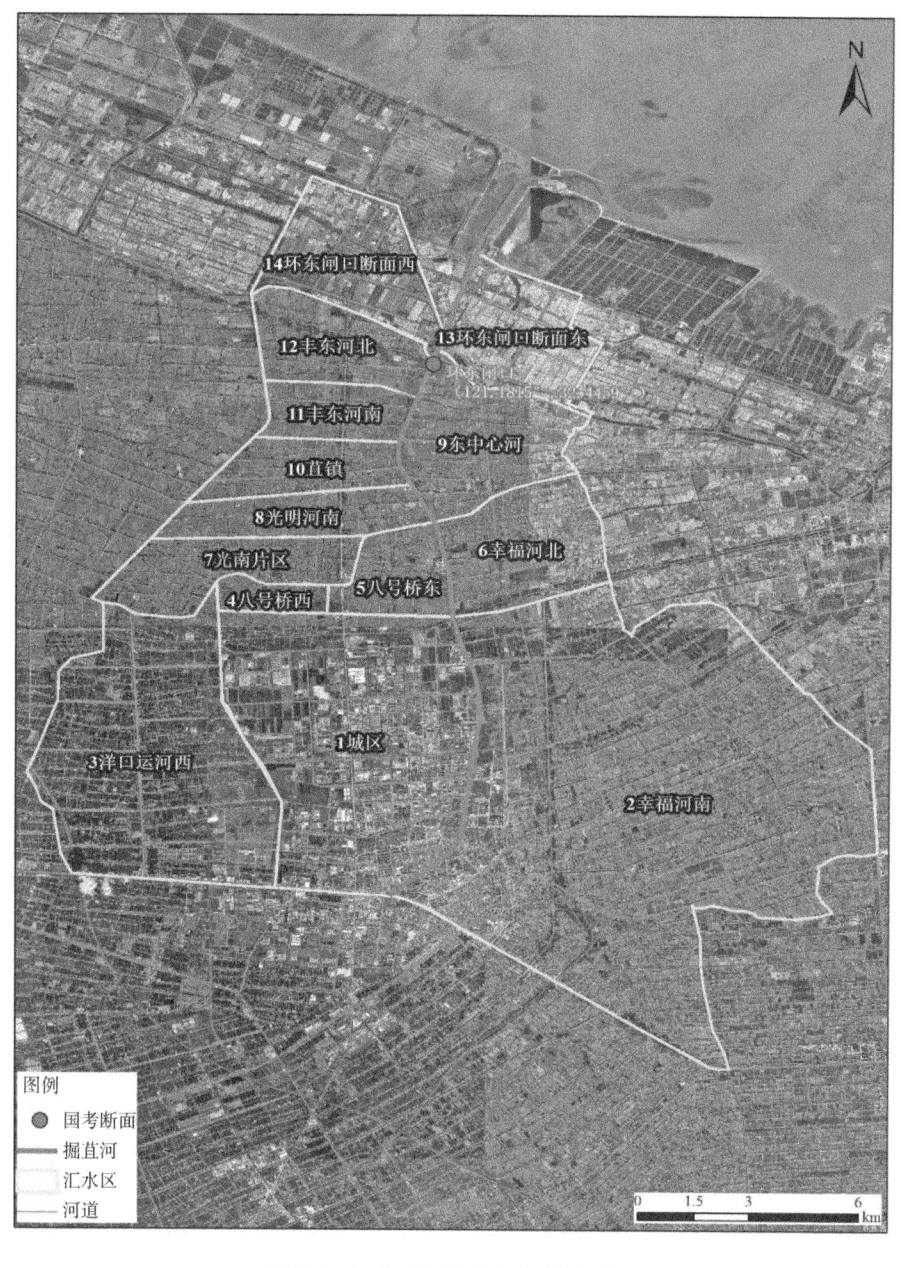

图 5.5-4　掘苴河流域汇水单元划分

5.5.2 入海河流加密监测分析

掘苴河设置断面较少,需进一步通过人工等方式进行河流水质的加密监测。掘苴河环东闸口断面总氮浓度高值主要出现在枯水期,2023年1月10日、2023年2月23日开展两次掘苴河流域水质加密监测,点位设置如表5.5-2所示。43个点位总氮浓度范围为1.89~13.2 mg/L。最低值位于北场南四级河,最高值位于开元污水处理厂排污口。

表5.5-2 掘苴河管控区2023年1—2月加密监测结果(单位:mg/L)

编号	采样位置	总氮	氨氮	亚硝酸盐氮	硝酸盐氮
1	洋口运河桥	2.89	1.06	0.22	0.51
2	建材河	3.48	2.05	0.32	0.85
3	新光三级河	6.72	4.68	0.27	0.79
4	南康河	4.17	3.27	0.30	0.19
5	永丰河	4.05	2.58	0.37	0.37
6	如意桥	2.55	0.925	0.80	0.29
7	丰收河	3.60	1.68	0.30	0.39
8	友谊河	3.60	0.153	0.19	0.60
9	斗私河	3.60	0.338	0.30	1.07
10	1—4组庄河	2.00	0.033	0.18	1.01
11	北场南四级河	1.89	0.036	0.08	0.35
12	幸福南桥	4.15	0.381	0.21	0.48
13	滨北河	9.07	7.00	0.26	0.98
14	七号桥	3.44	0.100	0.22	0.95
15	八号桥	3.85	0.890	0.22	0.34
16	长沙中心桥	3.24	0.646	0.22	0.38
17	蔡桥村小河	9.09	0.026	0.86	0.73
18	光明河如棉桥	4.07	0.676	0.22	0.66
19	蔡王桥	5.28	1.00	0.80	0.15
20	丰南二线河新园桥	5.44	1.02	0.21	0.32
21	丰东河石冯桥	4.15	0.121	0.30	0.35
22	蔡桥村丫子河	9.37	1.10	0.71	0.39
23	新任桥	3.60	0.038	0.29	0.31

续表

编号	采样位置	总氮	氨氮	亚硝酸盐氮	硝酸盐氮
24	刘埠村中心河	3.93	0.121	0.32	0.53
25	刘埠闸桥(未开闸)	5.62	0.087	0.13	1.02
26	王潭海堤河海防桥	4.66	0.434	0.29	0.38
27	何丫南岸河炮车一桥	3.54	0.025L	0.25	0.35
28	长角河长角桥	3.14	0.025L	0.22	0.34
29	王潭村退水涵闸	9.53	0.266	0.75	0.54
30	王潭村中心河桥	3.64	0.078	0.28	0.27
31	顾庄车口河	2.91	0.321	0.18	0.18
32	苴西南桥	8.14	2.44	1.51	0.52
33	晓桥	3.26	0.730	0.21	0.57
34	洋口运河	4.82	0.736	0.19	0.46
35	光南一线河	2.02	0.256	—	—
36	光明桥	4.50	0.550		
37	苴长桥	6.02	1.11	—	
38	长河中心河桥	4.76	0.660	—	
39	苴沙中心河桥	4.20	0.674	—	
40	幸福北桥	5.87	0.929		
41	环东闸	3.49	0.692	—	
42	开元污水处理排污口	13.2	0.032	—	
43	恒发污水处理排污口	8.96	0.199	—	

(1) 如泰运河—北环路桥段

如泰运河丁棚桥断面2023年1月份总氮监测结果为2.13 mg/L,低于环东闸口段断面总氮浓度。如泰运河与掘苴河交汇至北环路桥断面,以城镇为主。该部分河段生活污水已全部纳管。该河段生态河道建设效果明显,水质情况较好,北环路桥断面2023年1月份总氮监测结果为1.65 mg/L。西侧自南向北有建材河汇入掘苴河,此次枯水期水质加密监测总氮浓度为3.48 mg/L。

(2) 北环路桥—友谊河段

掘苴河市考断面北环路桥以北支流增多,部分设有闸站的支流总氮浓度偏高。该河段西侧自南向北有新光三级河、南康河、永丰河、友谊河,总氮浓度2.55~6.72 mg/L。该段东侧自南向北有滨北河、窑堤、北场南四级河、斗私河,总氮浓度1.89~9.07 mg/L。其中西侧支流流经城镇区域,新光三级河、南康河、永丰河设有闸口,水动力条件较差。此外,新光三级河城镇雨水排污口存在晴天仍有外排现象,其氨氮浓度达4.68 mg/L,南康河和永丰河氨氮浓度分别为 3.27 mg/L、2.58 mg/L,呈现生活污染特征,区域可能存在污水管网错接、混接问题。东侧支流流经农田,除滨北河外总氮浓度均处于较低水平。此河段下游存在两个污水处理厂排污口,其中开元污水处理排污口总氮浓度为 13.2 mg/L,如东恒发污水处理排污口总氮浓度为 8.96 mg/L。

(3) 友谊河—洋口运河段

该河段沿线处在苴镇农村地区,且支流较少,西侧支流有南荡河、洋口运河,东侧支流有幸福河,总氮浓度为 3.24~3.85 mg/L。根据现场踏勘,河道两岸环境相对较差,南荡河、洋口运河来水硝酸盐氮浓度分别为 0.34 mg/L 和 0.46 mg/L,主要原因是化肥施用伴随降雨径流进入水体。

(4) 洋口运河—丰南二线河段

该河段沿线处在苴镇街道农村地区,主产水稻。西侧支流有光南一线河、光明河、华西河和丰南二线河,总氮浓度为 2.02~9.09 mg/L 东侧支流有苴长河、苴沙中心河和顾庄车口河,总氮浓度为 2.91~8.14 mg/L,呈现农业面源污染特征。

(5) 丰南二线河—环东闸口段

该河段沿线处在苴镇街道农村地区。西侧支流有丰东河、蔡桥村丫子河,总氮浓度分别为 4.15 mg/L 和 9.37 mg/L,氨氮浓度占比分别为 2.92% 和 11.74%,硝酸盐氮浓度占比分别为 8.43% 和 4.16%。该数据呈现农村生活污染以及农业面源污染叠加的特征。

总体而言,总氮在掘苴河沿程支流呈现较高浓度分布(图 5.5-5)。浓度高值集中在苴镇街道(外农开发区),其中蔡桥村丫子河浓度最高达到 9.37 mg/L,氨氮达到 1.10 mg/L,呈现生活污染特征,区域可能存在农村生活污水直排。总氮浓度较高支流包括城中街道的新光三级河和窑堤河,河道氨氮浓度也同比较高,判断可能受附近生活源影响,区域可能仍存在污水管网盲区或混接、错接问题。现场排查情况如图 5.5-6 所示。

根据现场排查以及调研可知,总氮浓度偏高主要受以下因素影响:(1) 掘苴河下游环东闸口断面附近农业面源、农村生活污水直排;(2) 掘苴河中游恒发污水处理厂以及开元污水处理厂尾水排放;(3) 掘苴河上游城市生活源影响,存在污水管网盲区或混接、错接问题;(4) 掘苴河水资源量减少、入海涵闸长时间关闭,同时支流河水滞流,生物固氮减少,导致污染物累积。

2023 年 9 月 1 日至 11 月 16 日,先后开展了 10 次掘苴河流域水质加密监测,点位设置如表 5.5-3 所示。16 个点位总氮浓度均值范围为 2.23~5.19 mg/L。最低值位于新光桥,最高值位于恒发污水处理厂排污口下游 100 m。由图 5.5-7 可知,掘苴河沿程总氮浓度呈先升高,在恒发污水厂排口到长沙中心桥段为最高值,后下降趋势。总体而言,受温度以及各项流域整治重点工程实施影响,9—11 月掘苴河流域水质加密监测情况要优于 1—2 月,但各支流监测断面浓度多数仍高于 2.52 mg/L,对环东闸口断面总氮浓度达标依旧是负贡献。

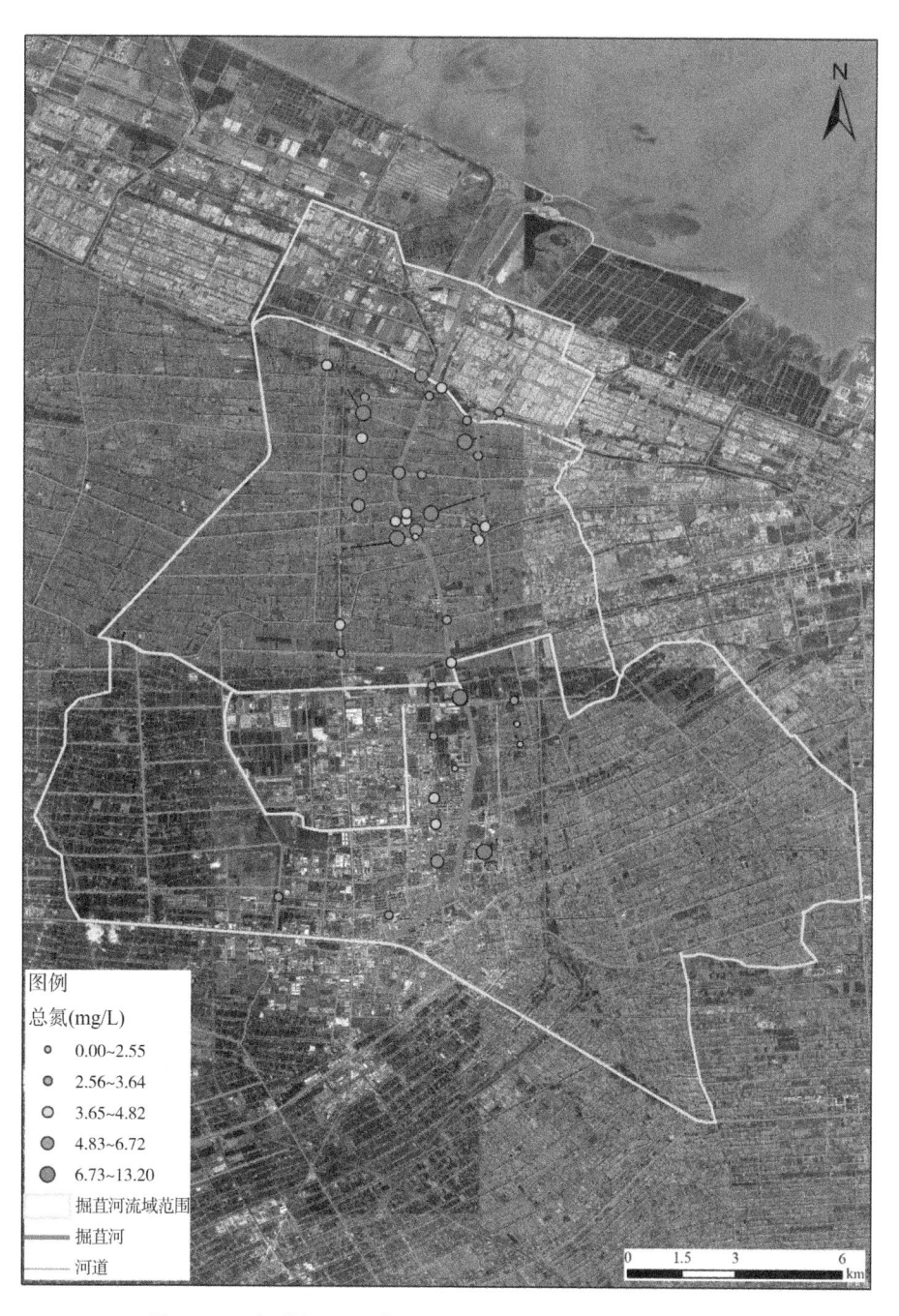

图 5.5-5　掘苴河 2023 年 1—2 月总氮浓度加密监测空间分布

图 5.5-6 掘苴河问题点位情况

表 5.5-3 掘苴河管控区 2023 年 9 月—11 月加密监测均值(单位:mg/L)

编号	采样位置	总氮	氨氮	亚硝酸盐氮	硝酸盐氮
1	关西桥	2.99	0.444	0.334	1.65
2	通海桥	2.70	0.468	0.413	1.55
3	人民桥	2.65	0.416	0.341	1.61
4	蟥城大桥	2.72	0.361	0.310	1.73
5	东升大桥	2.93	0.274	0.298	2.06
6	恒发排污口下游 100 m	5.19	0.436	0.315	3.62
7	掘苴河桥	3.35	0.302	0.368	2.20
8	凤凰桥	2.87	0.267	0.329	1.98
9	新光桥	2.23	0.192	0.279	1.39
10	环东闸口	2.61	0.185	0.317	1.54
11	长沙中心桥	3.30	0.339	0.355	1.90
12	保林桥	2.48	0.217	0.289	1.50
13	洋口运河大桥	2.90	0.247	0.359	1.69
14	苴长河苴镇河桥	2.61	0.239	0.413	1.36
15	光明河如棉桥	2.40	0.264	0.236	1.05

续表

编号	采样位置	总氮	氨氮	亚硝酸盐氮	硝酸盐氮
16	幸福北桥	2.72	0.266	0.355	1.32

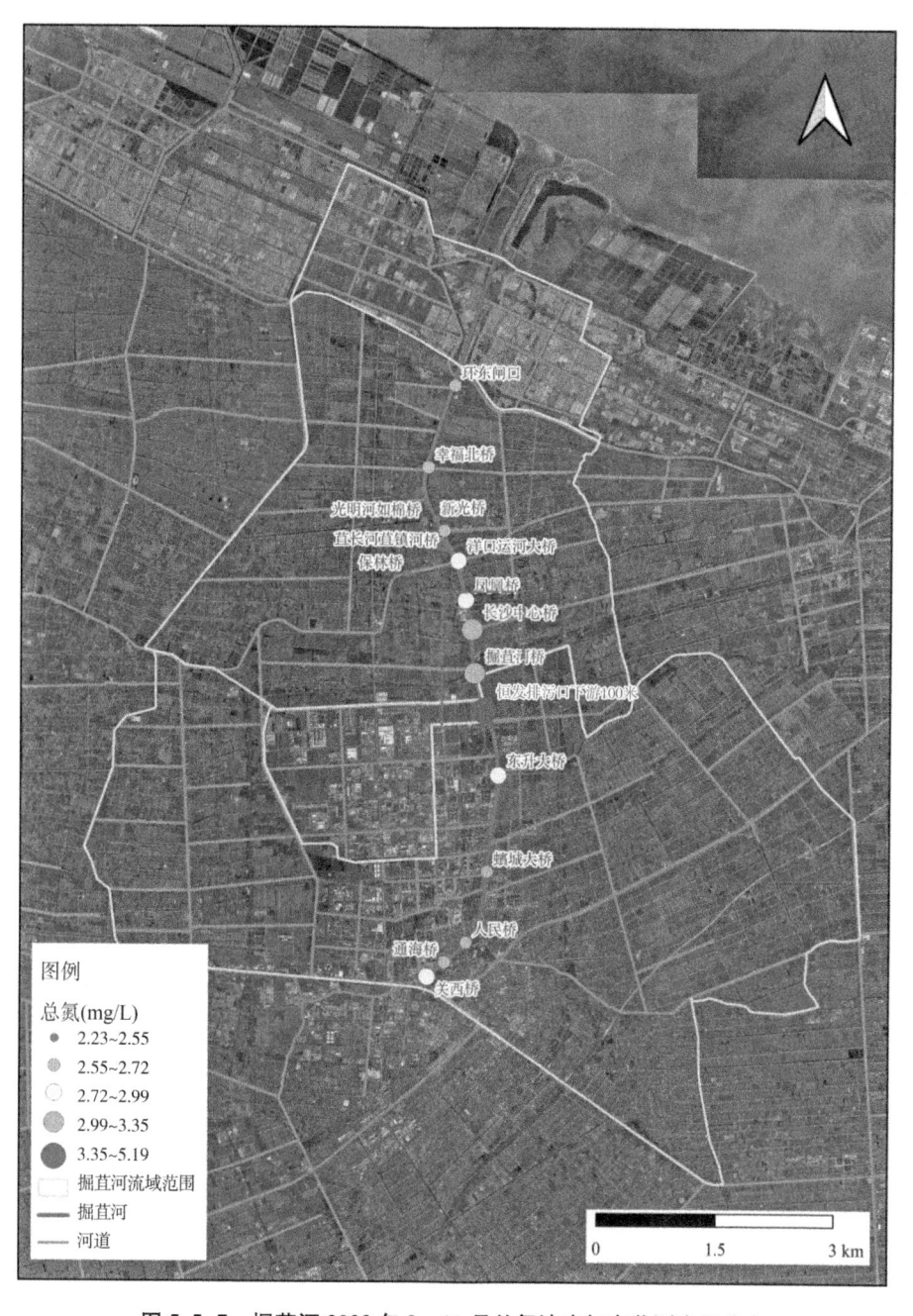

图 5.5-7 掘苴河 2023 年 9—11 月总氮浓度加密监测空间分布

5.5.3 入海河流总氮污染源污染负荷核算

收集掘苴河区域范围内环境统计数据和现场调查数据,综合考虑总氮等主要污染物的排放源,就掘苴河区域范围内的种植业化肥农药施用、畜禽养殖粪污处置利用、涉氮固定污染源排放量,以及沿河面源等进行调查,统计分析各污染源污染负荷入河量以及时空分布特征。针对各污染源的具体分析如下。

5.5.3.1 农村生活源

(1) 农村生活污水处理源

如东县掘苴河沿线农村生活污水处理情况统计见表5.5-4,根据表可知,掘苴河管控区域内共计79个村庄,分散式污水处理设施共21个,集中式处理设施共11个。污水处理设施主要分布情况见图5.5-8。

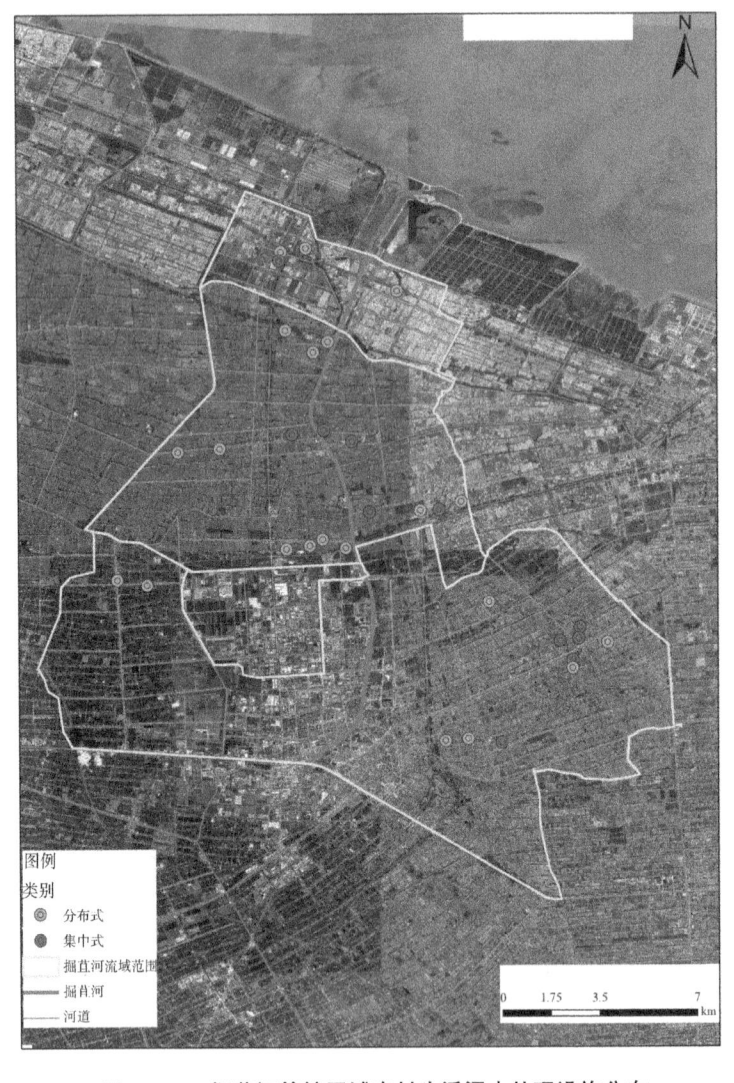

图5.5-8 掘苴河管控区域农村生活污水处理设施分布

第五章 江苏省典型入海河流总氮污染治理与管控实证研究

表 5.5-4 掘苴河管控区域农村生活污水处理设施统计明细表

序号	行政区划 县(市、区)	行政区划 镇(乡)	村民委员会(建制村)	人口 常住农村人口(人)	人口 自然村数(个)	村庄覆盖情况(个) 已完成污水治理的自然村数	村庄覆盖情况(个) 纳入城镇市政污水管网的自然村数	村庄覆盖情况(个) 完成污水处理设施建设的自然村数	村庄覆盖情况(个) 污水进行资源化利用的自然村数	污水处理设施建设和运行 分散式处理设施(20 t/d以下) 分散式污水处理设施(个)	污水处理设施建设和运行 分散式处理设施(20 t/d以下) 总设计处理规模(t/d)	污水处理设施建设和运行 分散式处理设施(20 t/d以下) 正常运行的设施数(个)	污水处理设施建设和运行 集中式污水处理设施建设和运行 集中式污水处理设施数(个)	污水处理设施建设和运行 集中式污水处理设施(20 t/d及以上) 设计处理规模(t/d)	污水处理设施建设和运行 集中式污水处理设施(20 t/d及以上) 正常运行的设施数(个)	污水处理设施建设和运行 集中式污水处理设施(20 t/d及以上) 定期监测的设施数(个)	污水处理设施建设和运行 集中式污水处理设施(20 t/d及以上) 达标排放的设施数(个)
1	如东县	苴镇街道	东海社区	849	1	1	0	1	0	1	10	1	1	25	1	1	1
2	如东县	苴镇街道	蔡桥村	7 014	9	1	0	1	0	0	0	0	1	60	1	1	1
3	如东县	苴镇街道	肖桥村	2 886	4	1	0	1	0	2	30	2	0	0	0	0	0
4	如东县	苴镇街道	近海村	588	1	1	0	1	0	1	10	1	0	0	0	0	0
5	如东县	苴镇街道	环东村	268	1	1	0	1	0	1	10	1	0	0	0	0	0
6	如东县	苴镇街道	金凤村	5 558	7	3	0	3	0	2	20	0	2	45	2	0	2
7	如东县	苴镇街道	凤阳村	6 085	8	2	0	2	0	4	45	4	0	0	0	0	0
8	如东县	苴镇街道	九阳村	4 335	6	1	0	1	0	2	20	2	0	0	0	0	0
9	如东县	苴镇街道	王潭村	5 784	8	1	0	1	0	0	0	0	2	50	2	0	2
10	如东县	苴镇街道	刘埠村	4 015	6	1	0	1	0	3	40	3	0	0	0	0	0
11	如东县	城中街道	六总村	5 844	8	1	0	1	0	2	10	0	1	20	1	1	1
12	如东县	城中街道	潮墩村	5 016	7	1	0	1	0	0	0	0	3	90	3	3	3
13	如东县	城中街道	丁杨村	4 108	6	1	0	1	0	1	10	1	0	0	0	0	0
14	如东县	城中街道	如华村	5 130	7	1	0	1	0	2	10	1	1	20	1	1	1
合计				57 480	79	17	0	17	0	21	215	15	11	310	11	11	11

管控区域内农村污水处理设施设计处理能力 675 t/d，出水执行江苏省地方标准《农村生活污水处理设施水污染物排放标准》(DB32/3462—2020)一级 B 标准。经计算，管控区域内农村生活污水处理设施总氮排放情况，如表 5.5-5 所示。

表 5.5-5 农村污水处理设施总氮入河量统计表

地区	总氮产生量(t/a)	总氮入河量(t/a)	总入河量(t/a)
城中街道	57.71	6.05	11.09
苴镇街道	35.55	5.05	

注：部分数据因四舍五入，计算结果存在误差。

(2) 农村未接管生活源

区域内仍有部分农村并未接入农村污水处理设施。通过管控区域内各镇农村人口数量、农村生活污水产污系数、污水收集处理率以及入河系数计算农村未接管生活源总氮入河量，计算结果如下表 5.5-6。

表 5.5-6 管控区域内农村未接管生活源总氮入河量统计表

村民委员会(建制村)	各汇水单元农村未接管生活源总氮入河量(t/a)
八总桥村	3.130
六总村	5.949
五总村	5.094
丁杨村	4.182
如华村	5.222
虹元村	4.723
江庄村	3.628
肖桥村	2.938
凤阳村	6.195
北场村	2.594
金凤村	5.658
潮墩村	5.106
九阳村	4.413
王潭村	5.888
蔡桥村	7.140
晓桥居	2.324
刘埠村	4.087
何丫村	2.048
近海村	0.599
东海社区	0.864

续表

村民委员会（建制村）	各汇水单元农村未接管生活源总氮入河量(t/a)
环东村	0.391

5.5.3.2 农业种植源

根据如东县农业农村局提供的数据，管控区域内耕地面积为 92.89 km²，其中旱地 9.41 km²，水田 81.60 km²，水浇地 1.89 km²。2022 年城中街道肥料年均投入量为 1 407.33 t，苴镇街道（外农开发区）肥料年均投入量为 2 671.40 t。农田分布情况见图 5.5-9。利用产排污系数法对掘苴河区域内农业面源总氮产生量进行核算，其中农业面源总氮流失系数及 2017 和 2021 年氮肥用量如表 5.5-7 所示。管控区域内各镇农业种植总氮产生量、入河量计算结果详见表 5.5-8。

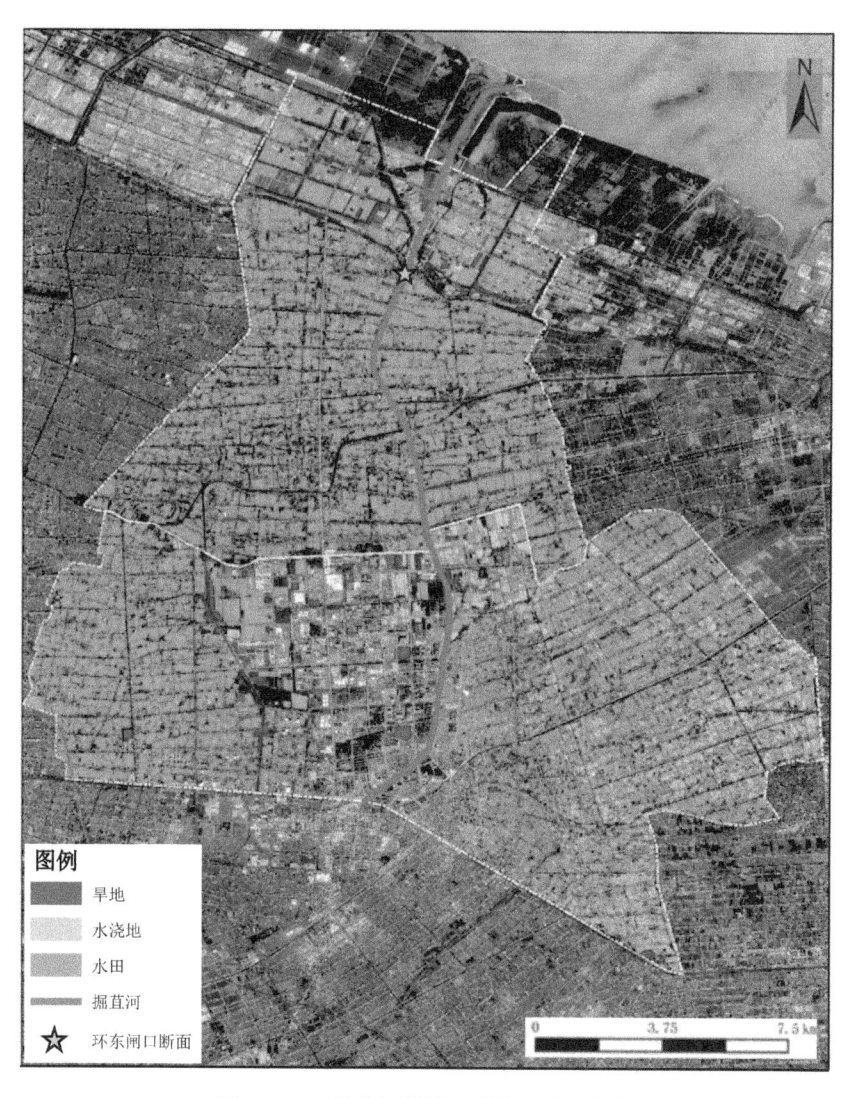

图 5.5-9 掘苴河管控区域农田种植分布

表 5.5-7　农业种植面源总氮流失系数表

农作物播种过程排放（流失）系数(kg/km²)	2017 年氮肥用量（万 t）	2021 年氮肥用量（万 t）	来源
648.4	151.4	131.3	《排放源统计调查产排污核算方法和系数手册》(2021 年)

掘苴河区域内部分乡镇农业种植面积较大,特别是城中街道的六总村、潮墩村,苴镇街道的蔡桥村、王潭村和金凤村。其相应总氮入河量也较大,城中街道的六总村和潮墩村总氮入河量分别达 3.59 t/a 和 3.14 t/a,苴镇街道的蔡桥村、王潭村和金凤村总氮入河量分别达 4.82 t/a、4.39 t/a 和 3.96 t/a。

表 5.5-8　掘苴河管控区域农业种植及总氮入河情况

序号	镇	村	耕地面积/hm²	水田/hm²	旱地/hm²	水浇地/hm²	2022 年肥料年均投入量/t	总氮入河量/t·a⁻¹
1	城中街道	八总桥村	420.64	298.32	115.21	7.11	1 407.334	2.365
2		北场村	335.15	251.42	77.47	6.26		1.885
3		潮墩村	558.27	482.48	62.36	13.43		3.139
4		丁杨村	514.83	436.25	68.3	10.28		2.895
5		六总村	638.07	467.72	146.19	24.16		3.588
6		如华村	590.41	411.81	162.61	15.99		3.320
7		五总村	349.36	268.5	66.44	14.42		1.965
8		新光村	0.71	0.68	0	0.03		0.004
9	苴镇街道	蔡桥村	857.67	824.09	14.72	18.86	2 671.404	4.823
10		凤阳村	690.62	644.55	31.9	14.17		3.883
11		虹元村	515.67	485.94	23.42	6.31		2.900
12		江庄村	518.98	507.39	6.37	5.22		2.918
13		金凤村	703.34	655.4	36.53	11.41		3.955
14		九阳村	657.48	635.11	10.06	12.31		3.697
15		开发区	350.7	270.04	71.31	9.35		1.972
16		刘埠村	476.43	448.94	19.79	7.7		2.679
17		王潭村	780.97	749.68	22.29	9		4.392
18		肖桥村	330.05	321.35	5.57	3.13		1.856
	合计		9 289.35	8 159.67	940.54	189.14	4 078.738	55.196

5.5.3.3　畜禽养殖源

根据如东县农业农村局提供的 2022 年畜禽养殖明细表(表 5.5-9),掘苴河管控区域内以养殖鸡、生猪和羊等畜种为主,2022 年末存栏鸡 711 228 只,生猪 7 777 头,羊 4 732 只,总体上管控区域内畜禽养殖户相对较少,具体见图 5.5-10。

图 5.5-10 掘苴河管控区域畜禽养殖企业分布

表 5.5-9 掘苴河管控区域内畜禽养殖场明细表

序号	单位名称	单位地址	养殖畜种	养殖种类	2022年末存栏（头、只）	2022年全年出栏（头、只）	清粪工艺	有无粪便污水处理设施	污水利用方式	固体粪便利用方式	沼气利用方式	全年养殖用水量(t)	液体粪污产生量(t)	固体粪污产生量(t)
1	王*养殖场	城中街道八总桥村*组	生猪		18	56	干清粪	有	清运	还田,清运		72.8	85.68	15.12
2	如*养殖场	城中街道北场村*组	生猪		825	3 534	干清粪	有	清运	还田,清运	有	4 594.2	5 407.02	954.18
3	袁*养殖场	城中街道潮墩村*组	羊	山羊	0	970	干清粪	无		第三方收购		698.4	61.11	203.7
4	姜*养殖场	城中街道潮墩村*组	生猪		135	126	干清粪	有	清运	还田,清运		163.8	192.78	34.02
5	丁*养殖场	城中街道潮墩村*组	生猪		78	112	干清粪	有	清运	还田,清运		145.6	171.36	30.24
6	如*衣场	城中街道潮墩村*组	生猪		80	200	干清粪	有	清运	还田,清运		260	306	54
7	单*养殖场	城中街道丁杨村*组	羊	山羊	0	1 500	干清粪	无		第三方收购		1 080	94.5	315
8	袁*养殖场	城中街道丁杨村*组	羊	山羊	2 200	2 200	干清粪	无		第三方收购		1 584	138.6	462
9	陈*养殖场	城中街道如华村*组	羊	山羊	0	500	干清粪	无		第三方收购		360	31.5	105
10	王*养殖场	城中街道如华村*组	羊	山羊	0	600	干清粪	无		第三方收购		432	37.8	126
11	陆*殖场	城中街道如华村*组	生猪		0	220	干清粪	有	清运	还田,清运		286	336.6	59.4
12	周*养殖场	城中街道如华村*组	羊	山羊	0	500	干清粪	无		第三方收购		360	31.5	105
13	李*养殖场	城中街道五总村*组	羊	山羊	600	600	干清粪	无		第三方收购		432	37.8	126
14	如*养殖场	苴镇凤阳村*组	生猪		2 862	7 931	水泡粪	有	肥水利用	委托清运	沼液还田	13 675	20 620	0
15	陈*养殖场	苴镇江庄村*组	羊	山羊	0	0	干清粪	有	肥水利用	委托清运		0	0	0
16	张*养殖场	苴镇江庄村*组	羊	山羊	700	1 040	干清粪	有	肥水利用	委托清运		750	0	405
17	景*养殖场	苴镇江庄村*组	羊	山羊	800	1 450	干清粪	有	肥水利用	委托清运		1 045	0	565
18	钱*养殖场	苴镇江庄村*组	羊	山羊	300	1 450	干清粪	有	肥水利用	委托清运		1 045	0	565

续表

序号	单位名称	单位地址	养殖畜种	养殖种类	2022年末存栏（头、只）	2022年全年出栏（头、只）	清粪工艺	有无粪便污水处理设施	污水利用方式	固体粪便利用方式	沼气利用方式	全年养殖用水量(t)	液体粪污产生量(t)	固体粪污产生量(t)
19	刘*养殖场	苴镇江庄村*组	生猪		290	539	水泡粪	有	肥水利用	委托清运	沼液还田	808	1 400	0
20	石*养殖场	苴镇金凤村*组	生猪		421	752	水泡粪	有	肥水利用	委托清运		1 280	1 950	0
21	季*养殖场	苴镇金凤村*组	鸡	肉鸡	5 000	42 600	垫料	有	肥水利用	委托清运		511	0	426
22	刘*养殖场	苴镇金凤村*组	鸡	蛋鸡	31 000	0	垫料	有	肥水利用	委托清运		2 820	0	2 263
23	洪*养殖场	苴镇九阳村*组	生猪		26	137	水泡粪	有	肥水利用	委托清运		216	356	0
24	徐*养殖场	苴镇九阳村*组	羊		132	110	干清粪	有	肥水利用	委托清运		95	0	43
25	张*养殖场	苴镇肖桥村*组	鸡	蛋鸡	11 000	0	干清粪	有	肥水利用	委托清运		1 000	0	803
26	如*业有限公司	苴镇肖桥村*组	鸡	肉鸡	0	1 479 100	干清粪	有	肥水利用	出售生产有机肥		17 749	0	14 790
27	南通*有限公司	南通处向型农业综合开发区向丫村	生猪		3 042	9 755	水泡粪	有	肥水利用	委托清运	沼液还田	17 370	23 400	0
28	江苏小*食品有限公司	南通外向型农业综合开发区风光大道北侧东段	鸡	蛋鸡	664 228	0	垫料	有	肥水利用	出售生产有机肥		60 444	0	48 500

参考《排放源统计调查产排污核算方法和系数手册》(2021 年),畜禽养殖业水污染物采用产排污系数法核算,产排污系数如表 5.5-10 所示,计算得到畜禽养殖总氮入河量,如表 5.5-11 所示。

表 5.5-10 畜禽养殖源产排污系数

种类	产污系数(kg·头$^{-1}$)	畜禽养殖排污系数(kg·头$^{-1}$)	养殖天数(d)	来源
生猪	5.551	0.948 7	180	《排放源统计调查产排污核算方法和系数手册》(2021年)
蛋鸡	0.613	0.064 7	365	
肉鸡	0.1	0.009 7	90	
羊	17.337	2.167 1	365	

表 5.5-11 掘苴河管控区域畜禽养殖及总氮入河量情况

行政区划	2022 年末存栏(头、只)			2022 年全年出栏(头、只)			总氮入河量(t·a^{-1})
	鸡	生猪	羊	鸡	生猪	羊	
城中街道	0	1 136	2 800	0	4 248	6 870	2.606
苴镇街道	711 228	6 641	1 932	1 521 700	19 114	4 050	53.934
总计	711 228	7 777	4 732	1 521 700	23 362	10 920	56.540

5.5.3.4 水产养殖源

根据《如东县沿海地区南美白对虾表》等资料,统计出管控区域内水产养殖主要集中在苴镇街道(外农开发区),分为十个片区、闸管所、金海岸村、何丫村、海晨村、堤防所、近海村、林业站、环东村、东海村和王潭村。养殖温棚 7.00 km^2,池塘养殖 0.27 km^2,合计 7.27 km^2。根据如东县水产养殖饲养方式,估算大棚每亩每年产量 2.5 t,池塘每亩每年产量 0.8 t,产排污系数如表 5.5-12 所示,计算得到水产养殖总氮入河量,如下表 5.5-13 所示。

表 5.5-12 水产养殖源产排污系数

种类	水产养殖排污系数(g/kg)	依据
南美白对虾	1.956	《如东县沿海地区南美白对虾表》

表 5.5-13 水产养殖源总氮入河量

序号	所属片区	养殖温棚面积(亩)	池塘养殖面积(亩)	总氮入河量(t/a)
1	何丫村	416.7	88.8	1.117
2	王潭村	1 704.24	32.8	4.303
3	闸管所	4 330.25	—	10.866
4	近海村	733.7	7.8	1.847

续表

序号	所属片区	养殖温棚面积(亩)	池塘养殖面积(亩)	总氮入河量(t/a)
5	林业站	306.6	243.7	0.965
6	堤防所	723.543	—	1.816
7	金海岸	42	5	0.109
8	环东村	137.5	—	0.345
9	海晨村	2 017.8	32	5.089
10	东海村	85.4	—	0.214
总计		10 497.73	410.1	26.671

5.5.3.5 集中式污水处理厂源

目前，掘苴河管控区域内已建成三座城镇污水处理厂，分别为如东恒发污水处理厂、如东开元污水处理有限公司和上海电气（如东）水务发展有限公司（苴镇污水处理厂），目前如东恒发污水处理厂、如东开元污水处理有限公司正常运行，上海电气（如东）水务发展有限公司（苴镇污水处理厂）短期内无法正常运行。污水处理厂分布位置见图5.5-11。

（1）恒发污水处理

如东恒发污水处理厂（以下简称"恒发公司"）位于牡丹江路与泰山路交叉口东北角，目前设计处理能力为7.0万 m^3/d。

恒发公司的服务范围为如东经济技术开发区及城中街道范围内所有工业和生活污水（经济开发区表面处理园区内企业除外），即规划区洋口运河以东，松花江路以南，东二环路以西，如泰运河以北区域，总面积约50 km^2。服务范围见图5.5-12。

恒发公司的进水分为工业废水及生活废水，占比约为4：3，进水水质如下：

工业废水 COD_{Cr}：500 mg/L；SS：200 mg/L；BOD_5：300 mg/L；TN：70 mg/L；NH_3-N：50 mg/L；TP：4 mg/L。生活污水 BOD_5：120 mg/L；COD_{Cr}：350 mg/L；SS：180 mg/L；TN：50 mg/L；NH_3-N：35 mg/L；TP：4 mg/L。

污水处理厂出水水质执行《城镇污水处理厂污染物排放标准》(GB 18918—2002)一级A标准，见表5.5-14。

图 5.5-11 掘苴河管控区域污水处理厂分布图

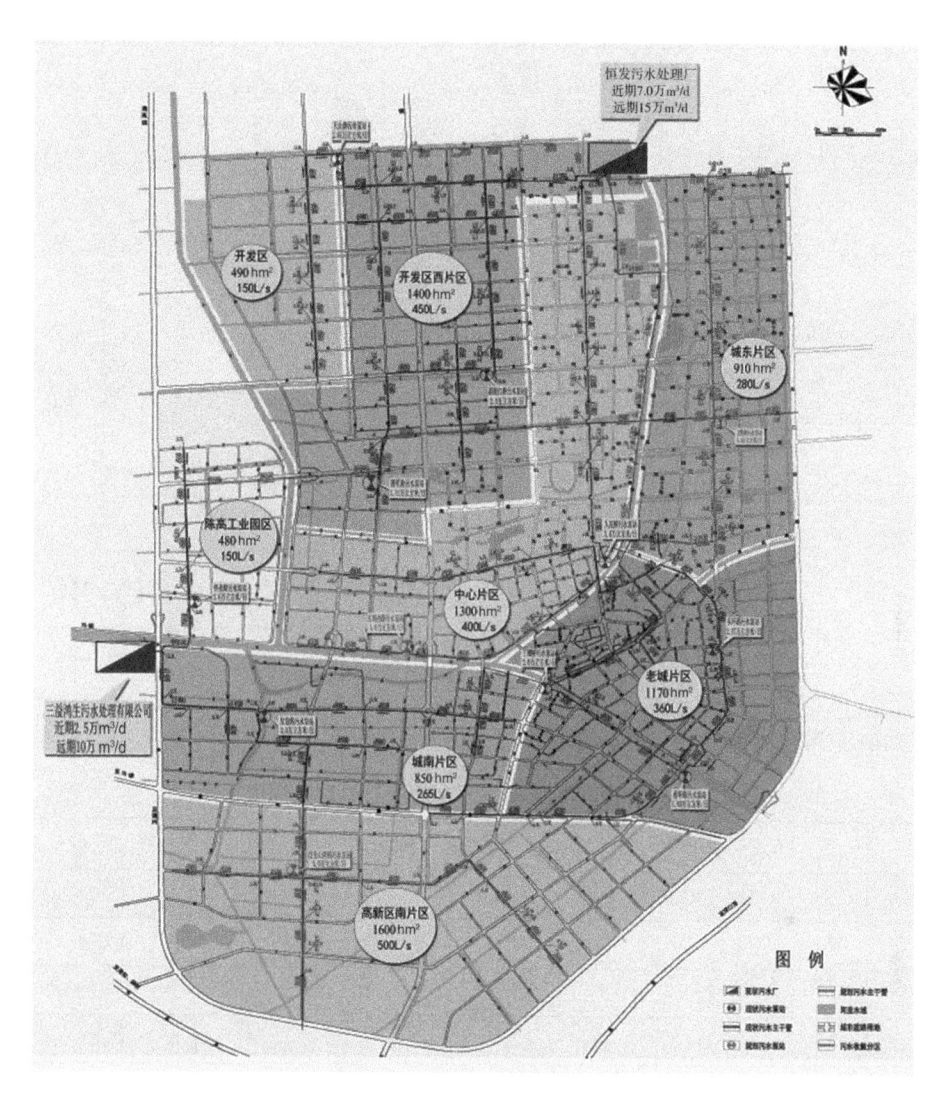

图 5.5-12　恒发污水处理厂服务范围

表 5.5-14　污水处理厂设计出水水质（单位：mg/L，色度单位：稀释倍数，pH 无量纲）

指标	pH	色度	SS	COD$_{Cr}$	BOD$_5$	总磷	总氮	氨氮
浓度	6～9	30	10	50	10	0.5	15	5（8）

注：括号外数值为水温＞12℃时的控制指标，括号内数值为水温≤12℃时的控制指标。

污水处理厂现有废水处理工艺如图 5.5-13。

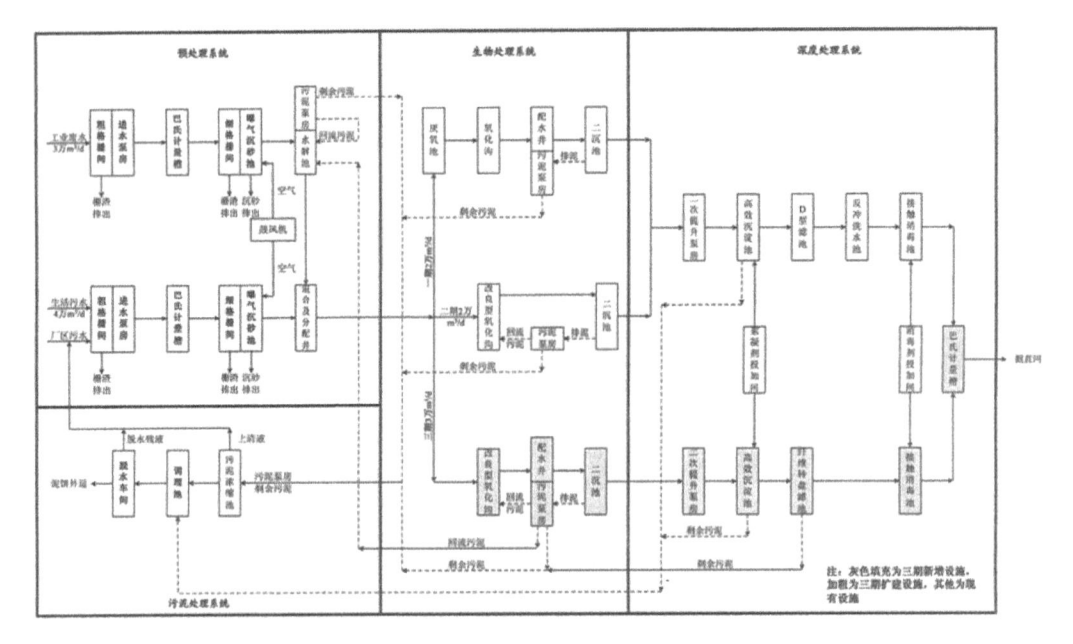

图 5.5-13　恒发污水处理工艺流程流程图

如东恒发污水处理厂2022年逐月污染物入河量见表5.5-15。

表 5.5-15　2022年如东恒发污水处理厂总氮入河量统计表

月份	出水水量(万 m³)	总氮出水水质(mg/L)	总氮入河量(t/a)
1月	166.176 5	9.77	16.24
2月	137.332 1	9.93	13.64
3月	200.278 3	8.78	17.59
4月	190.541 3	9.6	18.29
5月	197.350 3	9.54	18.82
6月	182.222 6	9.12	16.61
7月	197.284 8	7.92	15.63
8月	210.697 7	8.3	17.48
9月	191.543 6	7.35	14.08
10月	201.339 9	6.67	13.42
11月	187.418 6	8.47	15.88
12月	184.276 2	10	18.42
合计	2 246.461 9	8.79	196.12

（2）如东开元污水处理有限公司

如东经济开发区电镀中心污水处理工程由如东开元污水处理有限公司(以下简称"开元公司")投资建设,建设规模为5 000 t/d(一期工程2 000 t/d),属于如东表面处理中心配套基础设施工程,位于江苏省如东经济开发区昆仑山路西侧、牡丹江路北侧,收纳处理如东经济开发区电镀中心内的电镀污水及生活污水。

如东开元污水处理有限公司有两条处理设施,每条7套处理系统,分别为含镍废水、含铬废水、含氰废水、综合废水、混排水、前处理废水、浓废液和生活废水处理系统、pH调节池、混凝池、絮凝池、沉淀池、曝气生物滤池、污泥池等,并配套公辅设施等。

开元污水处理厂的服务范围为如东经济开发区电镀中心内的电镀污水及生活污水。

开元污水处理厂的污水处理厂尾水排放指标执行《电镀污染物排放标准》(GB 21900—2008)中表3标准,废水处理后50%回用,回用水作为各个电镀线的生产用水,回用水主要指标执行《城市污水再生利用工业用水水质》(GB/T 19923—2005)表1标准,尾水排放标准见表5.5-16,回用标准见表5.5-17。

表5.5-16 污水厂尾水排放标准(单位:mg/L,pH无量纲)

指标	pH	COD	SS	NH_3-N	TN	TP	总铜	总锌	氟化物	总氰化物
浓度	6~9	50	30	8	15	0.5	0.3	1	10	0.2

表5.5-17 污水厂中水回用标准(单位:mg/L,浊度单位:NTU,pH无量纲)

指标	浓度
pH	6.5~8.5
浊度	≤5
COD	≤60
BOD	≤10
Fe	≤0.3
Mn	≤0.1
SiO_2	≤30
总硬度(以$CaCO_3$计)	≤450
总碱度	≤350
硫酸盐	≤250
NH_3-N	≤10
TP	≤1
溶解性总固体	≤1 000
石油类	≤1
阴离子表面活性剂	≤0.5
余氯	≥0.05

如东开元污水处理厂总氮浓度如图5.5-14所示。

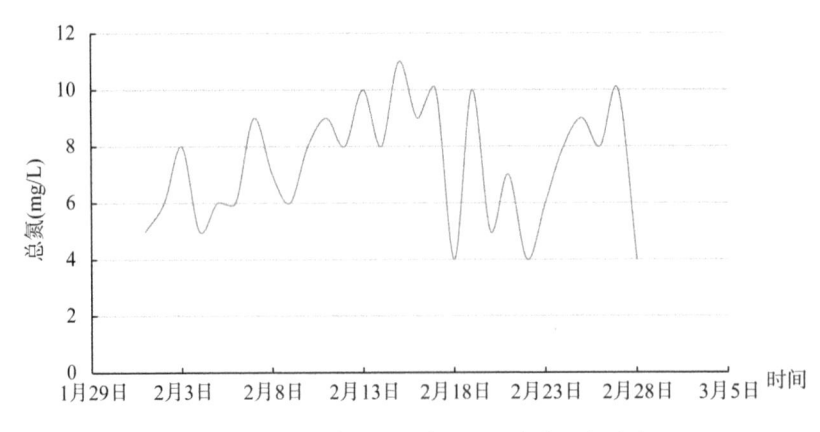

图 5.5-14　如东开元污水厂 2 月出水总氮浓度

根据开元污水处理厂年出水水量,核算得如东开元污水处理厂污染物入河量为 13.25 t/a。

(3) 上海电气(如东)水务发展有限公司

上海电气(如东)水务发展有限公司(苴镇污水处理厂)实际负责外向型农业经济开发区范围内所有企业的生活污水及工业废水的收集与处理,设计处理能力为 5 000 m³/d,设计污水进水 COD 的浓度为 400 mg/L。但由于招商引资问题,目前园区内仅存在 2 家企业,而两家企业仅排放生活污水,无工业废水排放。由于周边的发展与拆迁,辖区内目前几乎无居民生活污水的排放,导致了该污水厂成立至今,由于没有水接管,一直未进行调试运行。据调研所知,该污水厂 3—5 年内不一定能够运行。

5.5.3.6　城镇未接管生活源

恒发污水厂纳管范围仍未完全包含城中街道和经济开发区,部分生活污水通过集中式生活收集设施简单处理后排放。

根据《如东县 2022 年度乡镇区域水污染物平衡核算工作报告》成果,恒发污水处理厂核算区域生活污水集中收集处理率约为 85%。管控区域内城镇生活污水总氮入河量具体见表 5.5-18。

表 5.5-18　管控区域内城镇未接管生活污水总氮入河量统计表

地区	污水产生量 (万 t/a)	污染物产生量 (t/a)	城镇未接管生活源 入河量(t/a)	总入河量 (t/a)
城中街道	367.757	164.755	24.713	25.920
苴镇街道	17.962	8.047	1.207	

综合城镇污水处理厂、农村生活污水处理设施、城镇与农村未接管生活源以及农业种植、畜禽养殖等污染物入河量,进行管控区域内各污染源总氮入河量占比分析,结果见图 5.5-15。

掘苴河区域总氮入河量为 482.02 t/a,其中集中式污水处理厂源入河量为 209.37 t/a,占比 43.44%;农村未接管生活源入河量为 82.174 t/a,占比 17.05%;农田种植源入河量为 70.255 t/a,占比 14.58%;畜禽养殖源入河量为 56.540 t/a,占比 11.73%;水产养殖源入河量为 26.671 t/a,占比 5.53%;城镇未接管生活源入河量为 25.920 t/a,占比 5.38%;农村生活污水处理源入河量为 11.090 t/a,占比 2.30%。

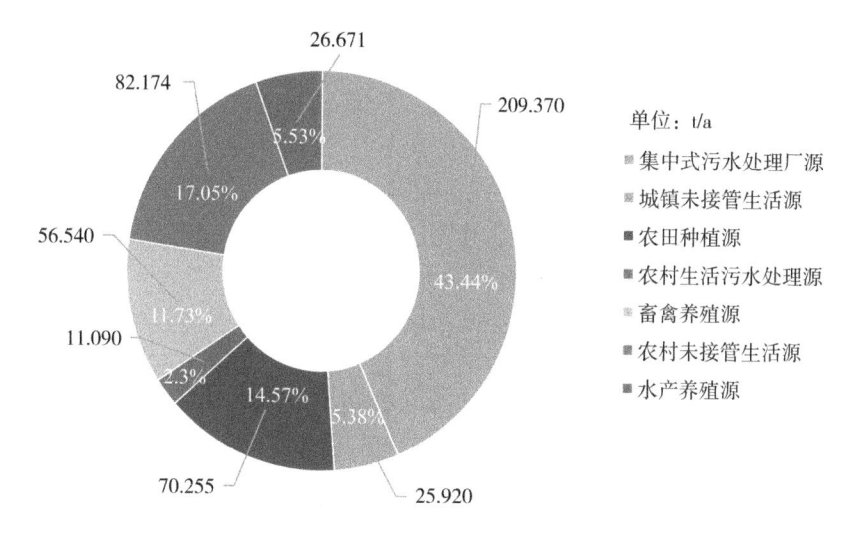

图 5.5-15 掘苴河管控区内污染源总氮入河量占比

5.5.4 入海河流流域的总氮污染来源评估

5.5.4.1 上游来水总氮通量

据统计,近三年如泰运河年均来水量约为 5.48 亿 m³,掘苴新闸年均排水量约 7.09 亿 m³,结合丁棚桥断面数据,上游来水总氮通量约为 1 267 t,初步估算占掘苴河总氮排海通量的 70.2%。上游来水对掘苴河总氮有较强影响,尤其汛期上游来水总氮通量增大,会对环东闸口断面水质造成冲击。

5.5.4.2 城市地表径流总氮贡献

城市地面径流建成区污染的污染物浓度取值方法参考赵玉坤等撰写的《太湖流域城市地表径流污染物浓度及污染特征分析》,根据城市不同源区、不同季节典型降雨事件的加权平均浓度作为地表径流水质单位污染物取值。如东县 2022 年平均降水量为 893 mm,掘苴河管控区域内人造地表面积约 30 km²,流域径流系数取 0.57,城市地表径流总氮浓度取 2.22 mg/L,2022 年入河系数分别取 0.5。城市地表径流总氮入河量计算公式为:

$$E_{径流} = \lambda \times R \times C \times S \times 10^{-3}$$

式中:$E_{径流}$——城镇地表径流总氮入河量,t;
λ——入河系数;
R——年径流量(为降雨量和径流系数的乘积),mm;

C——径流污染物平均浓度,mg/L;
S——人造地表面积,km²。

经核算,2022 年掘苴河管控区域城市地表径流面源总氮入河量为 16.95 t。

5.5.4.3 基于汇水单元的总氮来源评估

根据汇水单元划分结果(图 5.5-16),筛选区内各小流域总氮污染负荷存在较大差异,其中汇水单元 1、2、3 贡献占比较大,汇水单元 4、6、14 贡献占比相对较大,其余汇水单元贡献占比相对较小。具体来说,汇水单元 1 即城区的总氮污染负荷最大,平均总氮入河量 237.20 t/a,其中污水处理厂排放源占比最大,为 209.37 t/a,占该汇水单元总负荷量的 88.27%;其次为城镇未接管生活源和农田种植源,分别为 24.713 t/a 和 3.114 t/a,贡献比例分别为 10.42% 和 1.31%。贡献量次之的为汇水单元 2,即幸福河南,总氮年度入河量达到 53.167 t,农田种植源占该汇水单元首位,为 23.606 t/a,对该小流域贡献比达 44.40%,其次为农村未接管生活污染源,总氮入河量为 23.577 t/a,占比 44.34%,农村生活污水处理源和畜禽养殖源总氮入河量分别为 3.221 t/a 和 2.764 t/a,贡献比分别占 6.06% 和 5.20%。汇水单元 3 即洋口运河西的总氮贡献量为 55.750 t/a,其中畜禽养殖源和农田种植源占比较大,贡献量分别为 16.971 t/a 和 15.082 t/a,分别占该汇水单元的 30.44% 和 27.05%,另外农村未接管生活源、水产养殖源、农村生活污水处理源贡献量分别为 11.290 t/a、10.866 t/a、1.542 t/a,分别占比 20.25%、19.49%、2.77%。

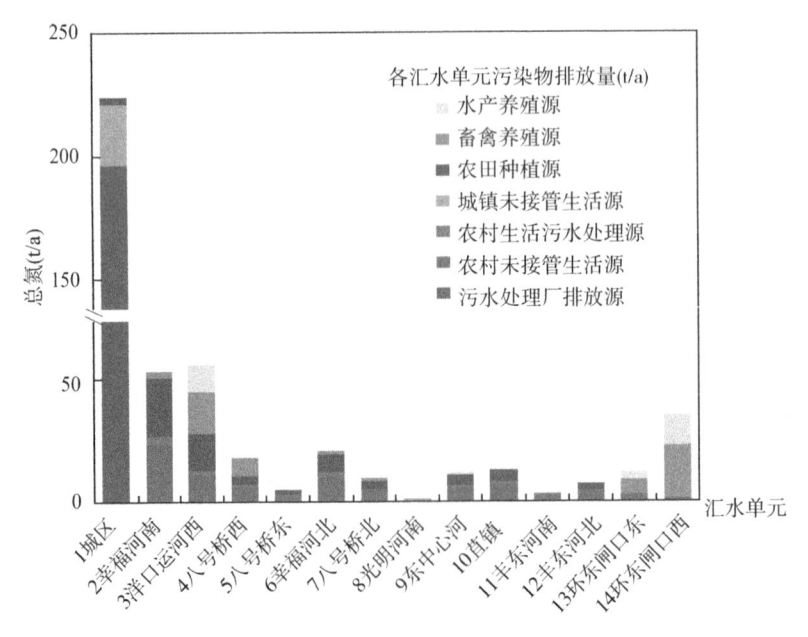

图 5.5-16 掘苴河管控区内各汇水单元排放量

与上述三个汇水单元相比,其他汇水单元总量贡献相对较小。汇水单元 14 即环东闸口西的总氮贡献量为 35.329 t/a,其中畜禽养殖源和水产养殖源贡献量为 21.488 t/a 和 12.549 t/a,占比为 60.82% 和 35.52%,农村未接管生活源和农村生活污水处理源贡献量相对较小,总氮入河量为 1.255 t/a 和 0.037 t/a,占比为 3.55% 和 0.11%。汇水单元 4 即八号桥西的畜禽养殖贡献最大,达到 7.168 t/a,占该汇水单元的 39.62%,其次为农村未接管生活源、农田种植源,分别占 34.24%、21.47%,农村生活污水处理源占该汇水单元的比例最小,为 4.68%。汇水单元 6 与汇水单元 4 的排放结构相似,但其农村未接管生活源入河量最大,其次分别为农田种植源、畜禽养殖源、农村未接管生活源,四者占比分别为 51.42%、33.89%、7.67%、7.02%。

基于以上统计,从空间污染结构上看,管控区域内掘苴河上游城区、幸福河、洋口运河区域内总氮入河量较高,另外掘苴河环东闸口附近面源污染也较严重。

基于以上统计,从空间污染结构上看,管控区域内掘苴河上游城区以城镇生活污染为主,友谊河—洋口运河段、洋口运河—丰南二线河段以农村未接管生活污染和农业面源污染为主,丰南二线河—环东闸口段以水产养殖污染、畜禽养殖污染为主。总体而言,洋口运河区域内总氮入河量较高,另外掘苴河环东闸口附近面源污染也较严重。具体河段对应汇水单元情况如表 5.5-19 所示。

表 5.5-19 重点河段对应汇水单元情况

重点河段	汇水单元
如泰运河—北环路桥段	1#城区、2#幸福河南
北环路桥—友谊河段	1#城区、2#幸福河南
友谊河—洋口运河段	4#八号桥西、5#八号桥东、6#幸福河北、7#八号桥北
洋口运河—丰南二线河段	8#光明河南、9#东中心河、10#苴镇
丰南二线河—环东闸口段	11#丰东河南、12#丰东河北、13#环东闸口东、14#环东闸口西

5.5.4.4 基于各污染源的总氮污染分析

从污染源结构上看,管控区域内以面源污染为主,除去污水处理厂排放源,以农村未接管生活源和农田种植源负荷最大,14 个小流域中有 7 个小流域的农村未接管生活源总氮入河量占据首位。其次为畜禽养殖源和水产养殖源排放。城镇未接管生活源和农村生活污水处理源总氮入河量相对较小。

(1) 农业种植源

从农业种植源空间分布看(表 5.5-20、图 5.5-18),汇水单元 2 和汇水单元 3 的排放占比最高,总氮入河量分别为 23.606 t/a 和 15.082 t/a,分别占农业种植源总氮入河量的 33.60% 和 21.47%,说明掘苴河上游及其左右岸汇入的农业种植排放量较高。汇水单元 1、4—7、9、10、12 排放源占比分布较为均匀,空间上主要集中在洋口运河两岸以及掘苴河管控区域中游,此八个汇水单元农业种植总氮入河量共为 31.567 t/a。

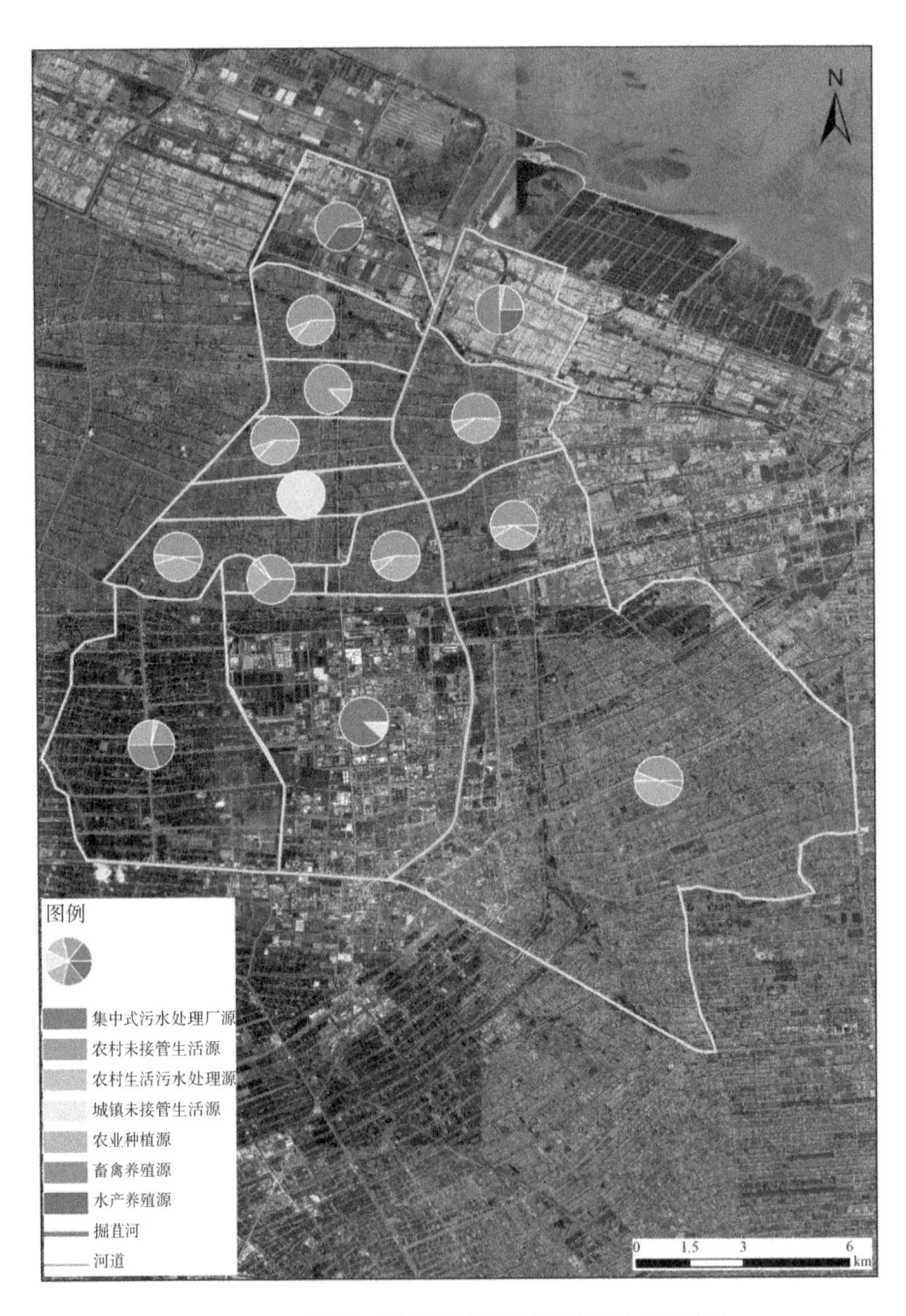

图 5.5-17 掘苴河管控区内各汇水单元总氮入河量占比

表 5.5-20　农业种植源总氮入河量（单位：t/a）

汇水单元	所属片区	农业种植总氮入河量	总入河量
1	苴镇街道	3.114	70.255
2	城中街道	23.606	
3	苴镇街道	15.082	
4	苴镇街道	3.883	
5	城中街道	1.885	
6	苴镇街道	7.094	
7	苴镇街道	3.697	
9	苴镇街道	4.392	
10	苴镇街道	4.823	
12	苴镇街道	2.679	

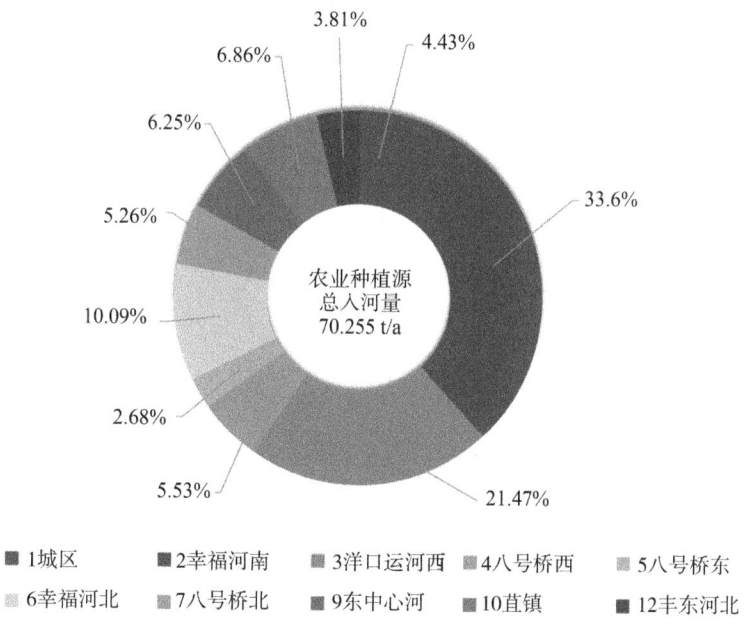

图 5.5-18　掘苴河各汇水单元农业种植源总氮入河量占比

（2）畜禽养殖源

从畜禽养殖源空间分布看（表 5.5-21、图 5.5-19），汇水单元 3 和汇水单元 14 的排放占比最高，总氮入河量分别为 16.971 t/a 和 21.488 t/a，分别占畜禽养殖源总入河量的 30.02% 和 38.00%，说明掘苴河上游左岸与掘苴河入海口左岸附近汇入的畜禽养殖废水中总氮排放量较高；其次是汇水单元 4 和汇水单元 13 的排放占比，总氮入河量分别为 7.168 t/a 和 6.070 t/a；汇水单元 2 和 6 的入河量占比相对较少，分别为 2.764 t/a 和 1.605 t/a，七个汇水单元畜禽养殖总氮入河量共为 56.540 t/a。

表 5.5-21　畜禽养殖源总氮入河量（单位：t/a）

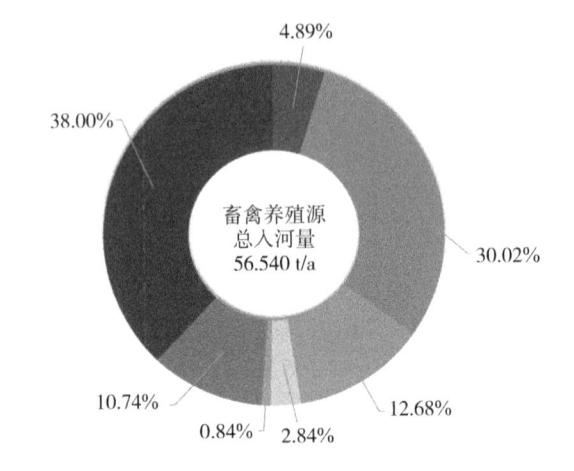

汇水单元	所属片区	畜禽养殖总氮入河量	总入河量
2	城中街道八总桥村、芳泉村、苴镇金凤村等	2.764	56.540
3	苴镇江庄村、陈高村、苴镇肖桥村	16.971	
4	苴镇凤阳村	7.168	
6	苴镇金凤村	1.605	
7	苴镇九阳村	0.475	
13	南通外向型农业综合开发区何丫村	6.070	
14	南通外向型农业综合开发区风光大道北侧东段	21.488	

图 5.5-19　掘苴河各汇水单元畜禽养殖源总氮入河量占比

（3）水产养殖源

从水产养殖源空间分布看（图 5.5-20、表 5.5-22），排放高值区位于汇水单元 3 的何丫村，总氮入河量为 10.866 t/a，占比为 40.74%；汇水单元 14 的总氮入河量为 12.549 t/a，包括堤防所、金海岸、环东村、海晨村和东海村等五个村镇的总氮入河量，占比为 47.05%，略高于汇水单元 3 的占比，二者共同贡献了总入河量的 87.79%；4 个汇水单元水产养殖源总氮入河量共为 26.671 t/a。

（4）农村生活污水处理源

从农村生活污水处理源空间分布看（图 5.5-21、表 5.5-23），总氮排放集中于掘苴河上游的汇水单元 2、汇水单元 3 和汇水单元 6，占比分别为 29.04%、13.91% 和 13.26%，共占总入河量的 56.20%，具体的排放数值为 3.221 t/a、1.542 t/a 和 1.470 t/a；上游的汇水单元 4 以及中游的汇水单元 9、汇水单元 10 总氮入河量也较高，占比分别为 7.63%、7.25% 和 8.79%；其余汇水单元的总氮入河量空间异质性较低，12 个汇水单元的农村生活污水处理源总氮入河量共为 11.09 t/a。

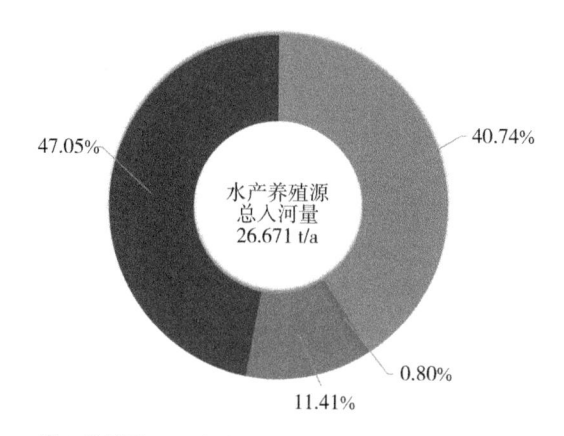

图 5.5-20　掘苴河各汇水单元水产养殖源总氮入河量占比

表 5.5-22　水产养殖源总氮入河量（单位：t/a）

汇水单元	所属片区	总氮入河量	总入河量
3	何丫村	10.866	
9	王潭村	0.214	
13	闸管所	1.117	
	近海村	1.816	
	林业站	0.109	26.671
14	金海岸	4.303	
	海晨村	1.847	
	堤防所	0.965	
	环东村	0.345	
	东海村	5.089	

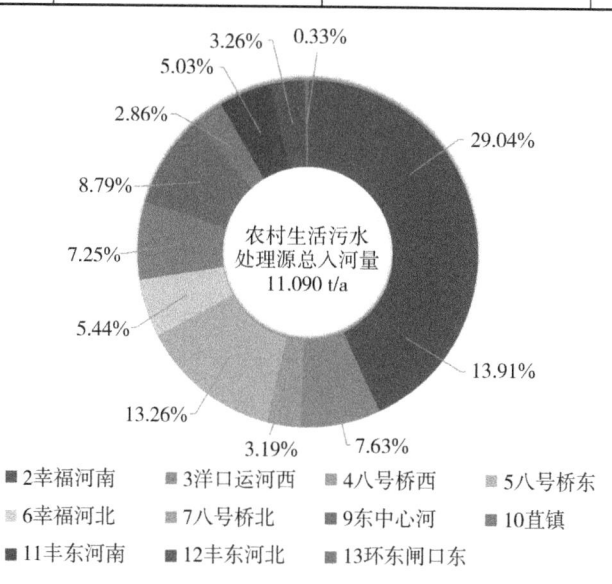

图 5.5-21　掘苴河各汇水单元农村生活污水处理源总氮入河量占比

表 5.5-23　农村生活污水处理源总氮入河量（单位：t/a）

汇水单元	村民委员会（建制村）	总氮入河量	总入河量
2	八总桥村、六总村、五总村、丁杨村、如华村	3.221	11.090
3	虹元村、江庄村、肖桥村	1.542	
4	凤阳村	0.846	
5	北场村	0.354	
6	金凤村、潮墩村	1.470	
7	九阳村	0.603	
9	王潭村	0.804	
10	蔡桥村	0.975	
11	晓桥	0.317	
12	刘埠村	0.558	
13	何丫村、近海村	0.362	
14	东海社区、环东村	0.037	

（5）农村未接管生活源

从农村未接管生活源空间分布看（表5.5-24、图5.5-22），汇水单元2、汇水单元3和汇水单元6的占比较高，总氮入河量分别为23.577 t/a、11.290 t/a和10.764 t/a，分别占总入河量的28.69%、13.74%和13.10%；其余汇水单元的入河量均小于10 t/a，占比范围为1%～9%，12个汇水单元的农村未接管生活污水总氮入河量共为82.174 t/a。

表 5.5-24　农村未接管生活源总氮入河量（单位：t/a）

汇水单元	村民委员会（建制村）	总氮入河量	总入河量
2	八总桥村、六总村、五总村、丁杨村、如华村	23.577	82.174
3	虹元村、江庄村、肖桥村	11.290	
4	凤阳村	6.195	
5	北场村	2.594	
6	金凤村、潮墩村	10.764	
7	九阳村	4.413	
9	王潭村	5.888	
10	蔡桥村	7.140	
11	晓桥	2.324	
12	刘埠村	4.087	
13	何丫村、近海村	2.647	
14	东海社区、环东村	1.255	

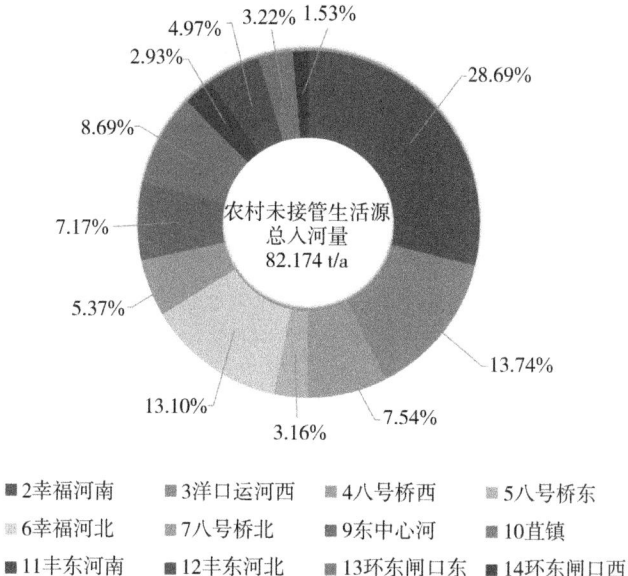

图 5.5-22 掘苴河各汇水单元农村未接管生活源总氮入河量占比

（6）城镇未接管生活源

从城镇未接管生活源空间分布看（表 5.2-25、图 5.5-23），总氮入河量由汇水单元 1 和汇水单元 8 贡献，占比分别为 95.34% 和 4.66%，具体入河量分别为 24.713 t/a 和 1.207 t/a，两个汇水单元的城镇未接管生活源总氮入河量共为 25.920 t/a。

表 5.5-25　城镇未接管生活源总氮入河量（单位：t/a）

汇水单元	区域	总氮入河量	总入河量
1 城区	城中街道	24.713	25.920
8 光明河南	苴镇街道	1.207	

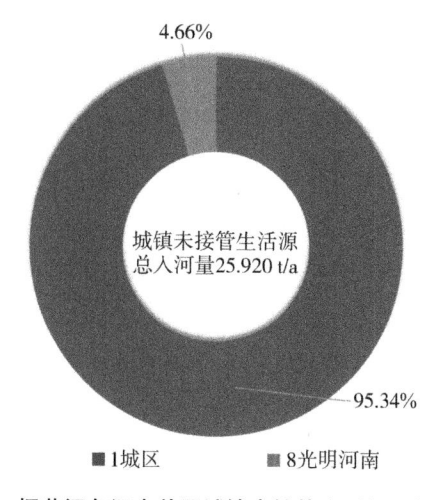

图 5.5-23　掘苴河各汇水单元城镇未接管生活源总氮入河量占比

综合各汇水单元总氮污染溯源分析,各汇水单元总氮污染控制主要任务见表 5.5-26。

表 5.5-26　各汇水单元总氮污染控制主要建议

汇水单元	主要建议
1　城区	1. 强化生态安全缓冲区建设,降低城镇污水排放负荷。对恒发污水处理厂达标尾水实施生态安全缓冲区建设项目 2. 推进已建污水处理厂正常运营,强化污水管网建设
2　幸福河南	1. 强化农村污水收集处理,提升农村生活污水收集处理率,建立完善长效运维机制 2. 不断深化开展化肥农药减量增效行动,结合秸秆离田工程,深入推进农田排灌系统生态化改造治理模式
3　洋口运河西	1. 强化农村污水收集处理,提升农村生活污水收集处理率,建立完善长效运维机制 2. 不断深化开展化肥农药减量增效行动,结合秸秆离田工程,深入推进农田排灌系统生态化改造治理模式 3. 持续巩固畜禽养殖污染治理成果,进一步推动畜禽养殖场升级改造 4. 建设养殖尾水处理设施,推进养殖尾水整治
4　八号桥西	1. 强化农村污水收集处理,提升农村生活污水收集处理率,建立完善长效运维机制 2. 持续巩固畜禽养殖污染治理成果,进一步推动畜禽养殖场升级改造
5　八号桥东	1. 强化农村污水收集处理,提升农村生活污水收集处理率,建立完善长效运维机制
6　幸福河北 7　八号桥北 9　东中心河 10　苴镇 12　丰东河北	1. 强化农村污水收集处理,提升农村生活污水收集处理率,建立完善长效运维机制 2. 不断深化开展化肥农药减量增效行动,结合秸秆离田工程,深入推进农田排灌系统生态化改造治理模式
8　光明河南	1. 推进已建污水处理厂正常运营,强化污水管网建设
11　丰东河南	1. 强化农村污水收集处理,提升农村生活污水收集处理率,建立完善长效运维机制
13　环东闸口东	1. 强化农村污水收集处理,提升农村生活污水收集处理率,建立完善长效运维机制 2. 持续巩固畜禽养殖污染治理成果,进一步推动畜禽养殖场升级改造 3. 建设养殖尾水处理设施,推进养殖尾水整治
14　环东闸口西	1. 持续巩固畜禽养殖污染治理成果,进一步推动畜禽养殖场升级改造 2. 建设养殖尾水处理设施,推进养殖尾水整治

5.5.5　基于河网二维模型总氮污染源响应分析

本研究采用 MIKE 模型进行掘苴河总氮模型优化开发及数值模拟研究。利用 MIKE21 对掘苴河及其支流河网总氮污染源总量进行模拟分析,将模拟数据与实测数据对比,二者相对误差在合理范围内,说明该模型能够准确反映掘苴河河段水动力、总氮浓度变化的时空演变特征。MIKE21 模型构建需要的径流、蒸发等水文数据,主要来源于《南通市水文年鉴》《南通市水资源公报》等;所需要水质数据来源于如东县生态环境局、中国环境监测总站等;地形数据、水系数据等来源于中国科学院资源环境科学与数据平台、地理空间数据云平台等。

模型共设置 21 个边界,包含一个入流边界(掘苴河管控区域上游)和一个出流边界(掘苴河下游入海处)。模型的西边界有 8 处,设置在洋口运河、光明河等支流处,北侧边界设置在棉场中心河附近,东侧边界有7处,设置在北匡河及长角河下游附近。考虑掘苴河环东闸口为重点水质监测断面,对长角河和刘埠车口河支流附近区域进行局部网格细化,网格剖分及河网地形如图5.5-24所示。

模型采用低阶高速算法,运行时间步长为3 600秒,步数为48,模拟总时长为两天。通过不断调整河床曼宁系数进行参数率定,直到水位流量模拟值与实测值相对误差小于允许误差,得出掘苴河的曼宁系数为32 m/s$^{1/3}$。将掘苴河实测水位及模拟水位对比分析,水位相对误差约为3.94%,流量相对误差约为4.23%,误差在允许范围内。

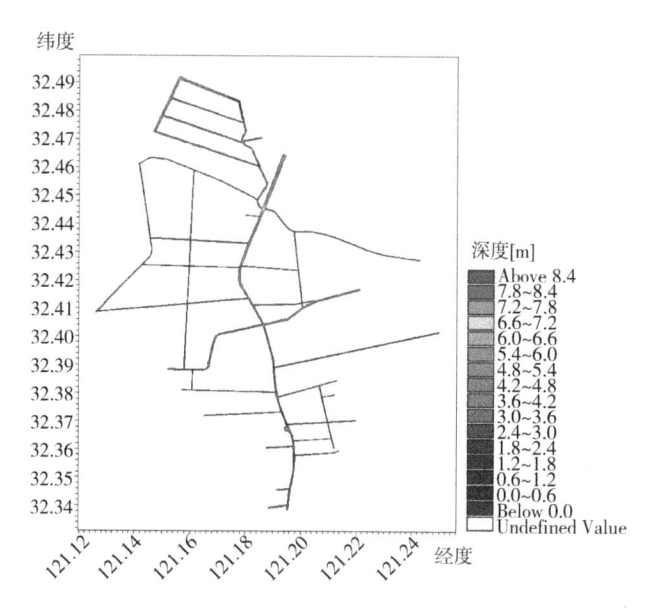

图5.5-24 掘苴河网格剖分及河网地形图

利用MIKE21对掘苴河及其支流河网入河总氮污染源总量进行模拟分析,得到环东闸口断面响应的总氮浓度,与环东闸口断面2022年总氮监测值2.55 mg/L对比,模型模拟结果良好,说明污染源负荷核算结果较为可靠,可进一步作为总氮削减方案的依据。其中14个汇水单元作为入河总氮的排放源,将其概化为排口,将总氮等污染物输入到掘苴河各支流和干流;环东闸口作为国控断面是总氮达标的重要监控断面,同时也是作为概化排口的14个汇水单元的响应断面,反应不同汇水单元对入海总氮的贡献率。

基于掘苴河环东闸口、八号桥、丁棚桥三个典型断面流速实测数据与数值模拟结果进行率定验证,结果表明,各断面流速模拟结果基本与实测数据基本一致,该数学模型计算结果可反应出各断面的流速变更。基于三个典型断面总氮浓度的实测数据与数值模拟结果进行率定验证,定义误差绝对值$|RE|=|(实测-模拟)/实测|$,从总体来看,三个断面的平均相对误差绝对值分别为12.67%、12.77%、15.67%。因此,各断面的总氮浓度模拟结果基本与实测数据变化趋势基本一致,模型结果可靠(图5.5-25)。

掘苴河长期受闸坝调控等影响较大,支流较多。承接区域内较多总氮污染物,通过闸坝排水排入黄海。基于加密监测、总氮污染来源评估和流域模型模拟的结果,识别出总氮污染的主要来源、影响河段、区域,进一步识别掘苴河总氮污染重点区域(表5.5-27)。

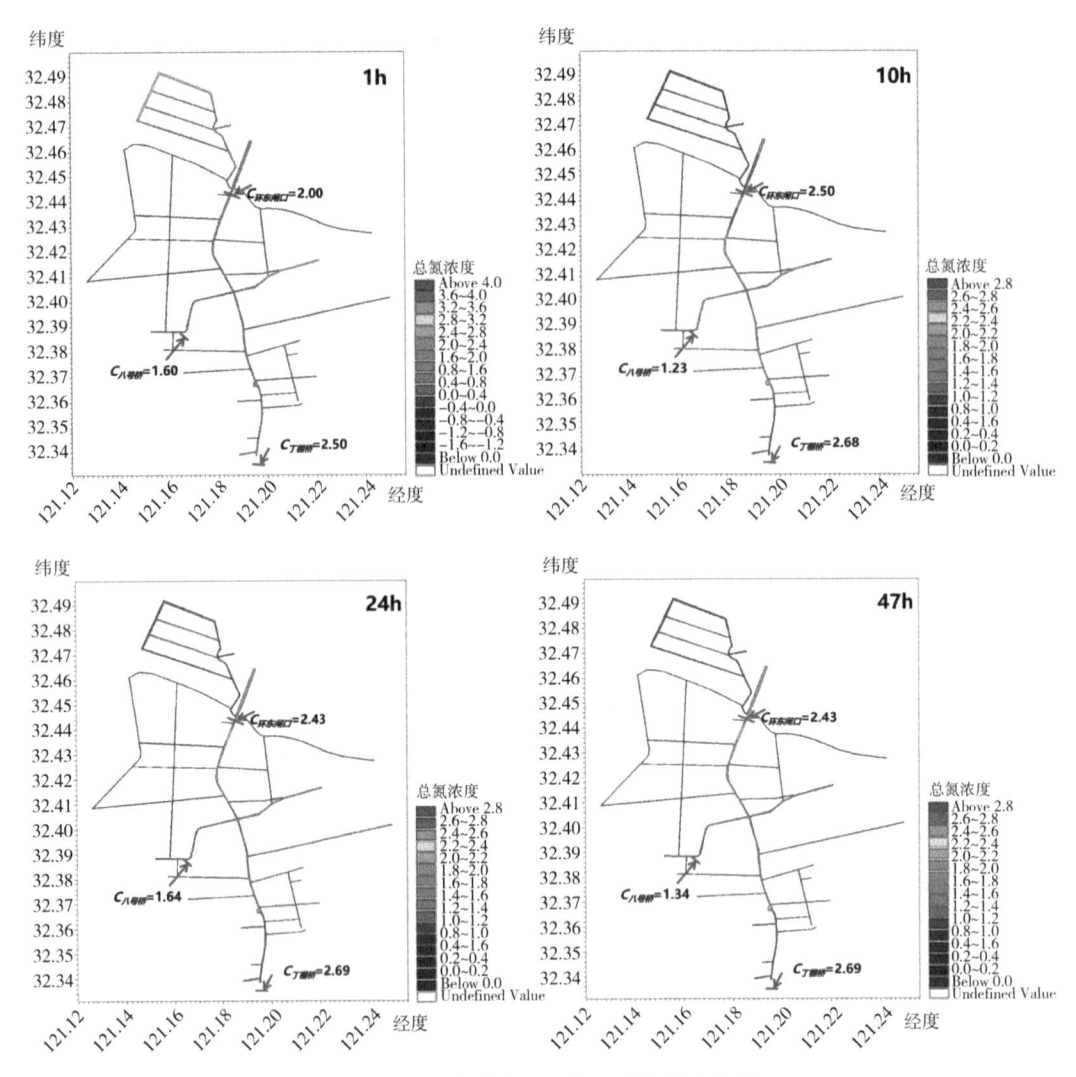

图 5.5-25　掘苴河环东闸口总氮验证结果

表 5.5-27　掘苴河总氮污染重点河段、区域及污染来源

重点河段	重点支流	重点区域	总氮污染来源
如泰运河—北环路桥段	建材河	城中街道	上游来水、城镇混接污水、雨污合流污水
北环路桥—友谊河段	新光三级河	名居花苑北侧	城镇混接污水、闸控影响
	滨北河	北场村耿新路	初期雨水、农业面源
	永丰河	经济开发区	城镇污水、混接污水
	—	如东恒发污水处理厂、开元污水处理厂排污口	城镇污水、工业污水

续表

重点河段	重点支流	重点区域	总氮污染来源
友谊河—洋口运河段	洋口运河	金凤村、九阳村、如东县生猪养殖场	种植源、农村生活污水、畜禽养殖污染
	幸福河	凤阳村	种植源、农村生活污水
洋口运河—丰南二线河段	光明河、苴沙中心河、苴长河、华西河、丰南二线河	丰南二线河以南蔡桥村、顾庄车口河以南王潭村	种植源、农村生活污水
丰南二线河—环东闸口段	丰东河、蔡桥村丫子河	丰南二线河以北蔡桥村、刘埠村、顾庄车口河以北王潭村、何丫村	种植源、农村生活污水、水产养殖污染

根据重点区域总氮污染特征、污染来源分析和流域模型模拟分析,识别后续治理与管控的重点对象,明确针对性的总氮污染控制和削减任务措施。掘苴河上游如泰运河至北环路桥段以城中街道的城镇混接污水和城镇雨污合流污水为重点,北环路桥至友谊河主要为城区,人口密度较大,城镇混接污水以及支流闸控影响较大,应重点推进城镇雨污分流建设和恒发污水处理厂的提质增效。友谊河至洋口运河段、洋口运河至丰南二线河段主要为农业面源污染和农村生活污水,需进一步加强其总氮污染防控。丰南二线河至环东闸口段农业面源、农村生活污水以及水产养殖污染特征显著,需进一步强化种植、养殖尾水污染管控。

5.6 入海河流总氮污染成因分析

5.6.1 农业农村污染症结与成因分析

5.6.1.1 农村生活污水污染症结与成因分析

目前区域总氮排放总量中,农村未接管生活源占比为17.5%,农村生活污水处理源占比2.30%。近年来,如东县高效推进农村生活污水治理,建立农村生活污水治理一体化推进、规模化建设和专业化管护的社会化运作模式,同时以日处理能力20 t及以上的农村生活污水处理设施为重点,对已投入运行的站点定期开展检查,加强污水处理设施出水水质监测。但是农村生活污水处理仍存在以下问题。

(1) 农村生活污水收集处理率有待提高。

掘苴河管控区域内共计79个村庄,分散式污水处理设施21个,集中式处理设施11个,管控区域内农村污水处理设施设计处理能力525 t/d,出水执行江苏省地方标准《农村生活污水处理设施水污染物排放标准》(DB 32/3462—2020)一级B标准。目前村庄覆盖累计34个,覆盖率较低,为43%。多数村庄没有完善的污水收集系统,部分居民房使用下水管道直排河道,区域农村生活污水收集处理率不高。

表 5.6-1　管控区域内农村污水处理设施情况

常住农村人口(人)	自然村数(个)	纳入城镇市政污水管网的自然村数(个)	完成污水处理设施建设的自然村数(个)
57 480	79	0	17
分散式污水处理设施数(个)	总设计处理规模(t/d)	集中式污水处理设施(个)	设计处理规模(t/d)
21	215	11	310

(2) 农村生活污水处理设施尾水深度处理有待加强

掘苴河流域内小型农污设备排放尾水中总氮执行《城镇污水处理厂污染物排放标准》(GB 18918—2002)一级 B 标准,为 20 mg/L,与地表水质Ⅲ类标准有较大差距。断面周边的小型农污设备排放尾水对断面水质有一定影响,农村生活污水处理设施尾水深度处理可进一步强化。

(3) 农村生活污水处理设施运维管理能力有待加强

苴镇街道(外农开发区)农村生活污水处理设施较为分散,容易因为运维和管理不到位,导致出现出水水质不稳定、水质异常、达标排放率偏低等问题。目前设施运行情况主要依据运维单位自检数据加人工巡查,设施运维管理能力有待加强。

5.6.1.2　农业种植污染症结与成因分析

目前区域总氮排放总量中,农田种植源占比 14.58%。2022 年管控区域内共有耕地面积 156.98 km^2,其中水田 124.26 km^2,水浇地 29.39 km^2,旱地 3.33 km^2,化肥总用量 6 380.156 t,单位面积施用化肥 40.64 t,流失进入环境的折合纯氮 2 919.56 t,平均氮流失量为 18.60 t/km^2。如东县正深入开展化肥农药减施增效,推进秸秆全量化综合利用,已取得一定成效,但农业种植面源污染仍存在以下问题:

(1) 农田退水直排问题突出

经调研,管控区域内水田种植面积占比偏大(图 5.6-1),平均占比 78.76%。农田退水中的肥料溶解水、秸秆浸泡水、土壤浸泡水等氮含量较高。受降雨等因素影响,农田退水容易进入水体,造成总氮波动。特别是蔡桥村、金凤村等种植面积较大,加密监测显示蔡桥村丫子河、蔡桥村小河总氮浓度高达 9.09 mg/L。

(2) 退水涵闸汛期无法有效拦截农田退水

掘苴河流域降雨主要集中在夏季(6—7 月份),汛期退水涵闸无法有效拦截农田退水,且原有静置退水总氮浓度较高,易进入河道对断面总氮造成冲击。例如,王潭村退水涵闸总氮浓度高达 9.53 mg/L。

(3) 氮肥利用率较低

根据《如东县 2022 年水生态环境保护工作计划》,全县主要农作物测土配方施肥技术覆盖率达到 90%以上,化肥施用量较 2015 年削减 5%以上,化肥、农药利用率均达到 40%以上。如东县正逐步推进化肥减量增效行动,化肥减量空间逐步缩小,虽然化肥施用量已逐步降低,但水田整体氮肥利用率偏低,导致农田氮素流失严重。

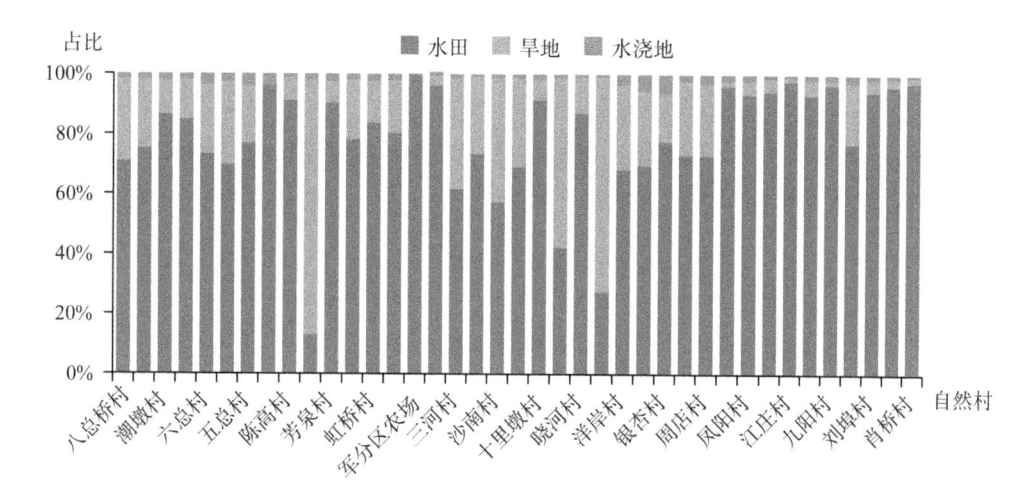

图 5.6-1　掘苴河管控区域内农业种植情况

（4）支流及干流两岸岸坡种植

岸坡种植直接影响河道行洪排涝,且耕种过程中的施肥、翻土也会造成岸坡水土流失,引发河道淤积、岸坡坍塌,氮也会随之进入水体。特别是环东闸口附近农田地势较高,汛期污染物易被冲刷进入水体(图 5.6-2)。

图 5.6-2　岸坡种植情况

5.6.1.3　畜禽养殖污染症结与成因分析

目前区域总氮排放总量中,畜禽养殖源占比 11.73%。管控区域内共 28 家养殖场,主要以养殖鸡、羊、猪为主,2022 年共有鸡 607 万只,羊 2.67 万只,猪 3.21 万头。主要集中在管控区域西南、东南方向。主要存在问题如下：

（1）液体粪污回田监管较难

苴镇街道(外农开发区)所有液体粪污均全部回用于农田,城中街道液体粪污回田占 46.15%(图 5.6-3)。不排除部分畜禽养殖场户的粪便未经过充分资源化处理便转让给生产经营主体或直接用于农业种植。城中街道养殖企业未配备粪污处理设施的均利用第三方达到清运目的,要预防粪便堆积在雨季形成二次污染。

(2) 粪污治理工艺设施尚需加强完善

苴镇街道(外农开发区)和城中街道部分养殖户储粪池未采取防渗措施,"跑、冒、滴、漏"仍然存在,雨季塘水外泄可能造成二次污染。

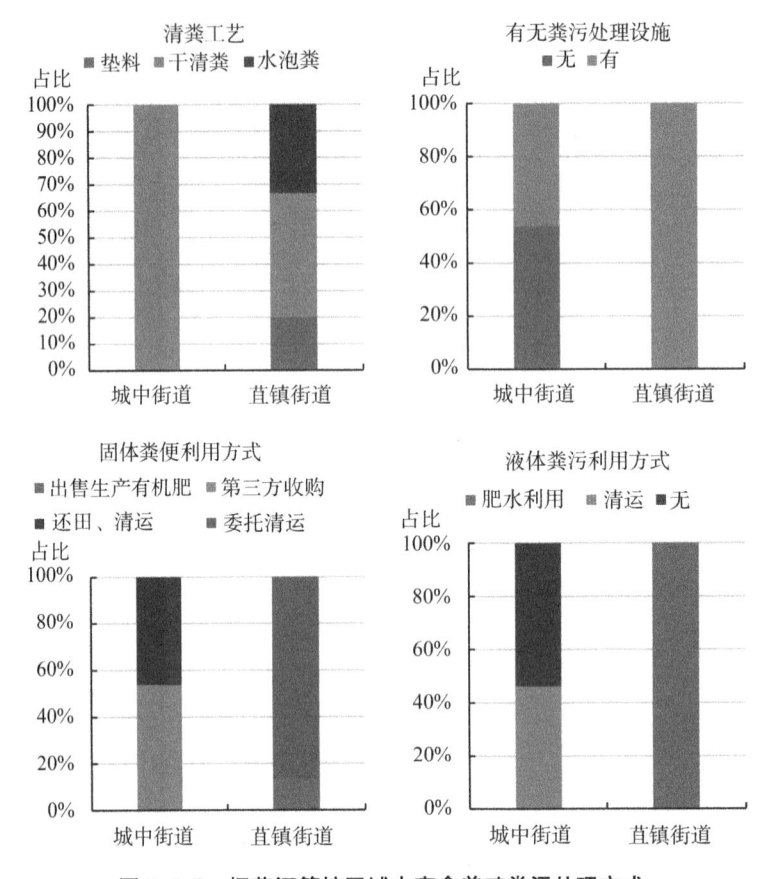

图 5.6-3 掘苴河管控区域内畜禽养殖粪污处理方式

5.6.1.4 水产养殖污染症结与成因分析

目前区域总氮排放总量中,水产养殖占比 5.53%。流域水产养殖主要集中在何丫村、近海村、王潭村,位于断面下游,且养殖尾水处理后,经王潭二横河排入掘苴河,排放点位位于环东闸口断面下游,掘苴新闸上游区间。此外,掘苴河区域内主要养殖种类为南美白对虾虾苗,主要养殖周期在12月底至来年3月以及当年7月至8月。养殖尾水排入何丫村水系(存在闸控),经泵站抽取至何丫村污水综合处理中心。根据如东苴镇源河南美白对虾养殖专业合作社养殖尾水水质监测数据,养殖尾水总氮浓度均值为 2.36 mg/L,根据对何丫村污水综合处理中心的排水监测数据,养殖处理尾水总氮浓度为 0.81 mg/L,对环东闸口断面影响有限,见图 5.6-4。

图 5.6-4　何丫村养殖尾水排水与尾水处理情况

5.6.2　城镇生活污染症结与成因分析

目前区域总氮排放总量中,集中式污水处理源占比 43.44%,城镇未接管生活源占比 5.38%。管控区域内共有 98 个城镇雨洪排口,数量较多,且位置分散,主要分布于沿线的镇区。区域污水管网尚未完全铺设到位,污水管网存在空白区域,部分管网敷设到的地方存在"应接未接"、雨污混流现象,雨水、河水进入管网,挤占污水管网输送能力,增加污水处理厂处理负荷,污水处理效率降低。污水管网还存在错接漏接、淤积堵塞问题,导致降雨后上游城区的丁棚桥断面水质下滑严重。

(1) 如东恒发污水处理厂出水叠加影响

目前核算区域内生活污水集中收集率为 72.15%～97.13%,总体收集率尚可,也导致如东恒发污水处理厂污水处理负荷较高,2022 年年均进水量 6.5 万 m^3/d,占设计处理能力的 97%,且尾水总氮浓度较 2020 年有所上升。目前区域排水管网运行过程中存在以下问题:

①昆仑山路 d500—d600 松花江路 d800 天山路泵站,此段管线早已建成,但松花江路(天山路—恒发污水处理厂)段 d800 污水干管未建成,现状天山路污水泵站出水管利用天山路(松花江路—牡丹江路)d600 牡丹江路 d500,下游污水管管径偏小,常发生污水外溢现象。

②目前如东县城区排水管理机制和体制相比其他区县仍需完善,污水处理工程建设、运营、管理涉及多个部门,相关工作难协调,污水处理系统的运营及管理水平有待提高。

③恒发污水厂纳管范围实际上未完全包含城中街道以及经济技术开发区的所有范围,特别是城中街道丁杨、六总、八总桥、九总等地区管网尚未铺设到位,目前通过集中式生活收集简单处理后排放,长期来看该部分废水处理仍有隐患。

④恒发污水处理厂需加强尾水深度处理,大部分污水经消毒后直接排入掘苴河,2023年1—3月较2020年出水总氮平均浓度提高约1.5 mg/L,对下游国考断面总氮有叠加影响。

(2) 上海电气(如东)水务发展有限公司(苴镇污水处理厂)未正常投入运行

目前该污水处理厂未能正常投入运行,在调查过程中发现镇区的污水管网建设和运行存在下列问题:

①雨污混流情况未彻底解决。

苴镇污水处理厂收水范围内工业企业实现雨污分流,但苴镇污水处理厂周边镇区及农村地区目前雨污混流情况较为严重,若直接接入区域内污水处理厂,将造成管网超负荷运行,且后期管网分流实施较为困难。

②存在污水管网空白区。

根据核算,如东县苴镇污水处理厂收水范围内污水收集率极低,如东县苴镇镇区及周边农村地区存在较大的污水管网空白区。

5.6.3 工业污染症结与成因分析

根据现状调查,管控区域范围内共有2家企业尚未完成接管,其中2家工业企业直排入外环境。如东县某食品有限公司现状企业没有污水处理设施,原污水直排入掘九河,主要污染物为COD,目前已改为通过转运方式处理废水。某冷冻食品有限公司现状企业设有污水处理设施,但无脱氮工艺,主要污染物为COD、NH_3-N,项目技改后废水经污水管网送污水处理厂集中处理。

5.6.4 闸坝及水利工程调度影响分析

(1) 泵站闸坝影响分析

2022年掘苴新闸开启潮次与总氮浓度变化情况分析可知(图5.6-5),掘苴新闸开启潮次与总氮浓度呈现负相关关系,枯水期(1月、12月)开闸次数较少,总氮浓度呈现较高水平。另外,区域内闸坝和退水涵闸若干,分别位于掘苴河、斗私河、长角河、南荡河等支流汇入口处。支流受闸坝控制,区域局部水系水动力条件不足,水体基本处于静水状态,不利于营养物质转移交换,自净能力差,引起局部水体总氮浓度偏高。枯水期支流闸坝关闭,一定程度上可减少支流水质对掘苴河的影响,但在汛期开闸放水,会对下游断面水质造成冲击。

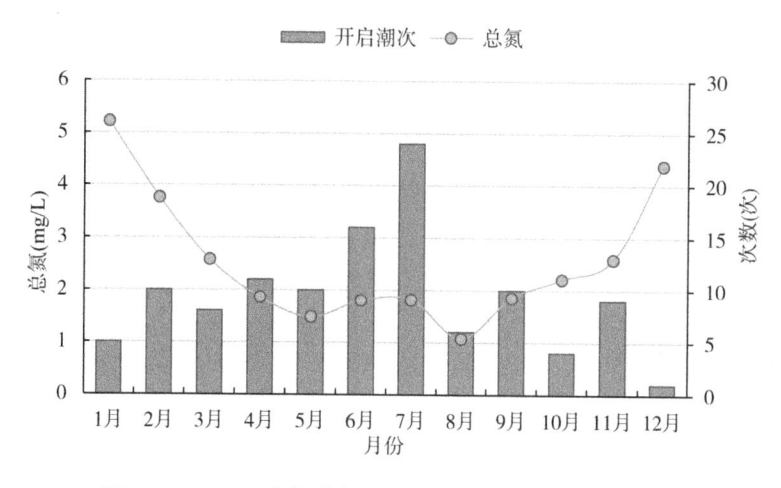

图 5.6-5　2022 年掘苴新闸开启潮次与总氮浓度变化情况

（2）水利工程调度影响分析

根据水利部门统计数据，近年来长江上游来水逐年减少，2023 年 1 月，长江上游来水量 305 亿 m³，同比下降 15.2%。1 月引水量 0.28 亿 m³，提水量 2.67 亿 m³，引水量远小于提水量，导致掘苴河主要的进水通道九圩港的生态补水量直接减少。长期无补水来源，加上开闸频次减少，导致掘苴河水体长期滞流，污染物积聚导致相关指标升高。

5.7　入海河流总氮污染治理与管控主要任务

5.7.1　农业农村污染治理

5.7.1.1　农村生活污水治理

农村生活污水治理是农村人居环境整治的重要内容，是实施乡村振兴战略的重要举措。近年来，各地区、各部门认真贯彻落实党中央、国务院决策部署，农村生活污水治理取得了积极进展，但仍然存在治理机制不完善、治理重点不突出、治理成效评判标准不科学、治理模式不精准、治理成效不稳固、保障措施不健全等突出问题。要统筹城乡、区域生活污水治理，加快农村污水处理统一规划、统一建设、统一管理。合理选择就近接入城镇污水处理厂统一处理或就地建设小型设施相对集中处理以及分散处理等治理方式，具体应遵循城乡统筹、因地制宜、实事求是、量力而行的原则，从经济、适用、安全、可靠的角度出发，采用"能集中则集中、宜分散则分散"的原则，加大对农村污水收集处理的力度，有效实现污染物削减。

（1）提升农村生活污水收集处理率。根据溯源结果，重点针对外农开发区强化农村生活污水收集处理，开展小型农污建设，实现生活污水的就近处理与利用。同时加强苴镇老集镇污水管网建设，提升村庄生活污水收集处理率。

目前国内外应用农村生活污水治理的处理技术比较多，从工艺原理上通常可归为两类：自然处理系统和生物处理系统。常见的工艺有：①膜生物反应器（MBR）工艺。MBR

技术是将膜分离工程和生物处理工程有机结合的一种新高效污水处理技术,它较单一传统的活性污泥法节能、节水、节约空间资源,它主要由生物反应器和膜组件两个单元设备组成。整个处理系统包括预处理、化粪池(调节池)、膜生物反应器等组成。生活原污水经过预处理后进入化粪池(调节池)再进入膜生物反应器,在反应器内经微生物处理,得到高质量的出水。MBR采用先进的膜技术,结构紧凑、占地面积小、高效节能、能耗低、处理水质好、无人看管、全自动运行。缺点是投资较大,后期维护较多。由于MBR设备购置成本高,日常运行管理要消耗电能,因此适用于对出水水质要求较高、经济条件较好的农村地区污水集中处理。②无动力地埋式污水处理工艺。无动力污水处理设备基本工艺流程为:污水→一级消化→二级消化→过滤→接触氧化→消毒→出水。有高程落差条件的村庄污水处理宜采用无动力净化装置。无动力地埋式污水处理设备适用于污水处理量较小的情况,它的最大优点是无动力消耗,基本上不需管理,造价低,运行管理费用低。且该设备可一体化生产,全套设备埋在地下,不占空间位置,故不需建房屋,不需采暖保温措施。无臭味,对周围环境基本无影响。

(2) 建设农污尾水缓冲带。掘苴河流域内小型农污设备处理排放尾水执行《城镇污水处理厂污染物排放标准》(GB 18918—2002)一级B标准,建设小农污尾水湿地,可进一步利用湿地自身生态功能有效削减包括总氮在内的各类污染物,也确保排放尾水达到Ⅲ类水标准。小农污尾水湿地通过模拟自然水生动植物生态系统的功能,优化组合及协同自然生态系统中的物理、化学及生物作用,实现对污水的处理。湿地污水处理系统是在一定长宽比及底面有坡度的洼地中,由土壤和填料(天然物质等)混合组成填料床,污水可以在床体的填料缝隙中流动(潜流式湿地),或在床体的表面流动(表面流湿地),并在床的表面种植具有处理性能好、具有景观价值的多年生水生植物(如芦苇、菖蒲、水葱等)。尾水湿地基建费用低,处理单元经简单修建而成,不需要复杂的机械设备,易于运行维护与管理,可充分利用村庄附近的废池塘、沼泽地,建设人工湿地处理系统。为进一步降低断面附近农村污水对断面的影响,可对断面周边蔡桥村、王谭村、刘埠村建设小农污尾水湿地。

(3) 建立完善长效运维机制。目前掘苴河管控区域内有111个行政村,常住人口80 605人,共建有39个生活污水处理设施,需加强运维管理和日常台账记录,配合长久有效的监管机制。在分散生活污水运维过程中应充分利用"互联网+"技术,建立村庄生活污水治理信息管理系统和远程自动化监控系统,加强对处理设施运行维护情况的在线跟踪管理。同时加强对日处理20 t及以上农村生活污水处理设施出水水质开展日常监测,确保农村生活污水处理设施完好正常运行,出水稳定达标。

5.7.1.2 农业种植污染治理

农业种植污染治理是当前农业可持续发展和生态环境保护的重要方面,要不断深化开展化肥农药减量增效行动,加强废弃农药包装物回收处理。针对现状农田退水直排影响主干河道水质,建议结合掘苴河沿线1万亩以上秸秆离田工程,深入推进农田排灌系统生态化改造治理模式。加强农田退水总氮监测,强化汛期管控。

(1) 建设高标准农田,深化总氮源头减量。开展高标准农田建设,根据作物高产养分需求规律以及土壤供肥特征进行肥料优化管理,可采用新型缓控释肥或新的按需释肥技术,提高肥料利用率,减少肥料使用量;也可以通过种植制度等的调整,如改稻—麦轮作为稻-绿肥轮作、稻-蚕豆轮作或稻-休闲来减少化肥投入量;也可以通过施用肥料增效剂、土壤改良剂等增加土壤对养分的固持,从而从源头上减少养分流失。不断深化开展化肥农药减量增效行动,加强废弃农药包装物回收处理,无害化处理率达100%。

（2）实施农田排灌系统生态化改造,过程阻断总氮入河。针对现状农田退水直排影响主干河道水质,本研究主要建议采用农田排灌系统生态化改造治理模式,即过程阻断、养分再利用和生态修复等技术的联合运用。①划分汇水小单元。针对大规模农田种植区,通过闸、坝等优化灌排系统,将农田退水排放系统划分为多个独立的小汇水单元。②改造氮磷生态拦截沟渠。氮磷生态拦截沟渠系统主要在原有的农田排水主干沟上建设,并由主干排水沟、生态拦截辅助设施、植物等部分组成。生态拦截辅助设施包括节制闸、拦水坎、底泥捕获井、氮磷去除模块,设置生态浮岛、生态透水坝设施。氮磷生态拦截沟渠系统的植物包括沉水植物、挺水植物、护坡植物和沟堤蜜源植物。③建设田间生态蓄水塘。农田退水流经生态沟渠随后汇流进入塘池系统,生态塘池系统主要用于收集、滞留沟渠排水,生态塘内可种植水生植物、设施生态浮床等对来水中氮、磷等污染物进一步净化、吸收,通过生态沟渠+生态塘处理的水可排入河道或直接用于农田灌溉。针对农田种植面积广,对断面水质影响较大的区域,实施农田排灌系统生态化改造。同时结合秸秆离田,以外农开发区、城中街道为主实施掘苴河沿线1万亩以上秸秆全量离田,减少农业秸秆腐烂造成的污染入河,从而达到总氮削减效果。

5.7.1.3 畜禽养殖污染治理

目前区域规模养殖场畜禽粪污综合利用率稳定在95%以上,需持续巩固畜禽养殖污染治理成果,进一步推动畜禽养殖场升级改造。所有畜禽养殖场做到粪污处理设施装备配套、雨污分流到位,粪污处置记录完善,无粪污直排、偷排与露天堆积现象。规模养殖场粪污治理设施装备配套率达到100%,畜禽粪污资源化利用率稳定在98%以上。推动种养结合,农牧循环。建立完善的畜禽粪污收集、运输、处理、利用体系。推动构建畜禽粪污治理与资源化利用长效机制。

（1）加强问题排查,建立整治提升清单。以村为单位积极组织排查,做到所有畜禽养殖场全覆盖。一是检查禁养区有无反弹复养和新建、扩建畜禽养殖场情况;二是检查有无畜禽粪污直排、偷排、露天堆积现象（包括附近有无因上述原因导致的黑臭水沟、水塘等）;三是检查雨污是否分流,粪槽和蓄粪池是否加盖防雨板,露天蓄粪池是否有防雨棚,盖板和防雨棚是否存在年久失修而破漏情况;四是检查粪污利用去向是否明确,有无配套的消纳粪污土地证明或委托处置粪污协议。

（2）推动规模场户升级改造,确保粪污处置装备全面配套。按照"一场一策"原则,养殖场建设与养殖规模相匹配的粪污处置设施装备,每猪当量至少有0.8 m³以上蓄粪池（沼液池）或0.3 m² 异位发酵床,自动化清粪的蛋鸡场有必要的干粪房用于临时堆放鸡粪,定期实行干清粪的禽场、羊场须建设有冲洗水收集储存池。治污设施装备定期检修维护,适时更新完善。

（3）推动种养结合,把还田利用作为畜禽粪污资源化利用主要渠道。优化区域布局,构建种养结合发展新格局。统筹安排种养发展空间,以生态循环农业基地为重点,积极打造种养结合生态健康养殖示范区。坚持"以地定畜,畜地平衡"原则,鼓励规模养殖场户流转足够的消纳粪污土地,原则上每猪当量配套0.2亩土地。同时因地因场施策,拓宽粪污还田利用渠道,对无法流转足量配套用肥土地的养殖场户,鼓励与种植主体或社会化服务组织对接,签订供肥或委托处置协议;对无法就地就近利用的畜禽粪污,鼓励生产商品有机肥,扩大利用半径。与此同时,做好非规模养殖场户的整治提升工作,继续将小散养殖粪污治理纳入农村人居环境整治提升行动中予以同步推进。

(4) 完善社会化服务体系建设,切实做好区域性粪污清运处置工作。以镇(区、街道)为区域单元,做好辖区内小散养殖为主体的畜禽粪污收集、运输、处置工作。建立健全"政府扶持+市场化运作"的畜禽粪污无害化处理、资源化利用体系,合理收取清运费用,以项目或补贴形式加强对畜禽粪污清运社会化有偿服务组织支持。注重发挥现有畜禽粪污处置中心作用,提高利用效率。可根据实际情况选择在处置中心附近田间配套建设粪污储存调节池及输送管网等设施,努力打通粪肥还田利用"最后一公里"。

(5) 完善台账资料,建立粪污使用可核查可追溯机制。各规模养殖场户要做好流转的消纳粪污土地证明或委托处置粪污协议的保存,制定年度畜禽粪污资源化利用计划,建立畜禽粪污使用记录,及时准确记载有关信息,确保畜禽粪污去向可核查可追溯。规模畜禽养殖场定期将畜禽养殖状况(存栏量、出栏量)、粪污使用等情况报生态环境部门备案。

(6) 压实"两个"责任,构建污染防治长效机制。一是压实养殖场户的主体责任。坚持"谁污染谁治理"原则,通过发放告知书和养殖主体向属地政府提交污染防治承诺书等方式,进一步压实畜禽养殖场户污染防治主体责任。二是压实属地监管责任。要建立畜禽污染防治网格化监管体系,落实镇干包村、村干包组、组干包户的监管责任,继续推行污染防治公示制度,规模场设立公示牌"一户一公示",公开养殖场户名称、住址、负责人姓名、养殖种类、数量、年污染产生量、粪污处置设施装备、处置方式、监管责任人、监管工作要求、举报电话等内容。三是坚持开展常态化、制度化巡查。定时巡查并做好巡查记录,巡查中发现一般性问题可以直接提醒养殖场户立即整改,发现严重污染问题及时报执法部门依法查处。

5.7.1.4 水产养殖尾水治理

水产养殖场尾水排放量大,水质较差,以外农开发区为主,主要开展辖区内单个养殖面积50亩以上、连片养殖面积100亩以上的池塘养殖场完成尾水治理,排污口排放应符合《池塘养殖尾水排放标准》(DB 32/4043—2021)中的相关排放要求,实现达标排放。

规模化水产养殖场设置尾水净化系统,净化系统面积按养殖面积的10%设计,主要选择"三池两坝"净化模式,建设内容包括生态沟渠、沉淀池、过滤坝、氧化曝气池、生态净化池以及配套工程建设,沉淀池、氧化曝气池、生态净化池的比例约为30∶30∶40。另外,在相对独立,且有充足土地的片区,可以选择复杂人工湿地模式,通过将生态沟渠、表面流人工湿地、塘湿地组合成为一个生态处理系统来净化养殖尾水,经净化后一部分进入池塘重新利用,一部分用于农业灌溉,其余排入周边河道,该模式规划应用在规模化水产养殖公司养殖区。

"三池两坝一湿地"主要包括"三池"和"两坝","三池"即沉淀池、曝气池、生态净化池;"两坝"即两个过滤坝。"三池两坝"面积不低于养殖总面积的8%~10%,尾水通过生态沟渠汇集至沉淀池,养殖尾水在沉淀池中进行沉淀处理,使尾水中的悬浮物沉淀至池底。尾水经沉淀后,通过过滤坝过滤,以过滤尾水中的颗粒物。尾水经过滤后进入曝气池,曝气池通过曝气增加水体中的溶解氧,加速水体中有机质的分解。尾水经曝气处理后再经过一道过滤坝,进一步滤去水体中颗粒物,再进入生物净化池,通过添加芽孢杆菌等微生物制剂,进一步加速分解水体中有机质,最后进入湿地洁水池,通过水生植物吸收利用水体中的氮磷物质,并利用滤食性水生动物去除水体中的藻类。养殖尾水经"三池两坝"处理后达标排放或部分回至养殖塘进行循环利用。各模块具体如下:

①生态沟渠:利用养殖场内原有排水渠道进行改造而成。通过加宽和挖深等方式,提高排水渠道的排水功能。在渠道内种植水生植物或设置水生植物浮床,养殖尾水进入生态沟渠后可通过水生植物的吸收作用对养殖尾水进行初步处理,并通过生态沟渠将养殖尾水汇集至沉淀池(如无可利用的渠道,可通过管道将养殖尾水汇集至沉淀池)。

②沉淀池:主要用于养殖尾水的沉淀处理。养殖尾水进入沉淀池后,须滞留一定时间,使水体中悬浮物沉淀。同时在沉淀池中种植30%~40%面积占比的水生植物或设置水生植物浮床,吸收利用水体中营养盐(沉淀池面积占尾水处理设施总面积的30%~50%)。

③过滤坝:将沉淀池、曝气池与生态净化池之间原有堤坝改造成过滤坝,在坝体中填充装网袋的滤料,滤料可选择陶粒、火山石等,以吸附、过滤、转化有机物(过滤坝宽度不小于1.5 m,长度不小于5 m,高度1.5~2.5 m)。

④曝气池:在池底安装曝气管,通过底部增氧曝气方式,并放置一定比例毛刷填料,充分氧化有机物,降解氨氮(曝气池面积占尾水处理设施总面积的15%~25%)。

⑤生态净化池:通过种植沉水、挺水、浮叶等各类水生植物(水生植物面积占比30%),放养滤食性鱼类和螺蚌类等底栖生物,吸收利用水体中的氮磷营养盐(生态净化池面积约为尾水处理设施总面积的35%~45%)。

5.7.2 城镇生活污水收集处理

(1) 提标改造深度脱氮。对恒发污水处理厂实施提标改造深度脱氮,可有效降低下游断面总氮污染负荷。自养反硝化生物滤池是一种新型的固定床降流式生物膜反应器(图5.7-1),利用微生物的自养反硝化脱氮作用,可用于总氮指标的极限去除。反硝化深床滤池结构简单实用,集多种污染物去除功能于一个处理单元,包括对SS、TN均有相当好的去除效果。现有的运行经验表明,反硝化深床滤池可以满足出水水质SS<10 mg/L、TN<5 mg/L的要求。

技术优势包括:①革命性反硝化原理,无需碳源投加,运行费用低,较外加碳源异养型反硝化滤池节省运行费用50%以上,无COD超标风险。②自养反硝化生物滤池集物理过滤截留悬浮物质(SS)、生物反硝化脱氮(TN)、化学絮凝除磷(TP)功能于一池,功能集中。③技术成熟、出水稳定,高达95%以上总氮去除率,可用于极限脱氮处理。工程优势包括:①池型简单,矩形断面无不规则、复杂部位,土建施工简单方便,成本低。②安装简

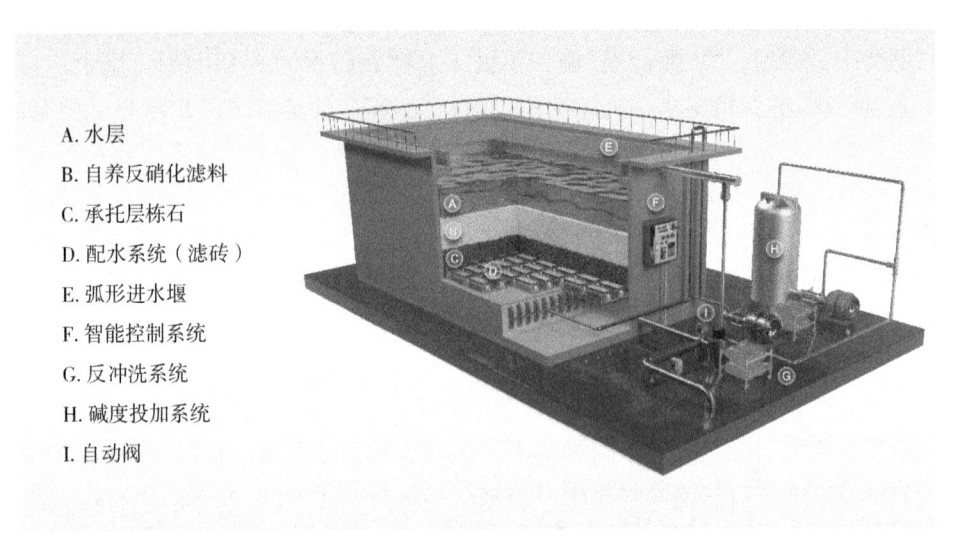

```
A. 水层
B. 自养反硝化滤料
C. 承托层栋石
D. 配水系统（滤砖）
E. 弧形进水堰
F. 智能控制系统
G. 反冲洗系统
H. 碱度投加系统
I. 自动阀
```

图 5.7-1　反硝化深床滤池结构

便、施工容易。所有内装设备均为成型产品，安装施工现场拼接，施工容易，周期短。滤砖安装附件少，安装极为方便，一般 2 个工人 1 天能够安装 50~70 m²，大大降低安装所需消耗的人力、材料费用，而改善的滤层反冲洗及过滤性能保证滤池可以产生更清洁的水和更长的运行时间，意味着水运行成本的降低。③施工精度易保证。特殊结构形式的布水布气系统降低对土建施工精度要求，池底平整度±5 mm 即可满足布水布气均匀性要求。进水采用胶条密封可调节不锈钢堰板，保证进水均匀，同时降低对土建施工精度要求。

运行管理优势：①自动化控制、无人值守。滤池采用 PLC 自动控制，反洗、驱氮、液位控制均自动进行，可实现无人值守，大大降低劳动强度。控制系统源程序编写缜密、故障率低。②反洗水量小，运行费用低。反硝化滤池滤床深度高、滤料粒径大，可实现深层纳污。反洗周期长，滤池反洗水量为 1%~2%，正常情况下约为 1%，反洗水量较小，大大降低运行费用。③滤池终身免维护。滤池气水分布系统，强度高耐腐蚀无损坏，开孔率大无堵塞。滤池终身免维护，大大降低劳动强度及运行维护成本。

（2）强化生态安全缓冲区建设。对恒发污水处理厂达标尾水实施生态安全缓冲区建设项目，通过建设自然湿地或修复人工湿地等途径，对达标处理后的一级 A 尾水进行生态降解削减，进一步减轻氮、磷等污染物对河流湖泊水体的冲击。可利用鹤鸣公园水系作为缓冲区载体，水域面积约 24.1 万 m²，通过建设恒发尾水湿地生态净化系统，对进入湿地尾水进行深度净化，削减尾水污染负荷，在进水满足地表水Ⅳ类水质标准且湿地内部无其他外来水源的条件下，保障恒发污水处理厂尾水稳定达到地表水Ⅲ类水质标准排入掘苴河。

具体主要通过提升泵站和新建导流管道将恒发污水处理厂达标尾水引入尾水湿地，建设引水管进行分水引流，在湖区设置生态曝气装置提升湖区水体交换速率。进一步实施湿地净化工程，开展湿地驳岸修复和基底改造，保证湿地公园岸坡与基底的稳固，并根据尾水湿地水域实际情况开展生态净化工程，在湖区开展浮动湿地建设，同时在部分深水区布设生态基,提升湿地水体净化功能。最后开展沉水植物、挺水植物、漂浮植物和水生动物的种植与投放,实施湿地生态完整性修复,构建尾水湿地公园健康水生态系统(图 5.7-2)。

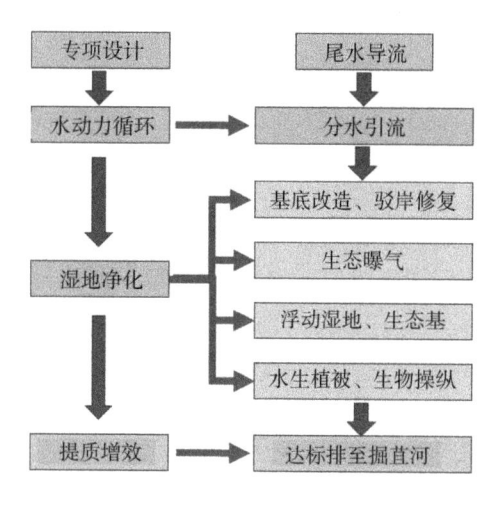

图 5.7-2　工艺流程图

目前固相碳源技术因其既能实现高效率生物脱氮,价格又相对较低,释碳过量风险更小的优势,被应用于城镇及工业污水、黑臭河流、人工湿地等的低 C/N 水体的反硝化深度脱氮。通过研究不同碳源释放碳组分的差异及其对反硝化性能的影响发现:一是固相碳源的释碳能力较强,可以满足污水处理厂反硝化脱氮需求,1 g 碳源的最大日均 COD 释放量达到了 19.478 mg/L;二是固相碳源的反硝化脱氮效果优越,其中聚乙烯的硝酸盐去除率可达 97%,可以有效助力污水处理厂尾水深度脱氮;三是混合碳源综合经济效益相较于液相碳源有显著的优势,采用混合固相碳源的污水处理厂,其日均碳源消耗量和脱氮成本均得到有效降低,其运行成本每年可节省 2.2 万元。将固相碳源技术进一步应用于恒发污水厂生态安全缓冲区,强化反硝化深度脱氮,可有效削减掘苴河总氮污染负荷。

(3) 推进已建污水处理厂正常运营,强化污水管网建设。推进上海电气(如东)水务发展有限公司(苴镇污水处理厂)正常投入使用,持续推进外农开发区、城中街道、经济开发区等周边镇区污水管网建设,提升污水处理厂运行和管理水平,加强生活污水集中处理,减少污染物直排入河。

5.7.3　工业污染治理

(1) 严格实施产业准入约束。严把建设项目环境准入关,从源头上消减高能耗、高水耗、高排放和毒性强、难治理的项目,构建科技含量高、资源消耗低、环境污染少的产业结构,大幅提高经济绿色化程度,有效降低发展的资源环境代价。落实产业准入负面清单,从严审批高耗能高排放项目。严格控制高耗能高排放行业新增产能规模,严格执行石化、化工、造纸等项目准入政策。探索制定范围更宽、标准更高的落后产能淘汰计划,提标淘汰一批相对落后产能,规范整治印染、电镀、造纸等重点行业。严控"两高一资"行业新增产能,禁止新增化工园区。持续加强"散乱污"企业的整治,巩固既有成果,做好"防新增、防反弹"工作,确保"散乱污"动态清零。

(2) 加快传统产业绿色转型升级。全面促进清洁生产,依法在"双超双有高耗能"行业实施强制性清洁生产审核,到 2025 年,实施强制性清洁生产企业通过验收比例达到 100%。开展纺织印染行业废水排放强度不达标企业提标改造,2025 年底前基本完成印染企业搬迁入园工作。加大化工园区规范化整治力度,打造绿色化工,整治不达标企业全部退出到位。

(3) 加强工业企业监管。加强重点断面上游及周边工业企业、工业园区、污水处理厂等重点污染源执法监管,采取日常巡查、抽查、暗查和交叉执法等方式,严厉打击排污单位利用汛期直排、偷排等违法行为。督促涉水工业企业完善水质、水量监控设施,监控数据与污水处理厂联网,其中重点排污单位与生态环境部门联网。前移重点企业水质监控关口,日排放量 20 吨以上企业建设尾水排放池,经监测达到纳管标准后方可排入污水管网。强化问题导向,对含氮废水排放企业进行全面排查,加密监察监测频次,实行最严格的监管。

5.7.4 河流生态增容及内源污染治理

(1) 落实河岸共治。加强掘苴河、洋口运河等骨干河道整治,利用枯水期有利时期,对于淤积严重的支流支浜抓紧开展清淤疏浚,有效削减内源污染,并落实好施工期间的环境管控措施,防止二次污染。完成河道整治工程 26 km,清淤 18.4 万 m³;实施生态河建设工程,建设光明河、东斗私河等生态河 12 条,全长约 27 km。开展农村黑臭水体大排查、大整治、大提升,消除县城建成区、建制镇和撤并老集镇、重点断面所在村黑臭水体,实施潮墩村 30 条段长度共计 8.326 km 的黑臭水体整治。实施河岸缓冲带修复,在渭河路的两侧新建鹤鸣公园,占地 110.8 hm²,水域面积 23.8 hm²,陆地面积 87 hm²,作为恒发污水处理厂尾水湿地,有效削减各类污染物。整治岸线非法设施,摸清涉河违建底数、权属关系和违建性质,实行清单式推进、销号式管理,全面清理整治河道管理范围内未批先建、非法私建的各类违章建筑。

(2) 畅通河网水系。加快推进区域治水工程,推进坝头坝埂、网箔沉船等阻水设施拆除清理工作,完成拆坝建涵、建桥。制定省考以上断面生态流量保障实施方案,逐个断面明确生态补水来源、调度闸坝,尤其是枯水期要加大引江调水力度,加强沿海涵闸排水调度,提高引江调水频次,加快水体流动周转,及时补充更换新鲜水源,增加骨干河道生态流量。进一步实施经开区、城中街道、外农开发区水系连通工程,新建 5 座水闸,实现 4 座排涝泵站水质管控。

(3) 加强长效管护。完善长效管护机制,建立健全有制度、有标准、有队伍、有经费、有监督的长效管护机制,探索农村厕所和生活污水、垃圾处理设施及村庄保洁一体化运行管护。大力实施以"三清一改"(清理农村生活垃圾、村内塘沟、畜禽养殖粪污等农业生产废弃物,改变影响农村人居环境的不良习惯)为重点的村庄清洁行动,突出清理死角盲区,引导农民逐步养成良好卫生习惯。鼓励将村庄环境卫生要求纳入村规民约,对破坏人居环境行为加强批评教育和约束管理,引导农民自我管理、自我教育、自我服务、自我监督,推动村庄清洁行动制度化、常态化、长效化。通过完善政府生态环境信息公开、有奖举报机制和壮大生态环境志愿服务力量等措施,引导公众参与到水环境治理中来,当好水环境治理的"千里眼""顺风耳",努力做到问题早发现、早处置、早解决。

5.7.5 总氮环境监管能力提升

(1) 优化总氮监测体系。健全完善现有入海河流监测体系,构建全面、系统的监测网络,加强河流总氮监测,在现有国市控断面基础上,根据区域总氮污染状况,在掘苴河干流上游、入海闸和主要支流增设地表水监测断面,常态化开展总氮浓度监测,全面监控总氮浓度变化及污染状况。加强水质监测和预警,一旦发现上游来水水质恶化,及时启动预警措施,通过生态补水、调控闸坝防止污水进入主干河道等措施,减少对环东闸口水质的影响。逐步试点建立各类农业面源污染监测监管体系。

(2) 强化监督管理机制。建立总氮重点监管单位名录,加密监察监测频次,实行最严格的监管,将监管责任落实到人。加强水环境监督检查、绩效评价和水质目标考核,建立监督考核机制。严格落实河长制巡河制度,及时发现影响河流总氮污染问题,完善问题交办和整改销号制度。严格环境执法,结合开展整治违法排污企业,加强对总氮污染源日常监管,严厉查处各类环境违法行为。对重点环境问题实施挂牌督办,明确责任单位,公开查处结果。严格落实环境影响评价与排污许可制度,加强重点行业企业排污许可执行报告检查和抽查。

(3) 加强汛期保障提升。进一步推动建立总氮汛期污染强度监测技术体系,加强汛期水质保障提升。建立汛前防控跨部门、跨地区联动机制,做到提前处置、预防到位、监控有力,有效降低汛期、台风等极端天气条件下对水环境造成的不利影响。结合各地实际,排查项目管控区域内汛期出现水质滑坡的国省考断面,确定汛期水质滑坡重点断面清单。根据重点断面清单,深入摸底排查汇水区范围内,影响断面水质的主要水体及支流支浜,查清水质现状,建立问题支流支浜清单。利用枯水期有利时期,对于淤积严重的支流支浜抓紧开展清淤疏浚,有效削减内源污染,并落实好施工期间的环境管控措施,防止二次污染。全面清理岸线乱堆乱放,加强水面漂浮物打捞。针对排涝泵站、闸口等大量蓄积的污水,汛前应因地制宜、分类处置,可采取建设分布式污水处理设施、移动应急污水处理站等方式进行应急处置,或采取措施导流至就近污水处理厂或应急储存池进行处理,减轻对下游断面的污染冲击。充分利用气象信息,指导种植户、养殖户强降雨前避免施用化学肥料,控制畜禽粪污还田,汛前合理降低农田、引排水沟渠、灌溉水塘水位,减缓暴雨冲击。断面汇水范围内的农田退水短期内无法治理到位的,积极改变农业种植方式,改直播稻为机插秧,有条件的地区可通过水系、沟渠整理,减轻农业退水对断面水质的影响,杜绝汛期水质较差的农田退水冲入河道,影响断面水质。加强汛期水质管控,做好与水利、农业农村等部门的联动。加强汛前防控,及时处理支流涵闸内蓄积的污水。加大预警通报力度,建立水质日报制度,及时掌握水质变化情况。做好汛中处置,提升应急处理处置能力,强化水质监测监控与预警,加大汛期环境监管力度。促进汛后水质恢复,迅速开展河道整洁保洁,加大汛后生态保护修复,开展汛后滞留污水处理处置,严防次生灾害发生。

5.8 重点工程及目标可达性分析

5.8.1 重点工程

根据掘苴河主要存在问题及整治主要任务,掘苴河整治主要工程措施包括城镇生活污染治理项目、农业农村污染治理项目、工业污染治理项目、河流生态增容及内源污染治理项目、总氮环境监管能力提升项目等五大类 57 个工程整治措施,共计投资约 7.05 亿元。

表 5.8-1 重点工程汇总表

序号	工程项目	工程数量统计(项)	投资(万元)
1	城镇生活污染治理项目	7	18 326
2	农业农村污染治理项目	16	4 839
3	工业污染治理项目	5	325
4	河流生态增容及内源污染治理项目	27	46 966
5	治理能力现代化提升工程	2	32
总计		57	70 488

5.8.2 工程总氮削减目标可达性分析

5.8.2.1 掘苴河一维稳态模型构建

构建掘苴河水质一维稳态模型,对于有多个排污口及支流汇入情况,采用逐段累加法进行计算,每一个计算段上边界水质值采用上一段水质计算结果。依据水功能区水质边界条件,在设计水文条件下,满足环东闸口断面水质达标要求的整治范围内入掘苴河污染源的最大允许入河量,即基于环东闸口断面水质达标的水环境容量。综合考虑水文、水体污染来源等因素,对整治范围内入掘苴河的污染源进行概化,取不利水文设计条件,边界水质取现状监测的不利值,利用一维稳态水质降解模型,计算得出掘苴河环东闸口断面水质达标时各污染源的允许排污量。进行污染源的排污口概化时,应遵循以下原则:(1)当工业企业排污口污染物排放流量较大(超过单元总量的10%),必须作为独立的概化排污口处理;(2)其他排污口若距离较近,可把多个排污口简化成集中的排污口;(3)距离较远并且排污量均比较小的分散排污口,可概化为非点源入河;(4)大型的污水处理厂需作为概化排污口考虑;(5)城市人口聚集地需概化排污口。

环境容量计算过程中所涉及的参数有水质降解参数和水文参数两种,其中水质降解参数是反映污染物沿程变化的综合系数,它体现了污染物自身的变化,也体现了环境对污染物的影响,是计算水体纳污能力与水环境承载力的重要参数之一。根据文献资料,总氮降解系数介于 $0.003 \sim 0.104 \text{ d}^{-1}$ 之间,本项目取总氮降解系数为 0.10 d^{-1},具体水环境容量计算参数见表 5.8-2。

表 5.8-2　水环境容量计算参数

河流名城	流量(m³/s)	流速(m/s)	总氮降解系数(d⁻¹)
掘苴河	13.625	0.0454	0.10

5.8.2.2　掘苴河总氮削减目标可达性分析

根据环东闸口断面总氮控制目标,结合一维稳态水质计算公式得到掘苴河 2025 年总氮总允许入河量为 409.438 t,2022 概化排口全年总氮入河量约 482.02 t,总目标削减量=总现状排污量-总允许入河量,计算掘苴河总总氮目标削减量为 72.582 t。

按照工程实施前后的计算方案,分析各工程削减潜力,具体潜力分析如下:恒发污水处理厂提标改造以及达标尾水生态安全缓冲区建设,在出水稳定达 5 mg/L 情况下,预计削减尾水总氮污染负荷 85.14 t/a;农污建设以及截污纳管工程将提高农村生活污水接管率处理率,预计削减总氮 16.435 t/a;化肥减量增效,可进一步降低农业面源污染,至 2025 年预计可削减 0.993 t/a;清淤工程将河道底泥清除,原本底泥释放的内源污染将消失,根据清淤土方量初步匡算可削减总氮 5.84 kg/a。其余工程由于缺少资料支撑,削减潜力简单分析如下:城镇污水管网建设使得原先生活污水直排或者简单处理后直排入河的污水收集至污水处理厂;雨污管网排查修复使得原本经雨水管直排入河的污水收集至污水厂处理;农污尾水缓冲带有效提升小型农污设施出水标准,降低排放入河的尾水总氮浓度,排放尾水可达到地表水Ⅲ类标准;秸秆全量离田项目结合农田排灌系统生态化改造,有效减少秸秆浸泡后的高浓度污水直接进入河道;养殖尾水整治可实现养殖尾水达标排放,降低尾水总氮浓度;东海冷冻食品有限公司污水治理项目,可减少尾水直排进入河道的总氮浓度;水系连通工程、河道整治工程可有效提高河道自身净化能力;生态河建设工程可有效减少水土流失,对地表径流带来的污染物入河有截留作用。

依据削减潜力分析,求得工程实施后,实现总氮削减量 102.57 t/a。工程总氮削减量高于总氮目标削减量 72.582 t/a,结合一维稳态模型预测结果可满足总氮浓度控制目标要求,在工程完成并正常运行情况下,2025 年总氮浓度较 2020 年能够实现负增长。为确保断面水质可稳定达标,建议严格执行除本次工程外各项污染控制措施,并保证污染控制力度逐步提升。

第六章 结论与展望

6.1 结论

在入海河流总氮污染反弹的背景下,入海河流总氮污染溯源与治理管控成为近年来海洋污染防治的重点抓手。本书结合江苏省水污染防治实际,构建了入海河流总氮污染溯源分析技术路线,提供了入海河流总氮污染溯源分析的思路,在梳理汇总了各项入海河流总氮治理与管控技术的基础上,结合当地实际,以南通市一条入海河流为例进行了实证研究,主要结论如下:

(1) 系统梳理了入海河流总氮污染溯源常用分析方法,构建了一套由污染负荷统计核算法、河流断面水质和通量沿程溯源法以及流域面源模型法共同构成的入海河流总氮污染溯源分析框架。

①根据流域特征、行政区划、水功能区、控制断面汇水区域,利用 ArcGIS 软件将入海河流流域划分为若干个控制单元。控制单元的分区一方面有利于从分区的角度核算总氮污染负荷以及面源模型的应用,另一方面有利于将复杂的流域水环境问题分解到各个控制单元内,通过逐级细化规划和任务,实现整个流域的水环境质量改善。

②在分析点源和面源污染特征的基础上,构建入海河流总氮污染负荷核算方法,量化入海河流总氮污染来源入河量及贡献,并根据加密监测结果,统计分析各污染源污染负荷入河量以及空间分布特征。

③以入海河流流域控制单元分区为基础和支撑,建立了入海河流总氮水环境数学模型,以一维稳态模型为基础,结合入海河流断面总氮管控目标,预测满足控制断面总氮达标要求的整治范围内入海河流污染源的最大允许入河量,即基于控制断面水质达标的水环境容量,并分析总氮削减目标的可及性。以 MIKE21 模型为基础,结合流域各断面总氮实测浓度,对入海河流及其支流河网入河总氮污染源总量进行模拟分析,综合验证总氮污染负荷核算的准确性和分析流域内总氮浓度响应情况。

(2) 从多个角度系统地针对沿海区域氮污染问题,提出了一系列总氮治理与管控技术。可为总氮污染溯源分析识别出的重点污染源及重点污染区域提供一个全面的入海河流总氮治理技术框架,为保护沿海地区生态环境提供了实用的技术指南。

(3) 在入海河流总氮污染溯源分析与治理管控思路的基础上,以南通市掘苴河流域为例进行了实证研究。

①基于实测水文水质数据构建的 MIKE 模型在掘苴河流域的适用性较好,水位流量相对误差在 5% 以内,总氮平均相对误差绝对值在 16% 以内,校准后的模型能够应用于后续断面总氮溯源分析。

②掘苴河环东闸口断面总氮贡献权重高的区域主要集中在流域上游,且明显受区域总氮入河量和距离指标影响。断面总氮主要来源区域为汇水单元 1(城区)、2(幸福河南)和 3(洋口运河西),且集中式污水处理厂源、农田种植源和养殖源为优先管控污染源,其中集中式污水处理厂源对断面 TN 的贡献比高于 43%。除此之外,50% 以上汇水单元的农村未接管生活源对总氮入河量贡献比最高,其对断面总氮的影响不容忽视。

③污染负荷核算均以控制单元为单位进行,这为主管部门结合区内自然村分布等因素,布局并落实总氮污染治理与管控措施污染治理措施提供了可靠依据和参考。

6.2 展望

入海河流总氮污染溯源和治理是近年来近岸海域污染防控的重要抓手,需要进一步在识别重点断面、重点区域以及重点污染源的基础上,应用多种总氮污染溯源技术,更加深入细致地分析和精准地识别小范围内的总氮污染症结,并提出能够层层细化、逐级落实的总氮污染削减重点工程。

参考文献

[1] 姜晟,李俊龙,李旭文,等.江苏近岸海域富营养化现状评价与成因分析[J].环境监测管理与技术,2012,24(4):26-29.

[2] 许海华,丁言者,李丽花,等.盐城近岸海域水质分布特征及富营养化研究[J].海洋开发与管理,2023,40(8):97-104.

[3] 张丽君.江苏北部近岸海域营养盐的时空分布与富营养化特征研究[D].青岛:青岛大学,2017.

[4] 张艾芹,江辉煌,顾正平,等.江苏近岸海域表层海水中营养盐组成、分布及季节变化特征[J].海洋湖沼通报,2018(2):49-59.

[5] 殷小琴,季寅星.南通市主要入海河流水质分析与评价[J].水资源开发与管理,2020(8):8-12.

[6] SHEN Y, PENG C, YUAN P, et al. Seasonal and spatial distribution and pollution assessment of nitrogen and phosphorus in sediments from one of the world's largest tidal reservoirs[J]. Water, 2021, 13(4): 395.

[7] LIU P, LIU H, WANG J, et al. Analysis of the characteristics of major pollutants discharged from wastewater in China's provinces[J]. Environmental Monitoring and Assessment, 2023, 195(9): 1030.

[8] LIN X, WU C, WU X, et al. Evaluation of the distribution of N, P and organic matter in sediment and the pollution status of Lakes in southeastern Hubei Province, China[J]. Journal of Freshwater Ecology, 2023, 38(1): 2244526.

[9] SATURDAY A, KANGUME S, BAMWERINDE W. Content and dynamics of nutrients in the surface water of shallow Lake Mulehe in Kisoro District, South-western Uganda[J]. Applied Water Science, 2023, 13(7): 150.

[10] 王丹阳,汤显强,丁惠君,等.长江中下游圩垸水环境现状、成因和治理[J].人民长江,2023,54(6):19-26.

[11] 王恒钦,乔志刚,李瑞月,等.水体总氮来源分析及源头管控措施[J].浙江农业科学,2024(10):2502-2508.

[12] 李明新,赵金成,宋丽姿,等.环境要素变化对于渔业的风险评价及应对策略[J].农

村实用技术,2021(10):65-66.
[13] 高东东,张涵,任兴念,等.长江上游典型季节性河流富营养化评价及污染成因分析[J].长江流域资源与环境,2024,33(3):584-595.
[14] 肖德强,董磊,潘雄.长江中下游湖泊沉积物氮磷污染现状及治理思路[J].长江科学院院报,2024,41(12):48-56.
[15] 余明星,苏海,李名扬,等.长江下游典型城市江段有机氮磷识别及传输路径[J].中国环境科学,2023,43(7):3604-3615.
[16] 严维兵,饶文波,栗天宁,等.江苏沿海沉积物有机磷含量、总有机碳、总氮与同位素特征及有机质来源解析[J].地球科学与环境学报,2024,46(1):67-80.
[17] 张云峰,周梦佳,刘玉卿.江苏省近岸海域水环境因子现状评价研究[J].环境科学与管理,2018,43(12):171-175.
[18] 宋洪运,彭辉,王硕,等.基于稳定同位素的水体硝酸盐溯源研究进展[J].环境污染与防治,2024,46(8):1200-1207.
[19] 周波.基于多信息融合的平原河网地区氮污染溯源分析技术研究[D].重庆:重庆交通大学,2024.
[20] 任晓亮,施羽露,廖河庭,等.水产环境污染现状及治理策略[J].农学学报,2022,12(5):42-46.
[21] 陈燕,秦迪岚,毕军平,等.农村生活污水和工业废水中的总氮测定[J].城乡建设,2020(18):63-65.
[22] 李华.立足实情 实行总量控制定额管理[N].中国水利报,2023-09-13(4).
[23] 余东,朱容娟,梁斌,等.基于陆海统筹的渤海山东省近岸海域总氮总量控制研究[J].海洋环境科学,2021,40(6):832-837.
[24] 邵智,杨艳,支国强,等.基于水质目标管理的污染负荷总量控制方案研究——以滇池流域为例[J].环境科学导刊,2023,42(6):7-14.
[25] 谢三桃,朱慧奕,叶勇,等.环巢湖地区沙河流域污染负荷总量控制及削减措施[J].水资源保护,2024,40(1):127-134.
[26] 李华林,张守红,于佩丹,等.基于改进输出系数模型的非点源污染评估及关键源区识别:以北运河上游流域为例[J].环境科学,2023,44(11):6194-6204.
[27] 李振涵,李静文,于洪伟,等.汾河流域水生态环境保护与可持续发展策略研究[J].环境科学学报,2024,44(8):1-11.
[28] 袁学华.安徽省非点源污染氮磷负荷时空变化及来源分析[J].河北北方学院学报(自然科学版),2024,40(5):45-52.
[29] AVAZ G, MURAT S, ATASOY E, et al. Development of National Action Plan to address pollution from land based activities in Turkey[C]//Sustainable Use and Development of Watersheds. Springer Netherlands, 2008:385-401.
[30] LIFFMANN M, BOOGAERTS L. Linkages between land-based sources of pollution and marine debris[M]//Marine Debris: Sources, Impacts, and Solutions. New York: Springer New York, 1997:359-366.

[31] ZAQOOT H A, HUJAIR T S, ANSARI A K, et al. Assessment of Land-Based Pollution Sources in the Mediterranean Sea Along Gaza Coast-Palestine[M]. Vienna: Springer Vienna, 2012.

[32] SPRINGER M, MARKUS T. Handbook on marine environment protection[M]. Handbook on Marine Environment Protection, 2018.

[33] KOESTER S. Land-based wastewater management[M]//Handbook on Marine Environment Protection: Science, Impacts and Sustainable Management, 2018: 311-325.

[34] 石莉,林绍花,吴克勤. 美国海洋问题研究[M]. 北京:海洋出版社,2011.

[35] CICIN-SAIN B, KNECHT R W. The future of U. S. ocean policy: choices for the new century[M]. Washington D. C. :Island Press, 2000.

[36] KUWABARA S. The legal regime of the protection of the Mediterranean against pollution from land-based sources[R]. United Nations Environment Programme, 1984.

[37] HASSAN D. International conventions relating to land-based sources of marine pollution control: applications and shortcomings[J]. Georgetown International Environmental Law Review.

[38] OSBORN D, DATTA A. Institutional and policy cocktails for protecting coastal and marine environments from land-based sources of pollution[J]. Ocean & Coastal Management, 2006, 49(9-10): 576-596.

[39] HASSAN D. Protecting the marine environment from land-based sources of pollution: towards effective international cooperation[M]. Abingdon: Routledge, 2017.

[40] HASSAN D. Protecting the marine environment from land-based sources of pollution: towards effective international cooperation[J]. International Journal of Marine & Coastal Law, 2006, 22(2):340-343.

[41] 逄勇,陆桂华,等. 水环境容量计算理论及应用[M]. 北京:科学出版社,2010.

[42] 王晓红,史晓新,张建永. 全国水资源保护规划[C]. 2020.

[43] 丁雪连,赵琰鑫,陈岩,等. 基于通量贡献法的河流断面污染定量溯源[J]. 人民黄河,2024,46(7):104-111.

[44] 黄洪勋. 污染源在线自动检测监控管理的分析与展望[J]. 化工设计通讯,2021,47(11):168-169.

[45] 张艳博,李曼曼. 基于水质监测和污染源在线监控数据的地表水河流断面污染溯源分析系统设计与实现[J]. 黑龙江环境通报,2024,37(2):33-35.

[46] 吴月龙,张红,孙宇,等. 滆湖流域某乡镇河道污染负荷估算分析[C]// 2023(第十一届)中国水生态大会论文集,2023:1-6.

[47] 张志敏. 曹娥江流域污染负荷估算及来源解析研究[D]. 沈阳:沈阳大学,2022.

[48] 尹庆,聂毅,田松,等. 流溪河从化段面源污染来源分析及总量估算[J]. 中国资源

综合利用,2022,40(10):158-163.

[49] 马啸.三峡库区湖北段污染负荷分析及时空分布研究[D].武汉:武汉理工大学,2012.

[50] JOHNES P J. Evaluation and management of the impact of land use change on the nitrogen and phosphorus load delivered to surface waters: The export coefficient modelling approach [J]. Journal of Hydrology, 1996, 183(3-4): 323-349.

[51] DIAZ M A R, CABEZAS F, BERMUDEZ F L. Erosion and fluvial sedimentation in the River Segura basin (Spain) [J]. Catena, 1992, 19(3-4): 379-392.

[52] SARANGI A, COX C A, MADRAMOOTOO C A. Evaluation of the AnnAGNPS model for prediction of runoff and sediment yields in St Lucia watersheds [J]. Biosystems Engineering, 2007, 97(2): 241-256.

[53] LYON S W, WALTER M T, GÉRARD-MARCHANT P, et al. Using a topographic index to distribute variable source area runoff predicted with the SCS curve-number equation [J]. Hydrological Processes, 2004, 18(15): 2757-2771.

[54] 刘枫,王华东,刘培桐.流域非点源污染的量化识别方法及其在于桥水库流域的应用[J].地理学报,1988,(4):329-340.

[55] 焦荔. USLE模型及营养物流失方程在西湖非点源污染调查中的应用[J].环境污染与防治,1991,(6):5-8+17.

[56] 裴中平,辛小康,杨芳,等.河流水域纳污能力计算有关技术问题思考和建议[C]//中国水利学会.中国水利学会2018学术年会论文集,2018.

[57] ZHANG S, HOU X, WU C, et al. Impacts of climate and planting structure changes on watershed runoff and nitrogen and phosphorus loss [J]. Science of the Total Environment, 2019, 706.

[58] ZHANG P, LIU Y, PAN Y, et al. Land use pattern optimization based on CLUE-S and SWAT models for agricultural non-point source pollution control [J]. Mathematical and Computer Modelling, 2013, 58(3-4): 588-595.

[59] 罗慧萍,赵科锋,曹慧群,等.关于水域纳污能力计算理论的总结与思考[J].长江科学院院报,2022,39(1):47-55+69.

[60] ZHANG J, SHEN T, LIU M, et al. Research on non-point source pollution spatial distribution of Qingdao based on L-THIA model [J]. Mathematical and Computer Modelling, 2011, 54(3-4): 1151-1159.

[61] LIM K J, ENGEL B A, TANG Z, et al. Effects of calibration on L-THIA GIS runoff and pollutant estimation [J]. Journal of Environmental Management, 2006, 78(1): 35-43.

[62] ZENG Z, YUAN X, LIANG J, et al. Designing and implementing an SWMM-based web service framework to provide decision support for real-time urban stormwater management [J]. Environmental Modelling and Software, 2021, 135.

[63] 徐雷,吴正松,邵知宇,等.基于SWMM耦合模型的道路行泄通道设计方法与应用

[J]. 中国给水排水,2021,37(1):114-120.

[64] ZEMA D A, DENISI P, TAGUAS R, et al. Evaluation of surface runoff prediction by AnnAGNPS model in a large mediterranean watershed covered by olive groves [J]. Land Degradation & Development, 2016, 27(3): 811-822.

[65] 李开明,任秀文,黄国如,等. 基于 AnnAGNPS 模型泗合水流域非点源污染模拟研究 [J]. 中国环境科学,2013,33(S1):54-59.

[66] POLYAKOV V, FARES A, KUBO D, et al. Evaluation of a non-point source pollution model, AnnAGNPS, in a tropical watershed [J]. Environmental Modelling and Software, 2007, 22(11): 1617-1627.

[67] KLIMENT Z, KADLEC J, LANGHAMMER J. Evaluation of suspended load changes using AnnAGNPS and SWAT semi-empirical erosion models [J]. Catena, 2008, 73(3): 286-299.

[68] LIAN Y, CHAN I C, SINGH J, et al. Coupling of hydrologic and hydraulic models for the Illinois River Basin [J]. Journal of Hydrology, 2007, 344(3-4): 210-222.

[69] 庞树江,王晓燕,马文静. 多时间尺度 HSPF 模型参数不确定性研究 [J]. 环境科学,2018,39(5):2030-2038.

[70] LAM Q D, SCHMALZ B, FOHRER N. Modelling point and diffuse source pollution of nitrate in a rural lowland catchment using the SWAT model [J]. Agricultural Water Management, 2010, 97(2): 317-325.

[71] LIU X, BEUSEN A H W, VAN BEEK L P H, et al. Exploring spatiotemporal changes of the Yangtze River (Changjiang) nitrogen and phosphorus sources, retention and export to the East China Sea and Yellow Sea [J]. Water Research, 2018, 142: 246-255.

[72] 向鑫,敖天其,肖钦太. 基于 SWAT 模型的小流域非点源污染负荷分布模拟研究 [J]. 水电能源科学,2022,40(6):41-44.

[73] MEHAN S, AGGARWAL R, GITAU M W, et al. Assessment of hydrology and nutrient losses in a changing climate in a subsurface-drained watershed [J]. Science of the Total Environment, 2019, 688: 1236-1251.

[74] 宋卓远,李华林,于佩丹,等. 北运河上游非点源污染负荷模拟与最佳管理措施评估研究 [J]. 环境科学研究,2023,36(2):334-344.

[75] ZUO D, HAN Y, GAO X, et al. Identification of priority management areas for non-point source pollution based on critical source areas in an agricultural watershed of Northeast China [J]. Environmental Research, 2022, 214.

[76] 张皓天,张弛,周惠成,等. 基于 SWAT 模型的流域非点源污染模拟 [J]. 河海大学学报(自然科学版),2010,38(6):644-650.

[77] SHEN Z, ZHONG Y, HUANG Q, et al. Identifying non-point source priority management areas in watersheds with multiple functional zones [J]. Water Re-

search, 2015, 68: 563-571.

[78] 张仲南,高永善,李小平,等. 黄浦江水质规划和综合防治方案研究[J]. 上海环境科学,1987(9): 4-9.

[79] 陈燕华,李彦武,牟海省,等. 长江九江段水环境容量研究[J]. 环境科学研究,1994(1): 24-29.

[80] 金相灿. 试论重金属水环境容量[J]. 环境科学研究,1986(1): 10.

[81] 李娇,陈海洋,滕彦国,等. 拉林河流域土壤重金属污染特征及来源解析[J]. 农业工程学报,2016,32(19): 226-233.

[82] 杜展鹏,段仲昭,程国微,等. 基于绝对主成分-多元线性回归牧羊河流域水环境污染源解析[J]. 福建师范大学学报(自然科学版),2023,39(5): 124-132.

[83] 韦雨婷,逄勇,罗缙,等. 苏南运河对太湖主要入湖河流污染物通量的贡献率[J]. 水资源保护,2015,31(5): 42-46.

[84] 李国光,赵兴华,沙健,等. 面向行政区的总氮污染源解析——以新安江流域重点区县GWLF模型应用为例[J]. 水资源与水工程学报,2014,25(6): 118-123.

[85] 陈亚男,逄勇,赵伟,等. 望虞河西岸主要入河支流污染物通量研究[J]. 水资源保护,2011,27(2): 26-28+33.

[86] 宋芳,秦华鹏,陈斯典,等. 深圳河湾流域水污染源解析研究[J]. 北京大学学报(自然科学版),2019,55(2): 317-328.

[87] 曹淑钧,赵起超,王英俊,等. 基于GIS和SWMM模型的大清河流域面源污染风险评估[J]. 环境保护与循环经济,2023,43(1): 29-34.

[88] 孙卫红,韩龙喜. 基于水量水质模型的高邮湖控制断面污染源解析[J]. 环境保护科学,2019,45(5): 52-57.

[89] 张皓,潘晨,张红高,等. 水质指数法在过境河流水质综合分析中的应用[J]. 环境科学与技术,2015,38(S1): 373-377.

[90] 谢蓉蓉,逄勇,张倩,等. 嘉善地区水环境敏感点水质影响权重分析及风险等级判定[J]. 环境科学,2012,33(7): 2244-2250.

[91] MORIN S, SAVARINO J, FREY M M, et al. Tracing the Origin and Fate of NOx in the Arctic Atmosphere Using Stable Isotopes in Nitrate[J]. Science, 2008, 322(5902): 730-732.

[92] XUE D, BOTTE J, DE BAETS B, et al. Present limitations and future prospects of stable isotope methods for nitrate source identification in surface and groundwater[J]. Water Research, 2009, 43(5): 1159-1170.

[93] 邢萌,刘卫国. 雨水硝酸盐同位素研究现状及展望[J]. 地球环境学报,2012,3(4): 995-1004.

[94] ZHANG Y, LI F, ZHANG Q, et al. Tracing nitrate pollution sources and transformation in surface- and ground-waters using environmental isotopes[J]. Science of the Total Environment, 2014, 490: 213-222.

[95] ZHANG Y, SHI P, LI F, et al. Quantification of nitrate sources and fates in riv-

ers in an irrigated agricultural area using environmental isotopes and a Bayesian isotope mixing model [J]. Chemosphere, 2018, 208: 493-501.

[96] PARNELL A C, INGER R, BEARHOP S, et al. Source partitioning using stable isotopes: coping with too much variation [J]. Plos One, 2010, 5(3): e9672.

[97] BARNES R T, RAYMOND P A, CASCIOTTI K L. Dual isotope analyses indicate efficient processing of atmospheric nitrate by forested watersheds in the northeastern U. S. [J]. Biogeochemistry, 2008, 90(1): 15-27.

[98] HALES H C, ROSS D S, LINI A. Isotopic signature of nitrate in two contrasting watersheds of Brush Brook, Vermont, USA. [J]. Biogeochemistry, 2007, 84(1): 51-66.

[99] BUDA A R, DEWALLE D R. Dynamics of stream nitrate sources and flow pathways during stormflows on urban, forest and agricultural watersheds in central Pennsylvania, USA [J]. Hydrological Processes, 2009, 23(23): 3292-3305.

[100] BATTAGLIN W A, KENDALL C, CHANG C C Y, et al. Chemical and isotopic evidence of nitrogen transformation in the Mississippi River, 1997-98 [J]. Hydrological Processes, 2001, 15(7): 1285-1300.

[101] LI S L, LIU C Q, LI J, et al. Assessment of the sources of nitrate in the Changjiang River, China using a nitrogen and oxygen isotopic approach [J]. Environmental Science & Technology, 2010, 44(5): 1573-1578.

[102] LIU T, WANG F, MICHALSKI G, et al. Using ^{15}N, ^{17}O, and ^{18}O to determine nitrate sources in the Yellow River, China [J]. Environmental Science & Technology, 2013, 47(23): 13412-13421.

[103] YUE F J, LIU C Q, LI S L, et al. Analysis of $\delta^{15}N$ and $\delta^{18}O$ to identify nitrate sources and transformations in Songhua River, Northeast China [J]. Journal of Hydrology, 2014, 519: 329-339.

[104] PANNO S V, KELLY W R, HACKLEY K C, et al. Sources and fate of nitrate in the Illinois River Basin, Illinois [J]. Journal of Hydrology, 2008, 359(1-2): 174-188.

[105] ROCK L, MAYER B. Isotopic assessment of sources of surface water nitrate within the Oldman River Basin, Southern Alberta, Canada [J]. Water Air & Soil Pollution Focuss, 2004, 4(2): 545-562.

[106] SOTO D X, KOEHLER G, WASSENAAR L I, et al. Spatio-temporal variation of nitrate sources to Lake Winnipeg using N and O isotope ($\delta^{15}N$, $\delta^{18}O$) analyses [J]. Science of the Total Environment, 2019, 647: 486-493.

[107] URRESTI-ESTALA B, VADILLO-PÉREZ I, JIMéNEZ-GAVILÁN P, et al. Application of stable isotopes ($\delta^{34}S\text{-}SO_4$, $\delta^{18}O\text{-}SO_4$, $\delta^{15}N\text{-}NO_3$, $\delta^{18}O\text{-}NO_3$) to determine natural background and contamination sources in the Guadalhorce River Basin (southern Spain) [J]. Science of the Total Environment, 2015, 506:

46-57.

[108] CHEN Z X, LIU G, LIU W G, et al. Identification of nitrate sources in Taihu Lake and its major inflow rivers in China, using δ^{15}N-NO$_3^-$ and δ^{18}O-NO$_3^-$ values [J]. Water Science and Technology, 2012, 66(3): 536-542.

[109] XUE D, DE BAETS B, VAN CLEEMPUT O, et al. Classification of nitrate polluting activities through clustering of isotope mixing model outputs [J]. Journal of Environmental Quality, 2013, 42(5): 1486-1497.

[110] LU L, LI W L, PEI J G, et al. A quantitative study of the sources of nitrate of Zhaidi Underground River in Guilin based on IsoSource [J]. Acta Geoscientica Sinica, 2014, 35(2): 248-254.

[111] KOHL K D, DEARING M D, BORDENSTEIN S R. Microbial communities exhibit host species distinguishability and phylosymbiosis along the length of the gastrointestinal tract [J]. Molecular Ecology, 2018, 27(8): 1874-1883.

[112] HILLMAN E T, LU H, YAO T, et al. Microbial ecology along the gastrointestinal tract [J]. Microbes and Environments, 2017, 32(4): 300-313.

[113] STOECKEL D M, HARWOOD V J. Performance, design, and analysis in microbial source tracking studies [J]. Applied and Environmental Microbiology, 2007, 73(8): 2405-2415.

[114] AHMED W. Limitations of library-dependent microbial source tracking methods [J]. Water, 2007, 34(1): 96-101.

[115] HAGEDORN C, CROZIER J B, MENTZ K A, et al. Carbon source utilization profiles as a method to identify sources of faecal pollution in water [J]. Journal of Applied Microbiology, 2003, 94(5): 792-799.

[116] MYODA S P, CARSON C A, FUHRMANN J J, et al. Comparison of genotypic-based microbial source tracking methods requiring a host origin database [J]. Journal of Water and Health, 2003, 1(4): 167-180.

[117] UNNO T, JANG J, HAN D, et al. Use of barcoded pyrosequencing and shared OTUs to determine sources of fecal bacteria in watersheds [J]. Environmental Science and Technology, 2010, 44(20): 7777-7782.

[118] FENG S, MCLELLAN S L. Highly specific sewage-derived Bacteroides quantitative PCR assays target sewage-polluted waters [J]. Applied and Environmental Microbiology, 2019, 85(6): e02696-02618.

[119] KNIGHTS D, KUCZYNSKI J, CHARLSON E S, et al. Bayesian community-wide culture-independent microbial source tracking [J]. Nature Methods, 2011, 8(9): 761-763.

[120] YAO X, ZHANG Y, ZHU G, et al. Resolving the variability of CDOM fluorescence to differentiate the sources and fate of DOM in Lake Taihu and its tributaries [J]. Chemosphere, 2011, 82(2): 145-155.

[121] TANG J, ZHUANG L, YU Z, et al. Insight into complexation of Cu(II) to hyperthermophilic compost-derived humic acids by EEM-PARAFAC combined with heterospectral two dimensional correlation analyses [J]. Science of the Total Environment, 2019, 656: 29-38.

[122] 赵宇菲. 我国南方某工业园区废水水质指纹特征及解析[D]. 北京: 清华大学, 2016.

[123] 祝鹏, 刘成林, 祝飞. 平行因子法分解成分分析在三维荧光光谱数据中的实现[J]. 光谱学与光谱分析, 2015, 35(6): 1611-1617.

[124] EJARQUE-GONZALEZ E, BUTTURINI A. Self-organising maps and correlation analysis as a tool to explore patterns in excitation-emission matrix data sets and to discriminate dissolved organic matter fluorescence components [J]. Plos One, 2014, 9(6): e99618.

[125] CARSTEA E M, BAKER A, BIEROZA M, et al. Continuous fluorescence excitation-emission matrix monitoring of river organic matter [J]. Water Research, 2010, 44(18): 5356-5366.

[126] 白小梅, 李悦昭, 姚志鹏, 等. 三维荧光指纹谱在水体污染溯源中的应用进展[J]. 环境科学与技术, 2020, 43(1): 172-180+193.

[127] ZANONI M G, MAJONE B, BELLIN A. A catchment-scale model of river water quality by Machine Learning [J]. Science of the Total Environment, 2022, 838: 156377.

[128] PHAM Q B, TRAN D A, HA N T, et al. Random forest and nature-inspired algorithms for mapping groundwater nitrate concentration in a coastal multi-layer aquifer system [J]. Journal of Cleaner Production, 2022, 343: 130900.

[129] VAPNIK V. The nature of statistical learning theory [M]. Berlin: Springer, 2013.

[130] HOERL A E, KENNARD R W. Ridge regression: Biased estimation for nonorthogonal problems [J]. Technometrics, 1970, 12(1): 55-67.

[131] CHEN T, GUESTRIN C. XGBoost: A scalable tree boosting system [C]// CHEN T, GUESTRIN C. Proceedings of the 22nd ACM SIGKDD International Conference on Knowledge Discovery and Data Mining. San Francisco, California, USA: Association for Computing Machinery. 2016: 785-794.

[132] BREIMAN L. Random forests [J]. Machine Learning, 2001, 45(1): 5-32.

[133] FERREIRA L B, DA CUNHA F F. Multi-step ahead forecasting of daily reference evapotranspiration using deep learning [J]. Computers and Electronics in agriculture, 2020, 178: 105728.

[134] 黄涛. 城镇生活污水治理中总氮降解工艺分析[J]. 中国资源综合利用, 2021, 39(7): 196-198.

[135] 刘欢, 骆灵喜, 林明, 等. 中国污水处理技术的现状及发展[C]// 中国环境科学学会, 四川大学. 2014中国环境科学学会学术年会论文集, 2014.

[136] 鲁鉴予,周瑞琦,吕淑琪,等. 脱氮工艺在化工污水处理中的应用[J]. 盐科学与化工,2024,53(6):21-25.

[137] 叶长兵,周志明,吕伟,等. A_2O 污水处理工艺研究进展[J]. 中国给水排水,2014,30(15):135-138.

[138] 刘兴平,郝晓美. 城市污水处理工艺及其发展[J]. 水资源保护,2003,19(1):25-28+60.

[139] 李娟. 城市污水处理厂工艺设计研究[D]. 西安:西安建筑科技大学,2008.

[140] 梅丽,杨平,尚书勇. 污水的生物处理——生物转盘法[J]. 当代化工,2004,33(5):282-285.

[141] 霍鑫超,韩云平,刘俊新,等. 新型生物转盘处理农村生活污水研究[J]. 水处理技术,2014,40(11):103-106.

[142] 刘昌强,吴俊奇,崔勇,等. 多段式接触氧化法处理城市污水实验研究[J]. 水处理技术,2019,45(5):89-93.

[143] 程磊,张玉生. 生物膜法在市政污水处理中的应用研究进展[J]. 中国资源综合利用,2021,39(5):99-101+105.

[144] 巩子傲,汪思宇,吕锡武. 水车驱动好氧生物转盘附载填料挂膜的特性及处理效果[J]. 净水技术,2021,40(9):84-90+96.

[145] 张倩倩. 气动生物转盘处理城镇污水中试试验研究[D]. 淮南:安徽理工大学,2014.

[146] 窦娜莎,王琳. 曝气生物滤池在污水处理中的研究进展[J]. 环境保护前沿,2013,3(2):65-71.

[147] 马军,邱立平. 曝气生物滤池及其研究进展[J]. 环境工程,2002,20(3):7-11.

[148] 崔福义,张兵,唐利. 曝气生物滤池技术研究与应用进展[J]. 环境污染治理技术与设备,2005,6(10):4-10.

[149] 李碧. MBBR工艺的研究现状与应用[J]. 中国环保产业,2009(1):20-23.

[150] 石华东,任灵芝. 生物膜法的应用现状及发展前景分析[J]. 节能,2019,38(7):99-100.

[151] 周雷. 基于CFD对超高污泥浓度混合液二沉池的模拟及优化研究[D]. 长沙:湖南大学,2020.

[152] AITCHEIKH A, BOUTALEB N, BAHLAOUAN B, et al. Treatment of dairy effluents in biological fluidized-bed reactors using oyster shells as ecological garnishing[J]. Research Journal of Applied Sciences, Engineering and Technology, 2018, 15(10):362-369.

[153] 郭琇,麦琳,张泽伟,等. 复合载体生物流化床在循环水养殖系统的调控效果[J]. 广东化工,2021,48(5):111-114.

[154] 罗金阳. 生物流化床技术在水处理领域的研究进展[J]. 辽宁化工,2022,51(11):1641-1643+1646.

[155] 姜瑞,于振波,李晶,等. 生物接触氧化法的研究现状分析[J]. 环境科学与管理,

2013,38(5):61-63+93.

[156] 赵贤慧. 生物接触氧化法及其研究进展[J]. 工业安全与环保,2010,36(9):26-28.

[157] 高珊. UASB-生物接触氧化法处理精细化工废水设计及运行[D]. 大连:大连理工大学,2015.

[158] 刘小燕. 生物接触氧化法净化城市河流微污染水体试验研究[D]. 邯郸:河北工程大学,2015.

[159] 鲍任兵,高廷杨,宫玲,等. 污水生物脱氮除磷工艺优化技术综述[J]. 净水技术,2021,40(9):14-20.

[160] 吴迪,李闯修. 北方某污水处理厂Bardenpho-MBBR改造运行分析[J]. 中国给水排水,2018,34(9):106-110+115.

[161] 王秋慧,刘胜军,李祖鹏,等. 多段多级AO除磷脱氮工艺的AO容积比研究[J]. 给水排水,2016,52(S1):84-87.

[162] 张军,吕伟娅,聂梅生,等. MBR在污水处理与回用工艺中的应用[J]. 环境工程,2001,19(5):9-11+12.

[163] 朱国普. 反硝化深床滤池工艺在污水处理厂的应用分析[J]. 皮革制作与环保科技,2022,3(1):22-24.

[164] ZHANG T C, ZENG H. Development of a response surface for prediction of nitrate removal in sulfur-limestone autotrophic denitrification fixed-bed reactors [J]. Journal of Environmental Engineering, 2006, 132(9):1068-1072.

[165] ZHANG T C, LAMPE D G. Sulfur:limestone autotrophic denitrification processes for treatment of nitrate-contaminated water: batch experiments [J]. Water Research, 1999, 33(3):599-608.

[166] CAMPOS J L, CARVALHO S, PORTELA R, et al. Kinetics of denitrification using sulphur compounds: Effects of S/N ratio, endogenous and exogenous compounds [J]. Bioresource Technology, 2008, 99(5):1293-1299.

[167] 张彦浩,杨宁,谢康,等. 自养反硝化技术研究进展[J]. 化工环保,2010,30(3):225-229.

[168] PHILLIPS H, KOBYLINSKI E, BARNARD J, et al. Nitrogen and phosphorus-rich sidestreams: Managing the nutrient merry-go-round [J]. Proceedings of the Water Environment Federation, 2006(7):5282-5304.

[169] 陈重军,王建芳,张海芹,等. 厌氧氨氧化污水处理工艺及其实际应用研究进展[J]. 生态环境学报,2014,23(3):521-527.

[170] 王亚宜,黎力,马骁,等. 厌氧氨氧化菌的生物特性及CANON厌氧氨氧化工艺[J]. 环境科学学报,2014,34(6):1362-1374.

[171] 边春捷. 污水处理中生物脱氮工艺的研究进展[J]. 资源节约与环保,2016(4):48-49.

[172] 杨婷,杨娅,刘玉香. 异养硝化-好氧反硝化的研究进展[J]. 微生物学通报,2017,44(9):2213-2222.

[173] 李雅倩,邹雪华,刘海波,等. 不同磁黄铁矿自养反硝化脱氮除磷作用[J]. 环境科

学学报,2022,42(10):233-240.

[174] 魏秋,王春荣,宋俊学,等. 硫/铁硫化物自养反硝化脱氮除磷研究进展 [J]. 工业水处理,2022,42(12):10-16.

[175] 彭科,欧阳泽坪,吴晓燕,等. 氢自养微生物的驯化及其反硝化特性研究 [J]. 微生物学报,2023,63(2):821-833.

[176] 周小国,郭小雪,郭春麟,等. 硫自养/异养反硝化协同处理含硝氮废水技术的现状与展望 [J]. 水资源研究,2022,11(4):407-415.

[177] 李秀芬,朱金兆,顾晓君,等. 农业面源污染现状与防治进展 [J]. 中国人口·资源与环境,2010,20(4):81-84.

[178] 张维理,武淑霞,冀宏杰,等. 中国农业面源污染形势估计及控制对策 I. 21 世纪初期中国农业面源污染的形势估计 [J]. 中国农业科学,2004,37(7):1008-1017.

[179] 吴永红,胡正义,杨林章. 农业面源污染控制工程的"减源-拦截-修复"(3R)理论与实践 [J]. 农业工程学报,2011,27(5):1-6.

[180] 杨林章,冯彦房,施卫明,等. 我国农业面源污染治理技术研究进展 [J]. 中国生态农业学报,2013,21(1):96-101.

[181] BUDD R. Use of constructed wetlands as best management practice to reduce pesticide loads[J]. Acs Symposium, 2011,1075:31-50.

[182] 蒋昀耕,张静,卢少勇,等. 我国农村生活污水与农田退水面源氮磷污染生态净化技术现状与研究进展 [J]. 农业资源与环境学报,2024,41(3):688-696.

[183] 陈月. 白洋淀入淀水体生态净化湿地缓冲带技术研究及示范 [Z]. 石家庄:河北建设集团安装有限公司,2022-08-23.

[184] 邵丹. 生态净化型生态安全缓冲区在宿迁污水处理厂尾水净化中的应用 [J]. 化工设计通讯,2023,49(2):180-182.

[185] 杨盛赟,陈俊鸿,陈菁,等. 农村生活污水生物-生态组合处理技术研究——以桂林地区为例 [J]. 桂林理工大学学报,2023,43(4):703-710.

[186] 邬亚君,蔡伟. 城镇污水厂尾水人工湿地生态组合系统处理效果研究 [J]. 环境工程,2023,41(S1):96-98.

[187] 蒋倩文,刘锋,彭英湘,等. 生态工程综合治理系统对农业小流域氮磷污染的治理效应 [J]. 环境科学,2019,40(5):2194-2201.

[188] 程健,宫玉柱,李维虎,等. 城市固废垃圾热解气化制氢技术研究及进展 [J]. 化学工程与技术,2024,14(3):211-221.

[189] 贾亚琪,李赫,王震洪. 我国城市固体废弃物现状及处理技术研究进展 [J]. 环境保护前沿,2019,9(5):717-725.

[190] 柳建平,刘璐. 农作物秸秆资源循环利用:技术,模式及存在的主要问题 [J]. 可持续发展,2023,13(2):847-860.

[191] 王鑫,彭仕乐,张旭屹,等. 秸秆堆肥功能微生物与高效降解菌剂的研究进展 [J]. 中国酿造,2024,43(4):22-28.

[192] 彭靖. 对我国农业废弃物资源化利用的思考 [J]. 生态环境学报,2009,18(2):794-

798.

[193] 张莉敏,刘合光,罗良国. 我国农业废弃物资源化利用的激励机制研究[J]. 农业环境与发展,2011,28(6):71-75.

[194] 张华国,刘国一. 高寒地区畜禽粪便无害化处理技术研究进展综述[J]. 世界生态学,2021,10(1):118-122.

[195] LI H, HUANG G, MENG Q, et al. Integrated soil and plant phosphorus management for crop and environment in China. A review[J]. Plant and Soil, 2011, 349(1-2):157-167.

[196] 张福锁,黄成东,申建波,等. 绿色智能肥料:矿产资源养分全量利用的创新思路与产业化途径[J]. 土壤学报,2023,60(5):1203-1212.

[197] 吴勇,侯翠红,张保林,等. 脲硫酸分解磷矿转化率影响因素的研究[J]. 化工矿物与加工,2010,39(6):9-12.

[198] 朱兆良,金继运. 保障我国粮食安全的肥料问题[J]. 植物营养与肥料学报,2013, 19(2):259-273.

[199] 贾鑫. 第八届全国磷复肥/磷化工技术创新(心连心)论坛专家报告集锦(三)——"产品高效利用"创新论坛(2)[J]. 磷肥与复肥,2024,39(3):3.

[200] YAN W, WANG Z, LUO C, et al. Opportunities and emerging challenges of the heterogeneous metal-based catalysts for vegetable oil epoxidation[J]. Acs Sustainable Chemistry and Engineering, 2022,10(23):7426-7446.

[201] CHEN C, LU J, MA T, et al. Applications of vegetable oils and their derivatives as Bio-Additives for use in asphalt binders: A review[J]. Construction and Building Materials, 2023, 383: 131312.

[202] MUSIK M, BARTKOWIAK M, MILCHERT E. Advanced methods for hydroxylation of vegetable oils, unsaturated fatty acids and their alkyl esters[J]. Coatings, 2022, 12(1):13.

[203] UNRUEAN P, NOMURA K, KITIYANAN B. High conversion of CaO-catalyzed transesterification of vegetable oils with ethanol[J]. Journal of Oleo Science, 2022, 71(7):1051-1062.

[204] 庞敏晖,李丽霞,董淑祺,等. 纳米材料在缓控释肥中的应用研究进展[J]. 植物营养与肥料学报,2022,28(9):1708-1719.

[205] ARIADI LUSIANA R, WIDIARTI MARIYONO P, MUHTAR H, et al. Environmentally friendly slow-release urea fertilizer based on modified chitosan membrane[J]. Environmental Nanotechnology, Monitoring & Management, 2024, 22:100996.

[206] YANG M, LI S, ZHANG S, et al. Dense and superhydrophobic biopolymer-coated large tablet produced with energy efficient UV-curing for controlled-release fertilizer[J]. Journal of Materials Chemistry A, 2022, 10(36):18834-18844.

[207] 王义凡,任宁,董向阳,等. 控释尿素与普通尿素配施对小麦产量、氮素吸收及经济

效益的影响[J].作物杂志,2023(5):117-123.

[208] 解加卓.超疏水生物基包膜控释肥料的研制及其养分控释机理研究[D].泰安:山东农业大学,2019.

[209] 汤建伟,毛克路,史敏,等.植物油基聚氨酯包膜肥料研究进展[J].植物营养与肥料学报,2024,30(4):768-785.

[210] YUAN S, CHENG L, TAN Z. Characteristics and preparation of oil-coated fertilizers: A review [J]. Journal of Controlled Release, 2022, 345: 675-684.

[211] 郎春玲,王金武,王金峰,等.深施型液态肥变量施肥控制系统[J].农业机械学报,2013,44(2):43-47+62.

[212] 甄文斌,王聪,杨秀丽,等.水稻液体肥变量施用调节系统设计与试验[J].华南农业大学学报,2023,44(4):577-584.

[213] 杨林章,周小平,王建国,等.用于农田非点源污染控制的生态拦截型沟渠系统及其效果[J].生态学杂志,2005(11):121-124.

[214] 安志装,索琳娜,刘宝存.我国农业面源污染研究与展望[J].植物营养与肥料学报,2024,30(7):1422-1436.

[215] 曹婧,陈怡平,毋俊华,等.治沟造地工程对小流域氮磷面源污染的综合治理效应[J].中国水土保持科学(中英文),2024,22(3):64-71.

[216] 马资厚,薛利红,潘复燕,等.太湖流域稻田对3种低污染水氮的消纳利用及化肥减量效果[J].生态与农村环境学报,2016,32(4):570-576.

[217] 薛利红,何世颖,段婧婧,等.基于养分回用-化肥替代的农业面源污染氮负荷削减策略及技术[J].农业环境科学学报,2017,36(7):1226-1231.

[218] 刘建利.农药残留生物降解的研究[J].长江蔬菜,2008(5X):67-70.

[219] 施卫明,薛利红,王建国,等.农村面源污染治理的"4R"理论与工程实践——生态拦截技术[J].农业环境科学学报,2013,32(9):1697-1704.

[220] 江传春.农村生活污水脱氮除磷技术的研究与应用[J].环境保护与循环经济,2021,41(6):39-42.

[221] 薛素勤.农村生活污水治理现状与治理技术[J].环境与发展,2020,32(7):91-92.

[222] 杨久利.农村生活污水处理技术研究进展[J].清洗世界,2023,39(12):71-75.

[223] 李发站,朱帅.我国农村生活污水治理发展现状和技术分析[J].华北水利水电大学学报(自然科学版),2020,41(3):74-77.

[224] 胡小波,骆辉,荆肇乾,等.农村生活污水处理技术的研究进展[J].应用化工,2020,49(11):2871-2876.

[225] 何航,赵健,孙宁,等.好氧颗粒膜生物污水处理技术研究进展[J].环境工程技术学报,2021,11(1):163-172.

[226] VURAL C, TOPBAŞ T, DAĞLIOĞLU S T, et al. Assessment of microbial and ecotoxicological qualities of industrial wastewater treated with membrane bioreactor (MBR) process for agricultural irrigation [J]. Water, Air, & Soil Pollution, 2021, 232(11): 442.

[227] 郭浩,马伟芳,薛同来,等. 间歇运行的MBR工艺处理农村生活污水的中试研究[J]. 水处理技术,2011,37(10):106-108+112.

[228] 朱国荣,陈林华,蔡飞,等. 农村生活污水处理技术及其应用进展[J]. 山西化工,2022,42(5):34-38.

[229] 裴亮,刘慧明,莫家玉,等. 一体化膜生物反应器处理农村生活污水试验研究[J]. 水处理技术,2012,38(2):104-106+111.

[230] 丁建军,杨云波. 农村生活污水治理现状及技术应用比较研究[J]. 资源节约与环保,2022(8):141-144.

[231] 刘晓永,吴启堂,曹姝文."厌氧＋人工湿地"在粤北农村生活污水处理工程上的应用[J]. 水利规划与设计,2020,(6):120-124+132.

[232] 蒋岚岚,刘晋,钱朝阳,等. MBR/人工湿地工艺处理农村生活污水[J]. 中国给水排水,2010,26(4):29-31+41.

[233] 张春敏,金竹静,赵祥华,等. 云南省农村生活污水处理设施运行现状调查分析[J]. 环境科学导刊,2019,38(4):45-50.

[234] 夏斌,盛晓琳,许枫,等. A2O与人工湿地组合工艺处理长三角平原地区农村生活污水的效果[J]. 环境工程学报,2021,15(1):181-192.

[235] 刘金永. 农村生活污水处理技术分析[J]. 工程学研究与应用,2022,3(7).

[236] 陈尧,胡润夏,倪金雷,等. 厌氧-人工湿地组合工艺在农村生活污水应用研究[J]. 中国新技术新产品,2023(8):130-133.

[237] 李哲. 生物转盘-人工湿地组合工艺技术在农村生活污水处理中的应用[J]. 工程建设与设计,2024(11):104-107.

[238] 李金中,李学菊. 生物生态集成技术去除村镇生活污水中总氮及化学需氧量研究[J]. 农业环境科学学报,2013,32(6):1238-1243.

[239] 施畅,张静,刘春,等. 基于生物-生态耦合工艺的农村生活污水处理研究[J]. 河北科技大学学报,2016,37(1):102-108.

[240] 匡武,王翔宇,张斯思. 跌水充氧接触氧化＋人工湿地组合工艺在山地、丘陵地区农村生活污水处理中的应用[J]. 环境科技,2015,28(5):33-37.

[241] 李强,詹鹏. 生物接触氧化＋高水力负荷人工湿地在农村生活污水处理中的应用[J]. 人民珠江,2017,38(4):12-14.

[242] 宋红桥,顾川川,张宇雷. 水产养殖系统的尾水处理方法[J]. 安徽农学通报,2019,25(22):85-87.

[243] 冯东岳. 浅析我国水产养殖废水处理技术的发展现状与趋势[J]. 科学养鱼,2015,(9):1-3.

[244] 孙艳辉. 水产养殖尾水排放危害及其处理技术研究[J]. 河南水产,2019(3):3-4+11.

[245] 傅红梅,曾维农,付新梅. 水产养殖废水污染危害及其处理技术研究[J]. 农业与技术,2020,40(1):126-127.

[246] 乔卫龙,张烨,徐向阳,等. 水产养殖废水及固体废弃物处理的研究进展[J]. 工业

水处理,2019,39(10):26-31.

[247] 陈小凤,黎玮欣,李敏倩,等. 3种常见水产养殖尾水处理技术的研究进展[J]. 水产科技情报,2023,50(3):194-200.

[248] 姜延颇. 水产养殖系统的尾水处理方法[J]. 江西水产科技,2020(1):45+48.

[249] 杨明举,吴丹,王伟,等. 水产养殖尾水处理研究进展[J]. 农技服务,2020,37(9):114-116.

[250] 张洮,苗小霞,张晓莹,等. 连片池塘尾水治理系统的构建与应用[J]. 基层农技推广,2023,11(7):142-144.

[251] 李木华,李木良. "三池两坝"用于淡水养殖池塘尾水处理的技术要点[J]. 南方农业,2022,16(12):204-206.

[252] 詹华天. 北方高寒地区池塘改造及尾水治理提产增效作用[J]. 黑龙江水产,2022,41(5):46-48.

[253] 刘文钊,刘海霞. 水产养殖尾水处理研究[J]. 农业开发与装备,2021(12):133-134.

[254] 罗茵,方琼玟. 探索水产养殖尾水治理新方案[J]. 海洋与渔业,2021(2):58-59.

[255] 黄世明,陈献稿,石建高,等. 水产养殖尾水处理技术现状及其开发与应用[J]. 渔业信息与战略,2016,31(4):278-285.

[256] 纪伟,朱洺娴,张舒,等. 人工湿地深度处理市政尾水研究进展[J]. 净水技术,2024,43(6):9-19.

[257] 王印,陶梦妮,左思敏,等. 城镇污水厂尾水处理技术应用研究[J]. 应用化工,2018,47(12):2729-2733.

[258] 岳冬梅,赵东华,吴耀,等. 我国尾水湿地的应用现状分析[J]. 中国给水排水,2024,40(8):22-27.

[259] 闫春浩,陈启斌,王朝旭,等. 城镇污水处理厂尾水人工湿地研究现状及展望[J]. 应用化工,2023,52(11):3175-3178+3188.

[260] WANG M, ZHANG D Q, DONG J W, et al. Constructed wetlands for wastewater treatment in cold climate—A review[J]. Journal of Environmental Sciences, 2017, 57(7):293-311.

[261] VYMAZAL J. Constructed wetlands for wastewater treatment: five decades of experience[J]. Environmental Science & Technology, 2011, 45(1):61-69.

[262] KADLEC R H, WALLACE S. Treatment wetlands[M]. 2nd ed. Boca Raton: CRC Press, 2008.

[263] RUAN X, XUE Y, WU J, et al. Treatment of polluted river water using pilot-scale constructed wetlands[J]. Bulletin of Environmental Contamination and Toxicology, 2006, 76(1):90-97.

[264] 王璐瑶,郭超. 不同类型人工湿地研究进展及应用现状[J]. 世界生态学,2021,10(4):576-580.

[265] 张丽,朱晓东,邹家庆. 人工湿地深度处理城市污水处理厂尾水[J]. 工业水处理,

2008,28(1):85-87.

[266] RAMESHKUMAR S, SHAIJU P, O'CONNOR K E, et al. Bio-based and biodegradable polymers-State-of-the-art, challenges and emerging trends [J]. Current Opinion in Green and Sustainable Chemistry, 2020,21:2175-2181.

[267] SHEN Z, ZHOU Y, HU J, et al. Denitrification performance and microbial diversity in a packed-bed bioreactor using biodegradable polymer as carbon source and biofilm support [J]. Journal of Hazardous Materials, 2013, 250-251: 431-438.

[268] 王玥,秦帆,唐燕华,等. 农业废弃物作为反硝化脱氮外加碳源的研究[J]. 林业科技开发,2019,4(5):146-151.

[269] LIANG X, LIN L, YE Y, et al. Nutrient removal efficiency in a rice-straw denitrifying bioreactor [J]. Bioresource Technology, 2015, 198: 746-754.

[270] MIAO L, CHAI W, LUO D, et al. Effects of released organic components of solid carbon sources on denitrification performance and the related mechanism [J]. Bioresource Technology, 2023, 389: 129805.

[271] JIANG L, WU A, FANG D, et al. Denitrification performance and microbial diversity using starch-polycaprolactone blends as external solid carbon source and biofilm carriers for advanced treatment [J]. Chemosphere, 2020, 255: 126901.

[272] 杨飞飞. 可生物降解聚合物应用于同步硝化反硝化脱氮研究[D]. 北京:北京大学,2014.

[273] WANG C, LIU S, HOU J, et al. Effects of silver nanoparticles on coupled nitrification-denitrification in suspended sediments [J]. Journal of Hazardous Materials, 2020, 389: 122130.

[274] HE L, HE X, FAN X, et al. Accelerating denitrification and mitigating nitrite accumulation by multiple electron transfer pathways between Shewanella oneidensis MR-1 and denitrifying microbial community [J]. Bioresource Technology, 2023, 368: 128336.

[275] LIU S, WANG C, HOU J, et al. Effects of Ag NPs on denitrification in suspended sediments via inhibiting microbial electron behaviors [J]. Water Research, 2019, 171: 115436.

[276] 管策,郁达伟,郑祥,等. 我国人工湿地在城市污水处理厂尾水脱氮除磷中的研究与应用进展[J]. 农业环境科学学报,2012,31(12):2309-2320.

[277] WU H, WANG R, YAN P, et al. Constructed wetlands for pollution control [J]. Nature Reviews Earth & Environment, 2023, 4(4): 218-234.

[278] 孙蕾. 小型污水处理设施在农村水环境治理中的应用[J]. 给水排水,2014,S1:193-196.